家居装修实用技术丛书

JIAJU ZHUANGXIU SHIYONG JISHU CONGSHU

家居装修施工

JIAJU ZHUANGXIU SHIGONG

骆中钊　卢昆山　骆　伟　编著

化学工业出版社

·北京·

本书是《家居装修实用技术》丛书中的一分册，书中简明扼要地叙述了家居装修施工的特点和管理、施工图的识读，全面系统地分章阐述家居装修施工各工种的施工作业和材料五金；并专门介绍了绿色装修（包括《住宅室内装饰装修管理办法》和《绿色施工导则》）和工程控制的要求，以便读者阅读掌握。

本书内容丰富、通俗易懂，可供准备进行家居装修的住户以及从事装修工程的设计人员、施工人员和管理人员阅读，也可供高等学校相关专业师生教学参考，还可用作从事装修工种的设计人员和施工人员的培训教材。

图书在版编目（CIP）数据

家居装修施工/骆中钊，卢昆山，骆伟编著．—北京：化学工业出版社，2014.11
（家居装修实用技术丛书）
ISBN 978-7-122-21937-4

Ⅰ.①家…　Ⅱ.①骆…②卢…③骆…　Ⅲ.①住宅-室内装修-工程施工　Ⅳ.①TU767

中国版本图书馆 CIP 数据核字（2014）第 228317 号

责任编辑：刘兴春　　装帧设计：孙远博
责任校对：边　涛

出版发行：化学工业出版社（北京市东城区青年湖南街 13 号　邮政编码 100011）
印　　刷：北京永鑫印刷有限责任公司
装　　订：三河市宇新装订厂
787mm×1092mm　1/16　印张 15¼　字数 371 千字　2015 年 6 月北京第 1 版第 1 次印刷

购书咨询：010-64518888（传真：010-64519686）　售后服务：010-64518899
网　　址：http：//www.cip.com.cn
凡购买本书，如有缺损质量问题，本社销售中心负责调换。

定　　价：68.00 元

前言 FOREWORD

经济的发展、技术的进步促进了家居装修的迅猛发展，并已从简单的饰面装修向营造人性化的艺术氛围发展。家居装修施工，是在住宅内部空间进行多门类、多工种的综合工艺操作，采用适当的材料和构造，以科学的技术工艺方法，对住宅内部空间固定表面进行装修和可移动设备的制作，进而塑造一个安全、实用、健康、舒适的室内环境。家居装修的施工质量直接关系到使用功能、人身安全和艺术效果，是家居装修各工种实施的重要环节。近年来，随着人们对绿色环保的追求，住宅室内的绿色装修已引起各方面的重视。这就要求从事家居装修施工的技术工人和管理人员，不仅应具有高度的责任心，认真选择环保材料，而且必须熟悉家居装修工种的各工种的施工工艺及其在施工中各个环节、各个工种之间的相互关系。

本书是《家居装修实用技术》丛书中的一分册，书中简明扼要地叙述了家居装修施工的特点和管理、施工图的识读；全面系统地分章阐述家居装修施工各工种的施工作业和材料五金；并专门介绍了绿色装修（包括《住宅室内装饰装修管理办法》和《绿色施工导则》）和工程控制的要求，以便读者阅读掌握。书中内容丰富、通俗易懂，适合于准备进行家居装修的住户以及从事装修工程的设计人员、施工人员和管理人员阅读，也可供高等学校相关专业师生教学参考，还可用作从事装修工种的设计人员和施工人员的培训教材。

本书由骆中钊、卢昆山、骆伟编著，张惠芳、陈磊、冯惠玲、张仪彬、郑健、张宇静、陈友民、陈顺兴等协助进行书稿整理，在此致以衷心感谢。

限于编著者水平和时间，书中不足和疏漏之处在所难免，敬请读者批评指正。

骆中钊

甲午年冬于北京什刹海畔滋善轩乡魂建筑研究学社

目 录 CONTENTS

1.1 家居装修施工技术的特点

（1）具有一般建筑施工特点

家居装修和建筑装修有着许多一样的施工流程，例如建筑框架完成后，水电作业—土建作业—木工作业—涂料作业四大工序基本是一致的，因此家居装修的施工技术管理本是来源于建筑施工管理的细化，具有一般建筑施工特点。

（2）具有多学科的特点

家居装修虽有建筑装修的一般特点，但因其细化后有特别的工艺要求，比建筑装修的建设要求有着更深一步的提高，它溶入美学、人体工学等艺术门类，因此家居装修效果有更高的艺术气息，要求更高的施工水平。

（3）发展速度快

由于社会和经济的快速进步，家居装修的技术手段也在不断地更新，装修材料的不断改良及增加也使得家居装修的发展速度惊人。

1.2 家居装修施工技术管理的步骤及内容

1.2.1 了解结构图

保护结构原则：一定要保证家庭居住环境的安全。

① 装修中不能拆除的结构　在家居装修中，不能拆改的主要项目有承重墙、室外有阳台的半截墙、房间的梁或柱，这些部位的拆除或改动，直接影响房屋的安全。

② 承重墙与非承重墙的判别　承重墙承载住房的基本结构，无论其位置如何，在装修中绝对禁止拆除、改动。

③ 住房的荷载能力与装修的选材及住房的安全，与装修中工程所用材料有密切关系。

④ 还应对以下有关结构问题加以注意：a. 注意保护防水层，如在装修设计过程中，要注意保护防水层，如果施工危及或破坏防水层，就必须进行防水层的保护或者重做防水；b. 注意防火，如装修中使用的木材、织物等易燃材料应该进行阻燃处理，减少发生火灾时的损失；c. 注意电路容量，如在家居装修中，对电表容量、导线的粗细等都应重新进行设计，以避免使用时发生事故。

1.2.2 熟悉使用要求

需要根据业主的实际情况，例如业主自身的素质、个人的喜好、色调的喜好、家庭成员的结构以及个人所能承受的经济能力的支出等作为家居装修中所必须考虑的问题。只有这样才能保证房屋在装修后不会与业主的想法有较大出入。

1.2.3 审查装修设计图

家居装修中，装修公司在签订合同前，往往要给业主提供整套的设计图纸和一份预算书。该图纸与预算书是业主和装修公司洽谈的根据，如何正确审查其合理性，对每位业主是非常重要的。审查装修设计图主要包括以下两方面。

（1）设计图纸的数量

设计图纸究竟出多少张是由装修项目的范围和规模来决定的。设计图纸也是建筑语言，它完整地表达了设计方案的构思和设计目标，在建设部颁布的《建筑装修工程质量验收规定》中明确规定："建筑装修工程必须进行设计并出具完整的施工图纸设计文件"。除包括平面图（建筑平面与装修平面）、顶面图、立面图、剖面图和大样图外，还需提供房屋原结构图和电器示意图。原结构图便于家装施工中结构变动情况的审查和对房屋安全的评估。

（2）如何阅读设计图纸

阅读家居装修图纸要特别重视图纸比例、图纸尺寸、使用材料三个方面。我们经常看到这样的图纸，设计师画的可能是一个很漂亮的造型，但现场制作出来以后，与设计相差甚远。原因就是设计师没有按照施工图纸来做设计图纸，而是把图纸按照美丽的图画来制作的。另外有些设计图纸由于设计师没有在施工现场进行细致的测量，所以有可能在施工时发生设计与施工脱节的情况。一般情况下，一份家居装修报价是立足于工程的做法以及使用的材料，在设计图纸上应标注主要材料的名称以及材料的品牌，这样才能有利于施工人员按图纸施工。

1.2.4 审查材料工艺说明书

材料工艺说明书是施工技术中不可缺少一部分，它是对图纸设计内容的补充和完善，能把一些重点要注意的施工方式及施工技巧都重点地体现。严格地审查材料工艺说明书，能使家居装修免去许多后顾之忧。

1.2.5 家居装修施工技术管理的内容

在家居装修过程中施工技术管理主要由以下 6 个部分组成：a. 家居装修室内装修材料及施工机械管理；b. 家居装修工程质量管理；c. 家居装修工程成本控制管理；d. 家居装修工程施工环境管理；e. 装修技术资料管理；f. 装修施工企业的经营与管理。

1.3 家居装修材料及施工机械管理

1.3.1 施工材料的控制

装修材料品种繁杂，质量及档次相差悬殊，装修工程所用材料又受到业主的客观影响，因此，装修施工材料控制比较麻烦。在材料进场前必须先报验，将业主同意的材料样品一式两份封样保存，一份留项目，一份留业主，在材料进场后依样品及相关检测报告进行报验，报验合格的材料方能使用。采购人员在采购时，也要严格执行材料的检查验收手续，保证采购材料一次合格。为了便于管理，公司将各种材料的检查方法及检验标准编辑成册，采购人员、质检人员、施工人员全部用同一标准来衡量材料是否合格。在进场材料的管理上，采用限额领料制度，由施工人员签发限额领料单，库管员按单发货，从而既能保证质量又能节约成本，对于易碎或贵重材料，在施工现场单独存放，尽量减少人为的搬运次数。对于现场发现的不合格材料，如果不能及时退库，则单独放置并在明显位置标注不合格品字样，这样能够防止错发错拿现象的发生。现场所剩边角余料如不能使用，则及时退回公司辅料库，以便其他工程使用。

1.3.2 施工机具的控制

库管员要对施工机具进行妥善保管，分类存放，实行施工机具领用登记制度，以谁领用谁保管谁负责为原则，操作人员在领用工具时要向库管员说明机具的使用目的，库管员按照机具使用要求发放机具，保证机具正常的使用寿命。为了保证正常施工生产，对每一台设备都建立维修档案，从而保证了进场设备都已经过检测合格。对于工人手使工具，由工程部按工种的不同列出必备工具明细，入场前检查各工种自备工具是否齐全，保养是否良好，如用于打玻璃胶的专用工具、贴防火板专用工具、安装修边角及不锈钢扣条的专用工具等。

1.4 家居装修质量管理

1.4.1 工程质量特性

（1）家居装修工程质量具有的一般特性

① 工程质量的单一性　这是由工程施工的单一性所决定的，即一个工程一种情况。即使是使用同一设计图纸，由同一施工班组来施工，也不可能有两个工程具有完全一样的质量。因此工程质量的管理必须管理到每单项工程。

② 工程质量的过程性　工程的施工过程，在通常情况下，多数是按照一定的顺序来进行的。每个过程的质量都会影响到整个工程的质量，所以工程质量的管理必须管理到每项工程的全过程。

③ 工程质量的重要性　一个工程质量的好与坏影响很大，不仅关系到工程本身，业主和参与工程的各个单位都将受到影响，必须加强对工程质量的监督和控制，从而保证工程施工和使用阶段的安全。

④ 工程质量的综合性　工程质量不同于一般的工业产品，工程是先有图纸后有工程，是先交易后生产或是边交易边生产。影响工程质量的原因很多，有设计、施工、业主、材料等多方面的因素。只有做好各方面、各个阶段的工作，工程的质量才有保证。

（2）家居装修工程质量具有的其他特性

① 功能的特性　家居室内装修工程包括了空调、灯具、音响、卫生设备、活动家具、室内绿化等装修。这些功能要求设备、器具灵敏，配饰合理，水电系统运转正常等。

② 感官特性　家居室内装修工程的质量评定标准中有许多指标是通过感官特性来进行评定的，感官质量总的要求是：点要匀，线要直，面要平。

③ 实效特性　主要指装修工程的耐久性，即要保证施工质量在一定时间内稳定，不能出现由于材料或施工方式不当而引起的工程质量问题。国家有关规定中要求家居装修工程的保修期最少为 2 年。

1.4.2 家居装修工程项目质量管理的原则

（1）坚持质量第一的原则

家居装修工程产品是一种特殊的商品，应当自始至终地把“质量第一”作为对工程项目质量控制的基本原则。

（2）坚持以人为控制核心

人是质量的创造者，质量控制必须“以人为核心”。把人作为质量控制的动力，发挥人的积极性、创造性，处理好业主、施工单位、材料供应商等各方面的关系，增强人的责任感，树立“质量第一”的思想，提高人的素质，避免人为失误，以人的工作质量保证工序质量和工程质量。

（3）坚持以预防为主

预防为主是指要重点做好质量的事前控制、事中控制，同时严格对工作质量、工序质量和中间产品质量进行检查。这是确保工程质量的有效措施。

（4）坚持质量标准

质量标准是评价产品质量的尺度，数据是质量控制的基础。产品质量是否符合合同规定的质量标准，必须通过严格的检查，以数据为依据。

1.5 家居装修成本控制管理

1.5.1 装修工程项目成本管理的内容

装修工程项目成本管理的内容包括：监督全过程的成本核算；确定项目目标成本；掌握成本信息；执行成本控制；组织协调成本核算；进行成本分析等内容。具体来讲，装修工程项目进行过程中各阶段成本控制的内容如下。

（1）方案设计阶段

对于规模和投资较大的家居装修工程，工程方案设计阶段成本控制的主要内容是制定各装修方案的技术经济指标及估算，用来进行优选方案的比较和参考。在此阶段，应该客观、全面、综合地对各方案进行技术经济评价和成本估算，要以功能、经济效益、装修质量、环境、消防等因素为优选原则。

（2）设计阶段

在装修工程项目的设计阶段，应该以确定的装修方案为依据，全面、准确的制定出装修工程概算书和综合概算书。

（3）评估施工阶段

装修工程项目招投标阶段成本控制的主要内容是：根据装修工程施工图编制装修工程施工图预算，使施工图预算控制在初步设计概算之内。

（4）施工阶段

施工阶段是装修工程成本控制的重点阶段。这一阶段成本控制的任务是按设计要求进行项目的实施，使实际支出控制在施工图预算之内，做好进度款的发放、工程的竣工结算和决算。

1.5.2 装修工程项目成本计划、控制分析

成本计划与控制是企业经营的一个主要环节，特别是装修行业，施工内容变化万千，随机性较大，成本控制显得更为重要，成本与控制一般有成本计划、成本控制和成本分析三部分。

（1）成本计划

成本计划是施工初期依据施工图、施工预算和合同等资料，编制企业的计划人工费、计划材料费和机械维修费、计划现场管理费、计划企业管理费等，即为计划成本。其中计划人工费依据各分项工程的单位人工与工程量合计而成。材料计划费依各主材和材消耗量供应单价的乘积计算。计划人工和计划材料单由公司直接分发到工程部和采购部。项目部依此单施

工，采购部依此单供应，特别注意的是计划材料单中要明确主材品牌、型号和供应价。

（2）成本控制

成本计划由公司总经理签订后，下发到工程部、采购部和财务部。项目部依此计算实际工程量，如果有变更或增项，必须提前报告至计划制订部门，否则严格按计划人工费实施，填写实际人工费报营业部审批后发放。计划材料费对应计划材料单和指导价。采购部严格按计划材料单的数量和报价执行，工地领料严格限额依计划单为准，如果材料计划不足，可申请计划补充，如有设计变更、现场变更和甲方变更均需变更计划材料单和计划人工费，变更预算以及成本分析和预算追加由甲方签证认可；成本控制的关键是计划准确和控制有效，对特殊工艺和做法要及时与项目部沟通，并且制订合理的计划费用和变更预算并及时比较实际成本和所发生的实际费用。出入值超出正常范围时，及时控制现场实际发生和查找差异原因。

（3）成本分析

工程随时发生的人工和材料费进入实际成本。实际成本可与相应的计划成本相对比，人工费包括木工、油工、瓦工等，材料费含木材、钢材、建材、装修材料、电料等；管理费计划可与实际对比。依变更预算、变更成本和决算价可做实际利润率。通过计划与实际对比，可发现问题发生的原因并制订纠正预防措施。提出合理的利润率、限制报价和成本，提高劳动效率和材料利用率。

1.6　家居装修施工环境管理

施工环境对装修工程的影响很大，尤其是油漆工程。在进行油漆施工时，现场不得有灰尘，为了保证工程质量必须控制好施工环境，这就要求施工管理人员在进行工序安排时要合理，避免施工污染，同时保证各工序所需环境要求，如室温要求、基体干燥要求、空气清洁要求等。因此一般结构方面的工作先进行，饰面工作后进行；头顶工作先进行，头顶以下工作后进行；隐蔽工程先进行，包封工作后进行；水电管线工作先进行，灯具、开关、插座、洁具、五金配件安装工作后进行；易受污染或贵重材料，保养不易的工作（玻璃制品、镜面、壁纸、面料、地毯等）应最后再做。如果冬季施工时，室内温度达不到要求，则要制定相应的保温升温措施，同时要注意火灾的发生。

1.7　家居装修技术资料管理

装修工程的资料管理，具体地说，就是要做好施工日记，总结各种施工的自检和验收记录、整理工作。通过以上工作，既可以随时对进度、质量、投资的原计划进行对比，随时调整施工组织计划，又可以预先解决可能出现的特殊问题，更能在出现施工纰漏时，找出问题的原因并及时得到解决。同时，通过文字信息交流，也可以加强同业主之间的了解和信任，为后续的合作打下基础。

装修工程的资料管理主要包括：基层隐蔽验收记录；吊顶隐蔽验收记录；防火涂层隐蔽验收记录；主要材料产品出厂合格证及复验报告；分部工程质量评定汇总表；日记和周、月工作总结；竣工图。

1.8　家居装修施工企业的经营与管理

技术质量管理应结合公司的发展要求，完成公司各开发项目的技术质量工作，为公司的发展打下基础。

1.8.1 总则

技术质量管理应结合公司的发展要求，完成公司各开发项目的技术质量工作，为公司的发展打下基础。

技术质量管理包括技术和质量两大块，具体包括：工程项目施工技术管理，工程项目施工质量监督与管理，施工组织设计编制与管理，施工技术资料编制与管理，技术规范与技术措施的管理，技术类仪器、设备的管理，技术类书籍的管理，参与对原材料质量的检验与管理。

公司建立技术质量部，公司技术质量管理实行总工程师领导下的技术质量部负责制。

公司技术质量以工程项目的技术质量管理为出发点和落脚点，全面完成工程项目的技术质量工作。在组织体系上实行从总工程师到施工班组的垂直管理体系，横向围绕项目的实施进行管理。技术质量管理在项目施工的体现是每一个新的项目开工，技术质量部围绕施工项目的技术质量派出技术质量管理人员到项目部成为项目部管理人员；项目结束后，有关人员回到技术质量部；技术质量管理人员业务上受技术质量部的指导和监督。

1.8.2 组织管理体系

公司技术质量管理体系实行垂直管理体系，逐级负责。

对应于组织管理体系，公司对每一个岗位应有相应的职责标准。

1.8.3 技术质量管理

项目技术质量管理应围绕工程项目的实施而开展工作。

1.8.4 技术管理

① 技术管理的目的与任务：指导现场、服务现场、优化方案、降低成本。

② 工程施工中应贯彻技术方案先行的原则。

③ 技术质量部承担公司项目的施工方案的编制、审核，项目部承担施工方案的编制和落实，并在实践中将有关意见反馈到技术质量部、经营部，以达到优化方案，降低成本的目的。

④ 技术管理除制定先进、合理的施工方案外，还应落实技术组织措施。

1.8.5 开工前的技术准备

技术准备是施工准备工作的核心，对施工起着重要作用，施工企业应引起足够的重视。

技术准备的主要内容有：熟悉、审查施工图纸和有关的设计资料，技术质量部牵头组织。图纸会审的程序：自审→会审→签证（书面的技术交底、纪要等）。

认真会审图纸，积极提出修改意见，在会审图纸时，对于结构复杂难度高的项目，要重点关注，并且从方便施工、加快进度、保证质量、降低成本等方面综合考虑，提出合理化建议，取得甲方及设计院的认可。

做好原始资料的调查分析，技术质量部牵头，项目部落实，主要包括自然条件的调查分析、技术经济条件的调查分析，如当地施工企业材料状况、劳动力和技术水平等。

确定施工方案，编制施工预算。

1.8.6 日常技术管理

设计文件的学习和图纸会审。

尽管在开工前已完成图纸会审，但在施工中一方面要加以落实，另一方面在施工中也会碰到问题。因此，设计文件的学习和图纸会审仍是日常技术管理的重要一环。

（1）施工项目技术交底。

技术交底由项目工程师完成，报技术质量部备案或审核。技术交底一般应以书面形式进行，经过检查与审核，有签发人、审核人、接受人的签字。

技术质量部对新工艺、新材料等在必要时对项目部进行技术交底。

技术员应参与隐蔽工程的检查与验收；参与技术复核与预检；参与技术措施、方案的编制与审核。

（2）施工组织设计

施工组织设计是用以指导施工过程技术、经济、组织的综合性文件。

施工组织设计分为施工组织总设计和单位工程施工组织设计。

施工组织总设计由公司技术质量部牵头编制，是以建设项目或建筑群为编制对象，单位施工组织设计由项目部编制，是一个单位工程为编制对象。

项目部承担施工组织设计的贯彻职责，经过审批的施工组织设计，在开工前要召开各级的生产、技术会议，逐级进行技术交底，详细地讲解其内容、要求和施工的关键与保证措施，组织班组人员广泛讨论，使施工组织设计贯彻到每个施工生产人员，并在施工中贯彻落实执行。

（3）质量管理

加强质量管理是市场竞争的需要，是提高企业综合素质和经济效益的有效途径。

质量管理不应是简单地陪同甲方、监理进行验收，它的目的与任务如下。

① 通过质量控制，确保工程顺利的开展，控制质量成本，同时贯彻国家《建设工程质量管理条例》。

② 加强质量管理，控制质量成本。质量管理应强化质量意识，适当增加质量预防成本，控制质量过剩支出，努力减少因返工、停工等造成的质量故障成本。

③ 质量管理应从材料控制、施工工艺方法的控制、机械设备的控制、环境因素的控制、施工工序的质量控制、成品保护几个方面入手。

④ 质量管理应对施工项目质量问题进行分析，并提出处理意见。

⑤ 工程项目的分项验收、工序间验收由项目部组织完成，分部、单体验收由项目部牵头，技术质量部参与；项目验收由技术质量部牵头，项目部协助完成。

（4）图纸、资料的管理

图纸、资料的管理是技术质量管理的重要组成部分。主要包括设计图纸及文件，国家规范、标准、图集，甲、乙双方及监理的来往资料，工程档案资料等。

（5）考核

公司建立技术质量考核制度，对技术质量管理人员进行业绩考核。

1.9 家居装修工程技术控制要素

一般而言，装修工程与土建工程相比，大部分人都认为装修工程要好做得多，没有危险性，施工时间短。哪怕是没有装修工程经验的人搞装修工程似乎也很正常。

实际装修工程经验告诉我们，做好一个装修工程十分不容易。换句话说，工程在国家有关部门和业主规定的保修期内不能有任何问题，尤其是人们天天需面对的家居装修。

对一个装修工程来讲，管理人员的素质是最重要的。项目经理、材料员、施工员、财务缺一不可，他们在装修工程管理中发挥着不同的重要作用，他们的素质决定了装修工程施工的每一个细节，掌握着工程质量控制点的力度，决定了工程质量本身的优劣。

对一项装修工程来讲，重点是要做好“质量、进度、投资”的控制和“合同信息”的管理。具体而言，做好施工工程的准备工作，并将其列成表，归好类，在施工过程中不断跟踪记录、检验、及时调整，最终达到我们的预期值。我们将几点技术控制要素概括说明如下。

1.9.1 装修工程的进度（网络计划）

装修工程进度保障工作，包括制定各种计划表：a. 装修工程协调进度网络计划表（根据实际发生情况，另行编制周进度计划）；b. 材料明细表，各种材料进场表，自检和业主验收时间表；c. 各工种人员进场安排表；d. 隐蔽工程验收时间表；e. 各单项工程阶段检验及验收时间表。

以上工作虽密不可分，但通常业内人士只用装修工程协调进度网络计划表代替。如果将这几个环节提出来，充分考虑和安排，就会发现其中有冲突的地方，使我们能预前解决矛盾，并将工程的管理落到实处。同时，以上工作对加强同业主和监理人员的计划协调十分有益。

1.9.2 装修工程的质量

装修工程质量保障工作，需要准备：a. 各专业原始图纸及现场勘察资料；b. 工程图纸深度（节点图，特殊工艺说明图，各单位工种之间配合工作如预留检修口方案等）；c. 施工组织设计，施工场地平面使用说明；d. 主要工序施工方案及用材一览表，尤其是防火、防水、防潮、防四害、防腐方案；e. 施工主要技术班组和管理人员安排一览表；f. 各主要工种负责人名单及其身份证复印件、主要技术特长和管理水准；g. 隐蔽工程及检验明细一览表。

前两项工作虽然同施工队伍的关系显得并不是很重要，但往往问题就会出现在这里。许多工程项目常有这种情况，施工队伍进场了，发现设计师确定的洗手间位置没有给排水管道，造成成本不必要的加大。因此，施工前的实地勘察和审查施工图非常重要。另外，由于设计人员素质参差不齐，对施工工艺和新型材料应用很熟练的设计师并不是很多，尤其是一些特殊做法，更需要优秀的施工人员同设计师多沟通，而不要一意孤行地去改变材料或改变做法，从而偏离了设计的初衷。

装修工程质量最重要的控制点是隐蔽工程。虽然不被重视，但往往问题就出现在这里。比如给排水工程管道的水压试验、通球试验虽然很简单，但却是整个工程最重要的环节。没有经过规定压力数值的试验，管道系统是否合格无法保障。一旦隐蔽安装、作好防水、再贴完瓷片及竣工之后发现漏水，再找原因是非常困难的，经济上的损失非常大。更严重的是可能会失去业主的认可。因此，隐蔽工程的自检是施工中最关键的地方。

1.9.3 装修工程的投资（成本）

（1）设计阶段控制

装修效果论证、功能论证、图纸深度审核；

（2）施工阶段控制

准备工作包括：a. 材料、设备的产地、品牌、等级及材料样板的封存一览表；b. 主材进场自检和业主的确认；c. 工序的合理安排和人员的合理调用；d. 备料的准确和材料的合理利用。

装修施工合同签订之后工程项目的成本、利润基本有了底数，设计阶段的要点似乎同施工企业关系不大，但施工前业主的确认和理解设计意图非常重要。如果工程施工到一半或基本完工后，业主认为设计效果不好，造成返工，这种投资上的浪费有时非常大，对此部分造成的工程追加，虽然与施工企业关系不大，但是最容易使双方发生冲突，因此施工前同业主之间的沟通是必不可少。

1.9.4 配套专业的质量控制

（1）给排水工程

内容包括：a. 给水水管道试压检验报告；b. 排水通水检验报告。

（2）强电和弱电工程

内容包括：a. 线路穿管敷设隐蔽验收记录；b. 接地极接地带埋设隐蔽验收记录；c. 配电柜箱安装就位记录；d. 用电设备安装就位记录；e. 导线及设备绝缘电阻测试记录；f. 接地接零电阻测试记录；g. 整定记录及整定通知单。

（3）空调安装

内容包括：a. 水管道安装防腐保温隐蔽验收记录；b. 管道试压检验报告；c. 系统总体测试报告。

虽然装修工程具有它的独立性，但它同各配套专业的施工是一个整体。有些工程业主可以让一家装修公司总承包，但对家居装修工程，则往往是由几组不同的专业施工班组共同完成。因此，相互的合作是非常重要的。同时，对一个装修工程的项目经理来讲，他的专业知识是有限的，但各专业的质量控制点必须知道。

就配套专业知识来讲，除了同装修工程有其共性之外——必须做好以下工作：隐蔽工程验收及各种记录，管道埋件隐蔽验收记录，设备安装、调试、试运转、试验检验记录和报告，材料设备产品出厂合格证及出厂检验报告，进口材料设备商检证，分部工程质量评定汇总表，竣工图。

对单项专业工程的控制，都要求施工管理人员作好各项记录并且达到质量要求的标准。由此，整个装修工程的施工质量就得到了有效的控制。

1.10 施工的安全与防火

1.10.1 机电设备安全使用

① 木工机械必须安装稳固，转动及危险部位必须安装防护罩，刀具紧固螺丝必须拧紧，并经常检查。

② 必须有专人负责管理木工机械，对操作机械的工人应在上岗前进行培训，使其熟悉操作技术及机械性能。使用完毕必须关闭电源，下班应将电源开关箱上锁，以免其他人使用而造成损坏、伤害事故。

③ 不得戴手套使用机械，女同志必须戴工作帽，注意防止头发、衣服、缠绕到转动的刀具上，造成伤害事故。

④ 机械必须定期检修，在使用过程中发现异常现象或声音应即停机检查修理。

⑤ 严格按照安全操作规程操作机械，使用安全挡板送料短棒等，遇到有节疤或横斜木纹时要小心慢拉，短、薄、窄木料不得用电刨。

⑥ 使用电钻时应戴胶手套。

⑦ 电闸箱要安装漏电保护开关。

1.10.2 脚手架及可移动木梯安全使用

① 工作前先检查脚手架或可移动木梯是否牢固。

② 离地 3m 以上的脚手架必须改装设防护栏。

③ 使用靠梯，梯脚应绑麻布或胶垫以防止滑落，人字梯中间须加拉绳。

④ 在 3m 以上高处操作必须系好安全带，并扣在牢固的地方。

⑤ 在多层面施工空间作业必须戴安全帽，以免高空坠物及碰撞受伤。

1.10.3 防火安全

① 及时清理现场的刨花、碎木，并集中存放，每天下班时要清场。

② 施工场地严禁吸烟、生火，并要有必备的消防措施。

③ 有电焊、风焊作业时，必须于施工管理处领取动火证，并要有足够的防护设施。

④ 消火栓的门不能被装饰物遮掩。

⑤ 不能遮挡消防设施和出口，疏散指示。

⑥ 不得阻碍消防设施和疏散走道。

⑦ 凡隐蔽木作必须涂防火涂料。

1.10.4 安全纪律

① 施工现场凡洞、坑、沟、升降机井、楼梯等未装扶手栏杆之前要设置盖板，护栏及安全网，严防意外跌伤。

② 在完工后的顶棚内需作业必须铺设 20mm 厚、700～800mm 宽的垫板，不得直接踩踏到顶棚上。

③ 带钉木料弃置前必须将钉子起掉或打弯，防止扎伤。

④ 斧、锤、凿等要经常检查木柄是否牢固，以免飞出伤人。

⑤ 垃圾要集中清运，不得从门窗往外扔。

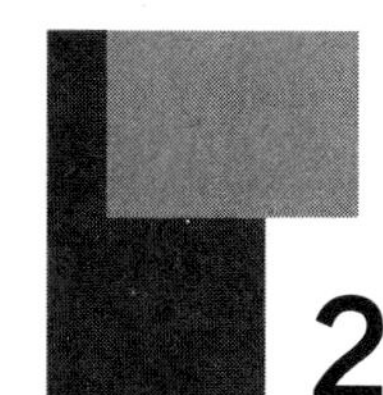

2. 家居装修施工图的识读

家居装修施工前应认真阅读家居装修施工图的各项要求。

2.1 家居装修平面图的识读

（1）识读顺序和要点

识读装修平面图应抓住面积、功能、装饰面、设施以及与结构的关系等5个要点，具体顺序如下。

① 识读家居装修平面图要先看图名、比例、标题栏，认定该图是什么平面图。再看建筑平面基本结构及其尺寸，待到把各房间名称、面积以及门窗、走廊、楼梯等主要位置和尺寸了解清楚后再阅读建筑平面结构内的装修结构和装修设置的平面布置内容。

② 通过对各房间和其他空间主要功能的了解，明确为满足功能要求所配置的设备与设施种类、规格和数量，以便制订相关的购买计划。

③ 要注意区分建筑尺寸和装饰尺寸，在装饰尺寸中要分清其中的定位尺寸、外形尺寸和结构尺寸。

④ 平面布置图上为了避免重复，同样的尺寸往往只代表性地标注一个，识读图时要注意将相同的构件或部位归类。

⑤ 通过平面布置图上的投影符号，明确投影面编号和投影方向，并进一步查出各投影方向的立面图。

⑥ 通过阅读文字说明，了解设计对材料规格、品种、色彩和工艺制作的要求，明确各装修面的结构材料与饰面材料的关系与固定方式，并结合面积做材料计划和施工安排计划。

⑦ 通过平面布置图上的剖切符号，明确剖切位置及其剖视方向，进一步查阅相应的剖面图。

⑧ 通过平面布置图上的索引符号，明确被索引部位及详图所在位置。

⑨ 了解以建筑平面为基准的定位尺寸是确定装修面或装饰物在平面布置图上位置的尺寸。在平面图上必须找到需两个定位尺寸才能确定一个装饰物的平面位置。

⑩ 熟悉装修面或装饰物的平面形状与大小、外形尺寸、装修面或装饰物的外轮廓尺寸。

（2）识读举例

现以图2-1为例，该图为某商品房平面布置图。

图中轴线④～⑤之间为该户型的入户门，入户门后左侧是客厅，位于轴线②～④之间，进深为5.4m，开间为4.2m；右侧是餐厅，位于轴线⑤～⑦之间，进深为3.82m，开间为3.4m；位于轴线④～⑤与轴线Ⓓ～Ⓔ为客厅和餐厅通往书房及卧室过道，宽度为1.5m，长度为3.0m。以上三个空间为公共空间。也是室内装饰的重点空间。地面瓷砖设有拼花。

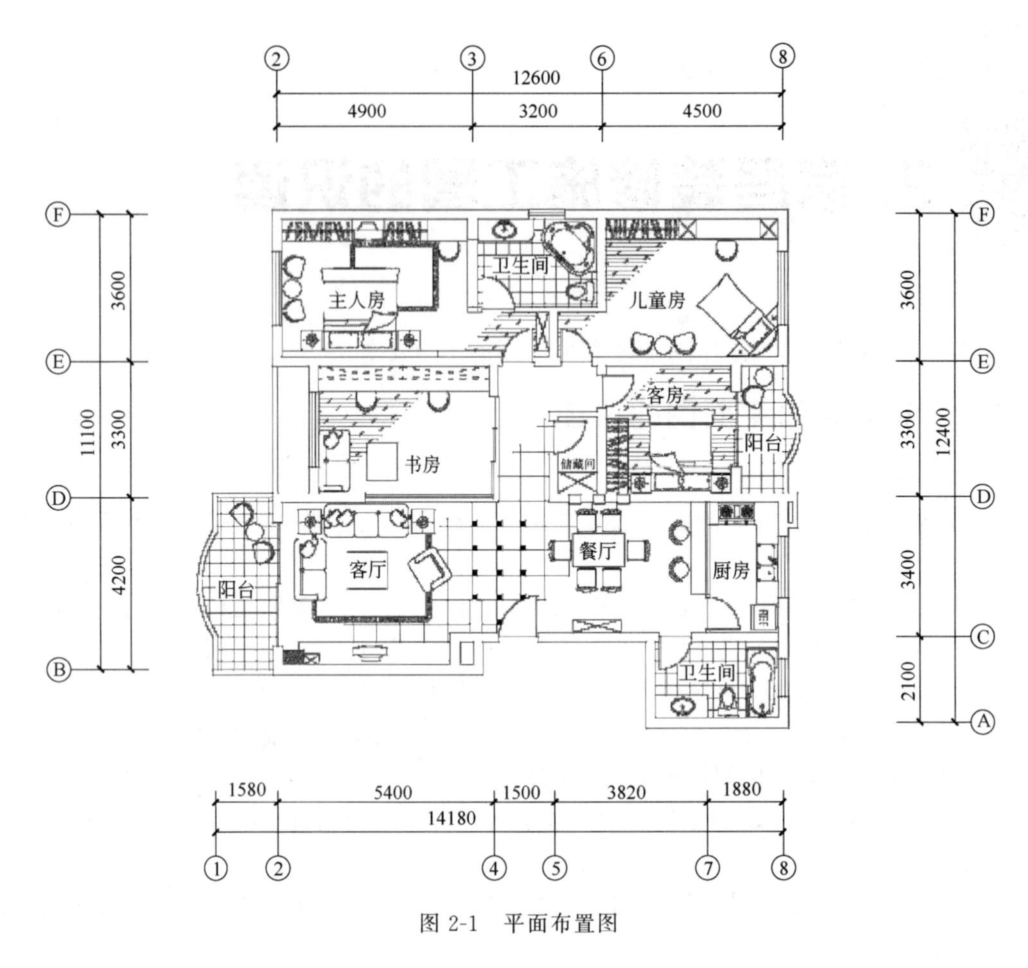

图 2-1 平面布置图

位于轴线Ⓓ～Ⓔ之间，紧邻客厅的空间是书房。进深为 4.5m；开间为 3m；位于轴线②～③之间，与书房相邻的空间是主人房，进深为 4.9m，开间为 3.6m。

位于轴线Ⓓ～Ⓔ之间，与餐厅相邻的是客房，进深为 3.34m，开间为 3.3m。位于轴线⑥～⑧之间，与客房相邻是儿童房，进深为 4.5m，开间为 3.6m。

以上四个空间为私密空间，地面材料为木地板。

其余空间为厨房、卫生间与阳台从图 2-1 上可以看出其地面瓷砖规格明显小于公共空间，应是铺设防滑材料。

2.2 家居装修顶棚平面图的识读

(1) 识读顺序和要点

① 应先看清楚顶棚平面图与装修平面图各部分的对应关系，核对顶棚平面图与装修平面图在基本结构和尺寸上是否相符。

② 看有逐级变化的顶棚，要分清它的标高尺寸和线型尺寸，并结合造型平面分区线，在平面上建立起三维空间的尺度概念。

③ 通过顶棚平面图上的索引符号，找出详图对照着识读，弄清楚顶棚的详细构造。

④ 通过顶棚平面图上的文字标注，了解顶棚所用材料的规格、品种及其施工要求。

⑤ 通过顶棚平面图，了解顶棚灯具和设备设施的规格、品种与数量。

（2）识读举例

从图 2-2 中可以看到几个不同的标高，按顺序分别是 2.800m、2.550m、2.650m，2.600m、2.500m。

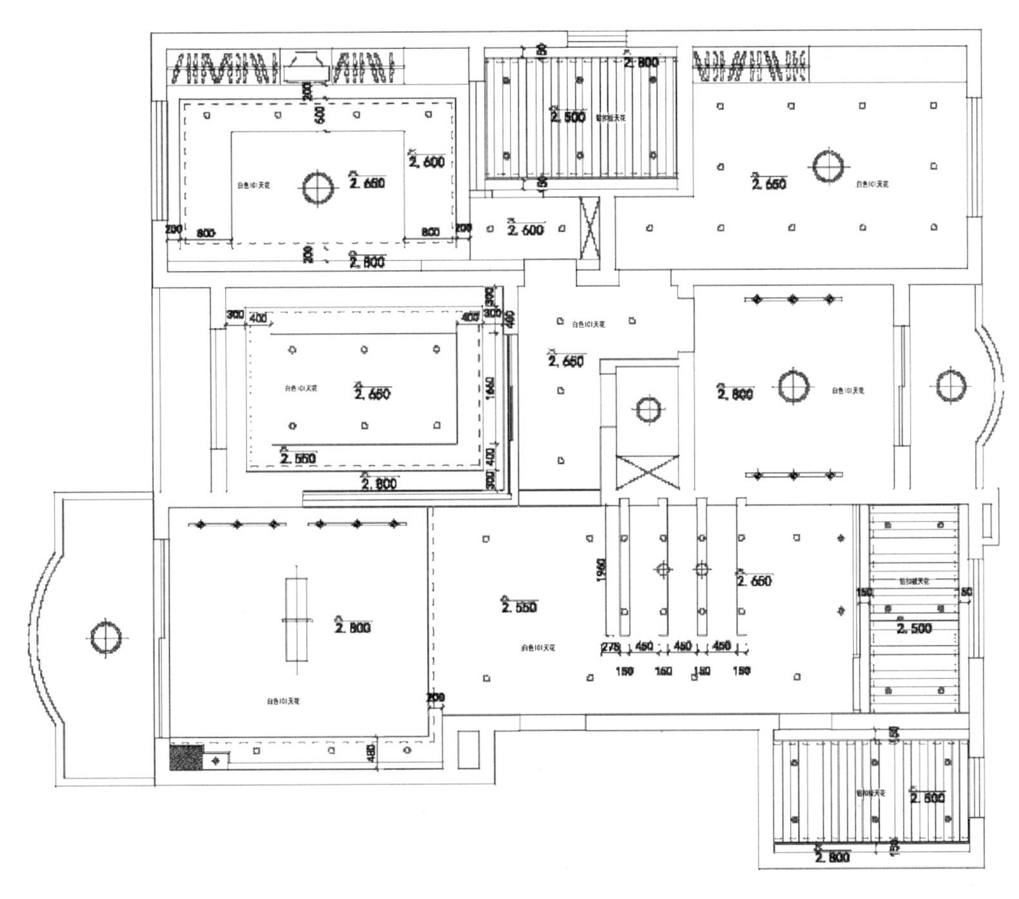

图 2-2　顶棚平面图

在客厅的顶棚上有一个层级内藏灯带（用虚线表示），正中间布置一盏造型吊灯。餐厅设计有两个标高，分别是 2.55m 和餐桌上方的四个凹槽标高为 2.65m，图纸上凹槽标有尺寸大小与间隔距离。在每个凹槽中各有两个 40W 筒灯，在第二条与第三条凹槽的正中间多了两盏吊灯。卧室、书房的读图方法与之相同。

有关顶棚的剖面详图即标明在饰施图上。

在顶棚平面图上还标明了所用材料和颜色要求。

2.3　家居装修立面图的识读

（1）识读顺序和要点

① 首先应看清楚明确家居装修立面图上与该工程有关的各部尺寸和标高。

② 阅读家居装修立面图时，要结合平面图、顶棚平面图和该家居其他立面图对照阅读，明确该室内的整体做法与要求。

③ 通过图中不同线型的含义，搞清楚立面上各种装修造型的凹凸起伏变化和转折关系。

④ 熟悉装修结构之间以及装修结构与建筑结构之间的连接固定方式，以便提前准备预

埋件和紧固件。

⑤ 弄清楚每个立面上有几种不同的装修面，以及这些装修面所选用的材料与施工工艺要求。

⑥ 要注意设施的安装位置，电源开头、插座的安装位置和安装方式，以便在施工中留位。

⑦ 立面上各装修面之间的衔接收口较多，这些内容在立面图上表明比较概括，多在节点详图中详细表明。要注意找出这些详图，明确它们的收口方式、工艺和所用材料。

（2）识读举例

图 2-3 是轴线②～⑦之间的客厅、入户门和餐厅的立面图。

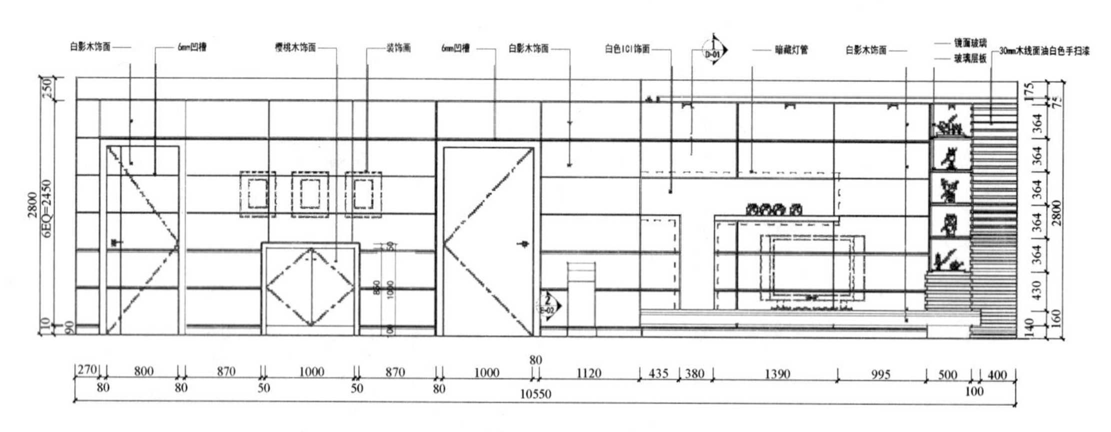

图 2-3 立面图

从图 2-1 中可以看到轴线②～⑦之间的平面形状和尺寸。墙面所使用的材料、颜色、尺寸规格和部分家具高度。同时也标明了踢脚线高度和用料。

在图 2-2 中还可以看到顶棚的剖面形式、尺寸和用料。

从剖面索引符号中可以看到在图号为 D-01 上有电视背景墙的剖面图，在图号为 E-02 上有矮柜正面造型以及外部颜色和用料，内部构造及用料。

2.4 家居装修剖面图的识读

（1）识读顺序和要点

① 识读家居装修剖面图时，首先要对照平面布置图，掌握剖切面的编号是否相同，了解该剖面的剖切位置和剖视方向。

② 阅读家居装修剖面图要结合平面布置图和顶棚平面图进行，才能全方面地理解剖面图示内容。

③ 要分清建筑主体结构的图像、尺寸和装修结构的图像、尺寸。当装修结构与建筑结构所用材料相同时，它们的剖断面表示方法应该是一致的。要注意区分，以便进一步了解它们之间的关系。

④ 通过对剖面图中所示内容的识读，明确装修工程各部位的构造方法、构造尺寸、材料要求与工艺要求。

⑤ 家居装修造型变化多，模式化的做法少。作为基本图的装修剖面图只能表明原则性的技术构成，具体细节还需要通过详图来补充表明。因此，在阅读家居装修剖面图时，还要注意按图中索引符号所示方向，找出各部位节点详图并不断对照。掌握各连接点或装修面之

间的关系以及包边、盖缝、收口等细部的材料、尺寸和详细做法。

（2）识读举例

图 2-4 是电视背景墙的剖面图，它是根据索引符号$\frac{1}{D-07}$所指，在平面图中位于轴线②～④之间，剖切后向左投影而得的剖面图，与电视背景墙立面图（图 2-3）相对应。阅读时应注意复核三图之间各个部位的尺寸标注是否相同。

从图 2-4 中可以了解电视背景墙各部位的构造方法、尺寸、材料、颜色和工艺要求。

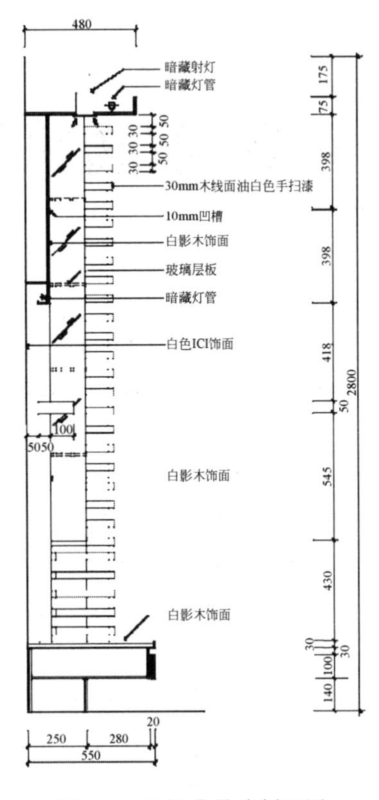

图 2-4　电视背景墙剖面图

2.5　家居装修详图的识读

（1）识读顺序和要点

识读装饰构配件详图时，应先看详图编号和图名，弄清楚该详图是从何图中索引而来的。有的构配件详图单独有立面图和平面图，也有的装修构配件图的立面形状或平面形状及其尺寸就在被索引图样上，不再另行画出。因此，阅读时要注意配合被索引图进行周密的核对，了解它们之间在尺寸和构造方法上的关系。通过阅读，弄清楚各部件的装配关系和内部结构，紧紧抓住尺寸、详细做法和工艺等要求三个要点。

（2）识读举例

图 2-5 是书房推拉门的详图，由立面、节点剖面及技术说明等组成。从图 2-5 中可以了解该图主要有构配件的形状、详细材料图例、构配件的各部分所用的材料名、规格、颜色以及工艺做法等要求。

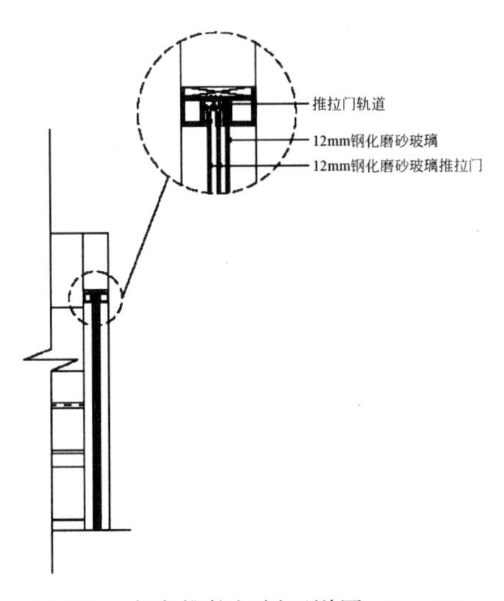

图 2-5　书房推拉门剖面详图（1∶30）

3. 家居装修施工的水电作业

3.1 主要材料的质量要求

在市场上给排水工程材料种类繁多。当前的市场上主要有镀锌钢管、PAP（铝塑复合管）、PPR（聚丙烯酯复合管）、UPVC（聚氯乙烯复合管），还有一些质量和性能都较好的铜水管和衬塑薄壁不锈钢管。由于镀锌钢管不耐蚀、不抗菌、内壁抗结垢性差，在水与管道内壁长时间接触后极易锈蚀入水，引起饮用水的直接污染；同时由于它的连接方式采用螺纹连接，时间久了容易松动，出现漏水现象。因此国家2000年就已经明令禁止使用冷镀锌钢管，而热镀锌钢管也已限期使用。在装修时，一定要注意管材的选择，要多方咨询，千万不能掉以轻心。

3.1.1 管材指标分类及选用

由于新型建筑给水管材大多采用热塑性塑料材料制成，因此在考察和选用新型管材的时候，应注意从耐温耐压能力、线性膨胀系数、膨胀力、热导率及保温、抗水锤能力、壁厚、重量、水力条件、安装连接方式、价格、管材尺寸范围、寿命、原材料来源、卫生指标、耐腐蚀性、施工难易程度几个方面进行比较。

（1）耐温耐压能力

热塑性塑料给水管路系统的设计工作压力，一般是指输送介质温度为20℃时塑料管材的承压能力。

（2）线膨胀系数［m/(m・℃)］、膨胀力和敷设方式

① 塑料管的线性膨胀系数比金属的线性膨胀系数大得多，其线性变形主要表现在管道轴向方向上的膨胀延长和水平方向上的弯曲，其膨胀量与温差成正比，因此对于明装或非埋设型暗装，当直线距离大于20m时，应考虑采用伸缩节或折角自然补偿方式，这是塑料管与金属管的一个最重要的差异。在设计及施工安装时应予以充分重视。

② 考虑到塑料管的线性膨胀系数是金属管的几倍甚至十几倍，但其膨胀力却只有金属管的几十分之一，同时有良好的抗蠕变性能。故卫生间或是家居地板内暗埋敷设的支管，由于受水泥砂浆的摩擦阻力，塑料管线性膨胀会受约束而蠕变变化，不至于使外敷水泥崩裂，故配置给排水时支管可采用传统方式埋设或适当留一定管槽空间。

③ 复合管由于材料的膨胀受到金属的约束，线膨胀系数大大降低，但如果金属部分和塑料材料之间接合不紧密，会由于热胀冷缩不均而产生剥落和分层现象，从而影响复合管的整体性能，降低其强度和承压能力，这也是复合管制造工艺需要注意的问题。

（3）导热性能［热导率 W/(cm・K)］

塑料管自身有极好的隔热保温性能，塑料管的热导率约是钢的1/100，是铜的1/1000。在条件有限的情况下甚至可以不做保温处理，但现行的塑料热水管规程仍对保温做了一定的

规定，如主配水干管及回水管、屋面及室外可能结冻的管仍需保温，而埋墙地板敷设的配水支管不需考虑。塑料管的保温一般采用PVC/NBR闭孔型橡塑海绵保温管、高发泡聚乙烯(PE)闭孔型保温管、硬聚氨酯泡沫塑料管和现场喷聚氨基多元脂发泡剂等。

(4) 抗水锤能力（弹性模量N/cm)、壁厚

给水系统中由于阀门启闭，系统压力突然变化，而造成水锤现象，严重的水锤现象可导致管材的爆裂和变形。水锤压力的大小与水锤波速有关，水锤波速又与管材的弹性模量和管径、壁厚有关，管材的弹性模量越小、管径越大，壁厚越薄均可使水锤减小。一般各种塑料管的抗水锤能力均低于钢管的抗水锤能力。

(5) 壁厚、重量、流量、管径范围

由于各种管道材料的不同，其在满足同样抗压、耐温和强度条件下，管道壁厚会产生差异，从而引起抗水锤能力、管内径及水力条件不同，一般情况下，壁薄的管材节省材料，管内径大，水力条件好，重量小，施工安装容易。另外，不同管材因生产工艺、制造成本、使用范围有所不同而管径范围各不相同，在选择管材时应加以注意。

(6) 安装连接方式

① 夹紧式安装　采用管箍，另附用生丝带和白素麻丝、扩管器、扳手等工具连接管材与管件，这种方式因受人力因素影响较大，安装时需要反复调试。紧式安装方法用于不同材质管材和管件时，还会因各自的热膨胀系数不同，在冷热水交替使用时可能产生渗漏。

② 热熔式安装　利用热塑性管材的性质进行管道连接，热熔时采用专门的加热设备(一般采用电热式)，使同种材料的管材与管件的连接面达到熔融状态，用手工或机械将其压合在一起。这种方式结合紧密，安全耐用，可以避免金属管件接头处水的跑、冒、滴、漏等现象。

③ 电熔合连接　管件出厂时将电阻丝埋在管件中，做成电热熔管件，在施工现场时，只需将专用焊接仪的插头和管件的插口连接，利用管件内部发热体将管件外层塑料与管件内层塑料熔融，形成可靠连接，并结合专用数码计时器和安装指示孔等计时方式。热熔效果可靠，把人为因素降到最低，确保施工质量稳定。另外，安装时仅用电缆插头，还可克服操作空间狭小导致安装困难的问题。

(7) 价格

综合性的价格因素与许多方面有关，如材料获取的便宜程度、国产还是进口、管壁厚度重量和运输费用、管道接头及配件、安装人力费用以及储藏费用等。

(8) 管材尺寸范围

由于管材的种类很多，各种给水管材因其在性能、尺寸范围及安装施工工艺等方面有其相应的特点及适用范围，同时还由于给水系统中管道所处部位不同，根据其在施工安装中有不同特点，一般将其分为以下3种。

① 家居给水分区主干管　属于给水系统的主要部分，这一部分管道大都敷设在屋面保温夹层、吊顶、管道井、管槽内，采用支架固定，无需埋设。管径一般在25～80mm，要求有高品质的耐久性、外观持久性、无腐蚀、无结垢、无泄漏、低噪声、卫生、寿命长、安装方便的管材。一般对工作压力要求：冷水20℃、1.0MPa；热水70℃、1.0MPa，考虑到管道承压能力随温度升高而下降这一特点，热水管一般应采用公称压力1.6～2.0MPa的管材和管件。这种管材在施工中一次性安装，用量大，是给水管道的主干管，适合用的塑料管材有：硬聚氯乙烯（UPVC)、交联聚乙烯（PEX)、聚丙烯（PPR、

PPC)、聚丁烯（PB）、丙烯腈-丁二烯-苯乙烯（ABS）；复合管材有涂塑钢管、钢塑复合管、孔网钢带塑料复合管。

a. 聚氯乙烯复合管（UPVC）。安装施工方便，但由于使用中有UPVC单体和添加剂渗出，故应注意其铅含量要达到生活饮用水规定的<0.05mg标准。PB管（聚丁烯）有较好的高温耐久性，性质稳定，同时低温条件抗弯曲性能、抗脆裂性能和抗冲能力较强，质量轻，壁薄，水力条件最好，伸缩性和抗蠕变性好，有一定抗紫外线能力，安装连接方式多样，适用不同环境，同时能够再生，是一种好的管材，但目前国内还没有PB树脂原料，需依靠进口，价格较高。

b. PPR管。耐温性能好、质量轻、强度好、耐腐蚀、无毒、可回收。采用热熔连接，但其管壁较厚。

c. PEX管。耐温性能好、抗蠕变好、质量轻、强度好、耐腐蚀、无毒。但施工中没有同材质管件，需与金属管件连接，应有较好的施工质量作保障。

d. ABS管。强度大、低温环境不破裂、耐冲击、不含任何添加剂，色彩不会改变，但应注意管件和管材必须采用同种ABS材料，粘接固化时间较长。涂塑钢管相对于钢塑复合管，在卫生条件、安装难易、价格上均具有一定的优越性。

以上各种管材，可同时用于冷、热水的管材有PPR、PB、PEX，铝塑复合管；只能用于冷水的管材是UPVC、ABS、钢塑复合管、孔网钢带塑料复合管。

② 卫生间等给水支管　这部分管材管径在16～25mm，一般为埋墙或埋地暗装，接点多。由于管道大多暗敷，对管材、管件、安装连接要求较高，但长期以来受市场管材质量的困扰以及安装施工人员素质良莠不齐等因素影响，这部分管材出现的问题最严重，影响人们的生活质量。适合这一部分管材的塑料管有：高密度聚乙烯（HDPE），交联聚乙烯（PEX），聚丙烯（PPR、PPC），聚丁烯（PB）等；复合管材有铝塑复合管、塑复铜管、涂塑钢管等。

a. 高密度聚乙烯管（HDPE）。可采用电熔、热熔焊、胶圈柔性连接，它的优点是无毒、耐腐蚀、张力大、不干裂，小口径可绕在卷盘上，安装迅速，接口量少；缺点是刚度差、抗老化性能差、埋于地下易被老鼠咬破。

b. 交联聚乙烯管（HPEX）。在普通聚乙烯原料中加入硅烷接枝料，使其由线性分子结构改性成三维交联网状结构，具有耐温（－70～110℃）、耐压、稳定性和持久性好，而且无毒、无味，一般采用机械连接，是小口径家居冷热水常用的管材。

c. 聚乙烯夹铝复合管（HAH）。这种复合管材的结构是在薄铝管与内、外层高密度聚乙烯管之间，采用含高分子胶合层胶合而成，它既保持了聚乙烯管和铝管的优点，又避免了各自的缺点。可弯曲（弯曲半径＝$5D$）、耐温差强（－110～＋100℃）、耐高压（1.0MPa以上）。它用铜管件机械挤压连接，通常产品规格$DN \leqslant 25$mm，是建设部近年在家居冷热水供水管道上推荐使用的一种新型管材。

d. 聚丙烯管（PPR）。无毒、耐热、耐寒、耐老化、有较高强度、价格比镀锌钢管便宜一半，但易龟裂。

e. 聚丁烯管（PB）。聚丁烯是一种高分子惰性聚合物，聚丁烯管具有耐高温、耐寒冻的特点，化学稳定性好，可塑性强，无味、无毒，有多种连接方式（热粘接式接头焊接、热螺旋式现场焊接、机械夹紧式连接），是理想的小口径供水管道新型管材，已在欧洲、美洲、亚洲的部分国家得到广泛采用。

根据表 3-1 可知，PB、PPR 管性能不错，但用在卫生间管道时，由于用户分散购买、施工难以形成规模，加上施工人员未能进行有效培训，因此对这类需专用热熔、电熔工具的管材，使用受到一定的限制。PEX 管和铝塑复合管因可弯曲、不反弹，切割方便，安装工具简单，目前在卫生间内使用较多，但安装中需注意两个问题：一是管材与管件采用夹紧安装方式，受人力因素影响较大，紧固性难以保障，同时热塑性管材和金属管件接头热膨胀系数差异大，容易松动。为解决这一问题，部分厂家已生产专利管件，出现配套使用或采用分水器配管法（保证管道中间无管件），仅在管道两端与分水器和用水器具连接处安装管件；二是面管材强度比较弱，在施工中要特别注意受压变形而影响管道流量和水力条件。最近市场上出现一种新的复合管材——塑复铜管，即在铜管上外套塑料，既有铜管的优良品质，又有较好的保温性能，不愧为一种安全耐用的卫生管材，但价格偏贵。涂塑钢管具有钢管的优点，又保证了给水水质，但不太适宜用作热水管材。

表 3-1　给水管材性能比较表

性能＼管材	UPVC	PEX	PAP	PP-R	PB	ABS
长期使用温度/℃	≤40	≤90	≤60	≤60	≤90	≤60
短期使用温度/℃	—	≤95	≤90	≤90	≤95	≤80
维卡软化温度/℃	90	133	133	140	124	90
耐压力性能/MPa	1.6	1.0/95℃ 1.6/常温	1.0	1.0/70℃ 1.6/常温	1.6—2.5/冷水 1.0/热水	1.0
热导率(20℃)/[W/(m·K)]	0.16	0.35	0.45	0.24	0.38	0.26
抗拉强度(20℃)/[N/mm²]	—	19～26	—	20	33	41
线膨胀系数/[mm/(m·℃)]	0.07	0.15	0.025	0.16	0.13	0.10
卫生性能	差	好	好	好	好	好
常用连接方式	粘接	机械连接	机械连接	热熔连接	热熔连接	粘接
主要布管方式	明设	暗设	明暗设	明暗设	明暗设	明设

③ 给水引入管，室外给水、输水管　这类管材管径大，要求强度高、耐压好、密封性好、耐腐蚀、水力条件好、抗水锤能力强、安装简易、质量轻、寿命长。管径范围在 50～200mm 以上。适用的管材有孔网钢带塑料复合管、ABS、UPVC、涂塑复合管、钢塑复合管。这类管材由于强度及耐压要求高，全塑料的管材为达到要求势必以增加壁厚的方式来达到目的，因此在耗材、内径、水力条件、重要等方面受到影响。相对来说，复合管在这方面有一定的优势。孔网钢带塑料复合管以冷轧钢带和热塑性塑料为原料，以氩孤对接焊成型的多孔薄壁钢管为增强体，是外层和内层双面复合热塑料的一种新型复合压力管材。由于多孔薄壁钢管增强体被包覆在热塑性塑料的连续相中，因此这种复合管具有钢管和塑料管各自的优点，又克服了一般复合管二者结合不紧的不足，具有刚性好、强度大、承压高、质量轻、膨胀量小、导热性低和价格低廉的优点，适用于给水引入管，室外给水管和大、中型给水输入管道。同时调整钢带塑料复合管中钢带的厚度和塑料的耐温等级，还可生产出耐温耐压管材，其连接方式采用电热熔。不足之处在于，因超压或外力损伤时，快速修复较难。弯曲度比钢管小，需用 25°、30°等多角度的管件作为弥补。涂塑钢管具有塑料和钢的优点，但其材料主要以钢管为主，价格比孔网钢带复合管偏贵。

3.1.2 建筑装修中常用的给水管

在家庭装修中常用的几种给水管。

（1）铝塑管

铝塑复合管是市面上较为流行的一种管材，目前比较有名的有日丰和金德等，由于其质轻、耐用而且施工方便，可弯曲性强，更适合在一般的家装中使用。但其主要缺点是在用作热水管时，长期的热胀冷缩使用时会造成管壁错位导致渗漏。现在很多住宅小区使用的是铝塑管，但在装修理念比较新的广东和上海，铝塑管已经渐渐没有了市场。

（2）铜管

铜管具有耐腐蚀、灭菌等优点，是水管中的上等品，铜管接口的方式有卡套和焊接两种，卡套与铝塑管一样，长时间使用存在老化漏水的问题，所以在安装铜管的用户大部分采用焊接式。焊接就是接口处通过氧焊连接到一起，这样就能够跟 PPR 水管一样，永不渗漏，铜管的主要缺点是导热快，一些有名铜管厂商生产的热水管外面都覆有防止热量散发的塑料和发泡剂，铜管的另一个缺点是价格贵，极少有住宅小区的供水系统是铜管的。

（3）PPR 管

作为一种新型的水管材料，PPR 管具有很多的优势，既可以用作冷水管，也可以用作热水管，同时其具有无毒、质轻、耐压、耐腐蚀的特点，正在成为一种大量推广的材料。PPR 管的接口采用热熔技术，管子之间完全融合到了一起，所以一旦安装打压测试通过后，长期使用也不存在老化漏水生锈和结垢等现象，是一种绿色高级的给水管材料。

① PPR 管材工程应用特点

a. 良好的卫生性能和保温性能。管材原料属聚烯烃，其仅由 C、H 元素组成，原、辅料完全达到卫生标准，耐腐蚀性好，对水中所有离子不起化学作用，不会锈蚀，不仅可用于冷热水系统，而且可用于直饮水系统。PPR 管材热导率为 0.21W/(m・K)，仅为钢管的 1/200，一般情况下不需保温，用作热水管道时保温节能效果明显。在温度变化时产生的膨胀力也较小，适合于嵌入墙和地坪面层内的直埋暗敷。

b. 较好的耐热性能、使用寿命长。管材最高工作温度可达 95℃，在 1.0MPa 压力下长期使用温度为 70℃，满足热水供应的上限温度，常温下使用寿命可达 100 年以上。

c. 安装方便、连接可靠。管材不仅生产过程简单、设备投资少，而且质量轻（仅为钢管的 1/9，紫铜管的 1/10），减轻了工人的施工强度。管料采用同种原料加工制作，具有良好的热熔功能，安装方便可靠，连接部位的强度大于管材本体，管件结构不影响流量．并且管道阻力小，直管内壁平滑，不会结垢，沿程摩擦阻力比铜管道小，管配件连接时断面积不变。

d. 管材、管件的废料可回收利用。废料经清洁、破碎后可直接用于生产管材、管件。在生产、施工过程中对环境无污染。PPR 管材主要应用于冷热水系统、直饮水系统、采暖系统（包括地板辐射采暖）。民用市场占有率较高，而其他各类塑料管道的应用分别是：交联聚乙烯管（PEX）17mm，聚丁烯（PB）3mm，铝塑复合管为 2mm，仅为 PPR 管材的 1/15。PPR 管材不足之处主要是其刚性和抗冲击性能比金属管道差，在储运、施工过程中要注意文明施工；线膨胀系数较大，为 0.14～0.16mm/(m・K)，在设计和施工中要特别重视支架的设置、合适地选用伸缩器、正确地敷设管道；抗紫外线性能差，在阳光的长期直接照射下易老化；材料许可应力低、管壁厚较大、直接影响管材成本；在相同外径下，有效流通截面比其他管材小；在原材料价格居高不下，国内生产 PPR 原料的企业较多。但由于过去国内对 PPR 原料没有市场的需求，开发研制较晚，目前国内生产 PPR 管材的原料基本上从欧洲进口。

② PPR 管的选用原则

a. 正确区分管材用途，合理选择冷、热水管。冷、热水管壁厚不同，耐压不同，价格也不同。设计时要特别注明是采用冷水管还是热水管，并按规定标注管道规格。并根据输送水温、工作压力、使用寿命等因素进行选用。PPR 管材的壁厚按压力等级分为 PN1.0、PN1.25、PN1.6、PN2.0、PN2.5、PN3.2 6 个系列。冷水管材及管件压力等级最小为 PN1.0MPa，热水管材及管件最小压力等级为 PN2.0MPa。

b. PPR 管材承压具有两个显著特点：一是随着管内水的温度上升，其允许压力会急剧下降；二是承压时间增长，其允许压力也明显下降。考虑管道长期使用寿命以及施工和实际使用中非正常因素，为安全需要，冷水管选用的公称压力等级为系统最大工作压力乘以 1.5 倍安全系数，热水管则乘以 3.0 倍的安全系数．试验数据显示，当管道使用水温从 20℃上升到 60℃时，同一压力等级管道允许压力下降 50%，水温 70℃时，下降 2/3。以 PN2.0 管材为例，20℃水温时允许压力为 2.0MPa，70℃水温时最大允许压力仅为 0.66MPa。选用管材压力等级必须满足工作水温时的承压能力。

c. 现行建筑给水排水设计与施工验收规范以及所有塑料管材生产企业，对塑料管径规格的表示均为公称外径，符号为 De，单位为 mm。PPR 管材用 De×t 表示，t 代表壁厚。塑料管材管径规格表示方法已不同于《给水排水制图标准》中所述公称直径 DN（mm）。

③ PPR 管的布置与敷设　PPR 管的布置原则应遵照现行《建筑给水排水设计规范》(GB 50015—2003)，敷设则宜采用暗敷。直接嵌墙或在建筑面层内敷设，可利用其摩擦力，克服管道因温差引起的膨胀力。也还有利于保温，避免老化。暗敷方式有直埋暗敷方式（包括嵌墙敷设、地坪面层敷设）和非直埋暗敷方式（包括管道井、吊顶内、装修板后、地坪架空层敷设）。管道嵌墙暗敷时，要求土建配合预留凹槽，尺寸的深度为 De+20mm，宽度为 De+(40～60)mm。管道试压合格后，墙槽用 M7.5 级水泥砂浆填塞补实。

管道暗敷在地面层内应严格按设计要求施工，如需变更，应通过设计认可，且通知到用户同意，做到有文字记载，以避免地面装修时导致破坏。

④ 管道的安装连接、试压及穿墙、板、基础时的做法

a. 管道的安装连接。同种材质的 PPR 管件之间采用热熔连接，暗敷部分不得出现丝扣、法兰连接。热熔连接分为对接式热熔连接、承插式热熔连接和电熔连接。建筑给水管材应采用后两种方式。

b. 管材的试压。冷水管试验压力为管道系统工作压力的 1.5 倍，但不得小于 1.0MPa；热水管试验压力为管道系统工作压力的 2 倍，但不得小于 1.5MPa。

c. 管材穿墙、板、基础时的做法。热水管道穿墙时，应配合土建设置钢套管，冷水管穿墙可预留洞，洞口尺寸较外径大 50mm；管道穿楼板或屋面时，应设置钢套管，套管应高出地面 50mm，并采取严格的防水措施；管道穿基础墙时，应设置金属套管，基础墙预留孔洞上方距套管净距不得小于 100mm。

3.1.3　怎样防止给水管渗漏

"隐蔽工程"中给水管的选择和安装在家居装修过程是一个十分重要的问题。为使家居美观和日常生活中使用方便，人们在装修时给水管一般都采用嵌墙式施工。但是，一旦出现给水管渗漏和爆裂将带来难以弥补的后果。因此要从以下几个方面来避免和防止其发生，可

以从以下几方面入手。

① 不得使用不合格的产品　使用的塑料管本身是否合格，是导致给水管渗漏的主要原因。市场上存在一些质量差、偷工减料的劣质产品，比如抗压性、冷热膨胀系数达不到要求，加上施工不规范，若用在工程上肯定会出问题。

② 要注意采用合理的连接方法和拐弯处理　塑料管材本身的物理和化学特性决定了管材的连接和拐弯处理方法。因塑料管在拐弯处使用金属连接，塑料管材与金属之间不是电焊也不是螺口扣死，而是靠特殊的胶黏合。在温差较大的情况下，塑料和金属之间的热膨胀系数不同，胶容易开裂，从而引发水管爆裂。

③ 要重视塑料水管的老化问题　塑料中含有“增塑剂”，会随时间逸出而导致塑料的硬化和脆化，老化的塑料管在水压的震动冲击、水锤作用下容易产生爆裂。

3.1.4　电路改造中的材料选择

家居装修少不了电线，电线质量优劣与日后安全使用有重大关系。好多火灾都是因为电线线路老化，配置不合理，或者使用质量低劣的电线造成的。因此，在家居装修中，选择电线时一定要仔细鉴别，防患于未然。国家已规定在新建建筑中应使用铜导线。但同样是铜导线，也有劣质的铜导线，其铜芯采用再生铜，含有许多杂质。有的劣质铜导线导电性能甚至不如铁丝，极易引发电气事故。目前，市场上的电线品种多、规格多、价格乱，挑选时难度很大。怎样去分辨电线质量的优劣和长度是否达标呢？

就电线来说，一般常用电线规格为 1.5mm^2、2.5mm^2、4mm^2、6mm^2、10mm^2 等，而每一种规格又有很多品种，如 BVT（双塑保护）、BV（单塑保护）、2R-BW（阻燃双塑）、2R-BV（阻燃单塑）。电线等级也有所不同，有国际标准、国家标准，甚至还有些是不达标的，其价格相差 1～2 倍甚至 3～4 倍，所以，千万不要贪图小便宜，给自己带来麻烦。造成电线价格差异的原因有很多，其中有一种是因为生产过程中所用原材料不同造成的。生产电线的主要原材料是电解铜、绝缘材料和护套料。据调查，目前原材料市场上电解铜每吨在 2 万元左右，而回收的杂铜每吨只有 1.5 万元左右，绝缘材料和护套料的优质产品价格每吨在 8000～8500 元，而残次品的价格每吨只需 4000 元左右；另外，长度不足，绝缘体含胶量不够，也是造成价格差异的重要原因。每盘线长度，优等品是 100m，而次品只有 90m 左右；绝缘体含胶量优等品占 35%～40%，而残次品只有 15%。那么，购买电线时怎样鉴别它的优劣呢？主要有以下几种方法。

① 首先看成卷的电线包装牌上，有无中国电工产品认证委员会的“长城标志”和生产许可证号，看有无质量体系认证书；看合格证是否规范；看有无厂名、厂址、检验章、生产日期；看电线上是否印有商标、规格、电压等。还要看电线铜芯的横断面，优等品紫铜颜色光亮、色泽柔和，铜芯黄中偏红，表明所用的铜材质量较好，而黄中发白则是低质铜材的反映。

② 可取一根电线头用手反复弯曲，凡是手感柔软、抗疲劳强度好、塑料或橡胶手感弹性大且电线绝缘体上无龟裂的就是优等品。电线外层塑料皮应色泽鲜亮、质地细密，用打火机点燃应无明火。

③ 截取一段绝缘层，看其线芯是否位于绝缘层的正中。不居中的是由于生产工艺差而造成的偏芯现象，在使用时一旦用电量大，较薄一面很可能会被电流击穿。

④ 看电线长度与线芯粗细。在相关标准中规定，电线长度的误差不能超过 5%，截面线径不能超过 0.02%。但市场上存在着大量在长度上短斤少两、在截面上弄虚作假（如标明

截面为 2.5mm^2 的线，实则仅有 2mm^2 粗）的现象。

3.2 线路改造

3.2.1 给水线路改造

依据用水量，创造一个个性化的用水环境，给水已延伸到日常生活用水、饮用用水和观赏用水。那么就要求在水路改造中，要根据家中需要进行整体规划，更要特别强调给水线路设计的整体性、系统性、高端性以及专业性。因此，当给水线路需要改造时，不能一概而论，而要从整体上出发，局部考虑到位，不能出现漏布和少布的现象。给水线路改造应注意处理好下面的几个问题。

① 给水线路布置要考虑到与水有关的所有设备（例如净水器、热水器、厨宝、马桶和洗手盆等）位置、安装方式以及是否需要热水。

② 要提前选好所用设备的类型，是燃气还是电的热水器，或是空气能热水器等，避免临时更换热水器种类，导致给水线路位置不同而重改造。

③ 厨房、阳台、卫生间除了留一些主要等出水口外，是否还有预留备用水龙头等。

④ 露台如需要新增设洗衣池等，要考虑进水和排水的问题和管道走向，还应到实地观察，尽量不要破坏原防水构造。

3.2.2 电路改造

电路改造时要注意如下问题。

① 照明线路。各房间和客厅插座、空调插座、厨房卫生间插座都应分开布线，以确保各自支路出现故障时不会互相影响，也有利于故障原因的分析和检修。

② 照明线路可采用 1.5mm^2 的线。

③ 房间的插座应采用 2.5mm^2 的线。

④ 空调、厨房、卫生间应采用 4mm^2 的线。

⑤ 照明支路最大负荷电流应不超过 15A，各支路的出线口（一个灯头、一个插座都算一个出线口）最好在 16 个以内。

⑥ 住宅电路改造时，应在每户进线处设一个总控制盒，其布线如下。

a. 总电源线进入控制盒后应设置一个总控制开关（采用双极不带漏电保护的“PVC 空气开关”）。

b. 根据户内电路的需要，从总控制开关接线、各分路线及各个分路开关上，从各个分路开关输出的电线再接到户内的空调插座、厨房和卫生间插座、客厅和卧室的插座以及各照明线路上。

c. 各个控制开关的设置。凡是插座，电源控制盒里接的控制开关应该是带漏电保护的空气开关，照明线路的控制开关则可以用单极控制的空气开关。

3.2.3 家居装修水电布线施工要求

在家居装修中，一些隐蔽工程是不可缺的，而管线的铺设预埋则是隐蔽工程的重点。

管线铺设预埋工程包括：电线有电源线、电视线、电视信号传输线，对讲系统、保安防盗系统导线，音响环绕系统导线等；管线有上水管、下水管、暖气管、煤气管、热水器连接管等。在专业化的施工中，对选用材料、施工步骤等均有严格要求，只有掌握了这些具体的施工要求，才能对隐蔽工程质量进行有效的监督。

（1）水路施工应注意事项

管线类施工时上水管、暖气管的改造要有最佳的布管路线，尽量减少弯头和三通。管线改造常用的方法如下。

① 明管改暗管　考虑装修效果，房间应干脆利落，节省空间，水管暗埋已是水管改造的发展趋势。

② 管材的选择　铸铁管改塑管（铝塑管或是PPR管），或者换成铜管（由于传统的铸铁水管存在管道易锈蚀等缺陷，已经不推荐使用了；PPR管或铜管是目前推荐使用的水管管材。

③ 加装热水管　设有热水器装置的住宅，需安装热水管。但应注意，PPR管有冷热水管，相应的管壁和耐压程度是不同的，热水管管壁厚为2.8mm，允许压力为2.0MPa、外径20mm的4分管，而PPR冷水管管壁厚为2.3mm，允许压力为1.6MPa、外径20mm的4分管。

④ 更改阀门和水表的位置　应尽量将给水总阀门放在一个比较开放的位置以方便日后维护。如台面上，阀门后的管道可再做低位处理；水表高位改低位，以便靠墙安装节省空间。

⑤ 加装净水设备　预留净化设备分支接口，待装修基本结束，橱柜安装到位后，再由净水器、软水器厂家负责加装净化处理设备。一般是将净水设备安装在洗菜盆下面的空间里。

⑥ 装有太阳能热水器或空气源热水器的用户，应按生产厂家指导预留相应的管线。

⑦ 安装分水龙头等预留的冷、热水给水管　保证冷热分水管的间距（一般大部分电热水器、分水龙头冷热水给水管的间距都是15cm）；冷、热水给水管口高度应一致；当冷、热水给水管口垂直墙面时，墙面贴墙砖时应保护，避免把管线移位。冷、热水给水管口应该突出墙面两2～2.5cm，贴墙砖时，还应确保墙砖贴完后与给水管管口同一水平。

⑧ 水路改造完毕应做管道压力实验　实验压力不应该小于0.8MPa。

⑨ 做防水　水路改造完毕应检查原来的防水是否受到破坏，如有破损，应及时补做防水。

（2）电路施工应注意事项

① 电路的走向要合理，安全、实用，有保护措施。电路改造原则是能不动就不动，不要轻易改；能暗则暗，不允许有明线。

② 材料要合格。

③ 施工要规范。所有电线必须穿管，接头处要用弯头，地线要按规定处理。

a. 开槽、打眼时不要把原电线管路或水暖管路破坏。电气线路敷设时务必加穿线管，不能把电线直接埋到地面或墙里。穿线管在敷好后一定要用卡槽支架固定好，以确保安全和便于维修。

b. 电线布置要求。照明线和插座线要分开控制，电线采用2.5mm^2，厨房用电、空调用电以及按摩浴缸等，一定要用专线，电线采用4mm^2。电路布线一定要上下竖直，左右平直，电线一定要套PVC线管及配件，遇到不能破坏的剪力墙或承重墙等，其线路一定要套防蜡管绝缘材料，不能把电线直接埋在水泥墙内。在线路安装时，一定要严格遵守“火线进开关，零线进灯头左零右火，接地在上”的规定。

c. 穿线，所有电路都必须为活线。把线管按管横平竖直固定好后，在确保电线导管畅通后再穿线，否则易造成墙面开裂。配线时应稍加用力来回收动，以保证所穿的电线能被抽动，以便于日后更换受损的电线。直径16mm的线管最多穿3根电线，强弱电线要距离50cm以上，避免信号干扰。

④ 埋暗管必须用PVC管，有接头的地方必须留面板，以备检测用。

⑤ 接电线时要注意，不得随便到处引线。插座和照明也不得乱接乱串。

⑥ 验收要严谨。电路施工工艺要到位，应严格按施工规范验收。

3.2.4 家居装修电气设备的安装

① 必须在家具位置与尺寸确定后，才能决定开关与插座的位置。

② 顶灯开关高度在1.25～1.40m之间（指面板的下沿），具体高度可根据家人的平均身高确定。

③ 厨房插座应布置在台面上，床头插座一般应在柜头柜上，书房插座、电视柜插座一般在台面下，距楼地面高度为30cm，并有较好的隐蔽性。

④ 卧室顶灯的开关应采用双控开关，确保门边和床边都可以控制。

⑤ 空调插座。要先确定空调安装的位置，然后把插座布置在机身可以挡住的位置。由于空调插座不宜经常活动，故安装高度可以适当高一些。

⑥ 门的开启不要影响到开关的使用。

⑦ 防盗门应安装一个带指示灯的开关，便于晚上回家使用。卫生间的门最好也要带指示灯。

⑧ 定好开关插座后，买个空白面板（或剪个一样大的纸板），然后用标尺在墙上划好，便于按定好的位置，开槽埋置暗盒。

⑨ 对于所用的电器设备功率比较大的支路，要单独设回路。比如：厨房插座一定要设单独回路，因为电磁炉、电饭煲等都是大功率电器。

⑩ 常用家用电器的耗电量参数见表3-2。

表3-2 常用家用电器的耗电量参数

家用电器名称	功率/W	额定电流/A	功率因数
彩电电视机(74)	100～168	0.65～1.09	0.7～0.9
电冰箱	135～200	2.04～3.03	0.3～0.4
洗衣机	350～420	2.65～3.82	0.5～0.6
电磁灶	1900	0.64	1
电烫斗	500～1000	2.27～4.54	1
电热毯	20～100	0.09～0.45	1
电吹风机	350～550	1.59～2.5	1
电水壶	1500～1950	6.82～8.86	1
电热杯	300	1.36	1
电暖器	1500	6.8	1
消毒柜	290	1.32	1
电烤箱	600～1200	2.73～5.25	1
微波炉	950～1400	4.32～6.36	1
电饭煲	300～500	1.36～2.27	1
电砂锅	1000～1500	4.55～6.36	1
电热水器	75	9.1～13.64	1
音响设备	150～200	0.85～11.4	0.7～0.9
吸尘器	400～800	2.1～3.9	0.94
浴霸	1185	5.39	1
抽油烟机	120～200	0.6～1.0	0.9
排风扇	40	0.2	0.9
空调	900～1280	5.1～6.5	0.7～0.9

3.2.5　卫生洁具的安装工艺

（1）施工工艺流程

卫浴洁具工艺流程：镶贴墙砖→吊顶→铺设地砖→安装大便器、洗脸盆、浴盆→安装连接给排水管→安装灯具、插座、镜子→安装毛巾杆等五金配件。

① 安装坐便器的工艺流程

a. 安装坐便器的地面必须坚硬平整，不能铺有地砖或其他装饰材料，砂石杂物要清理干净。

b. 坐便器固定前要使其水平，并用水平尺校准。

c. 固定坐便器有拉爆螺栓固定法和水泥黏结法两种方法。

ⓐ 拉爆螺栓固定法：将坐便器放在安装位置，在地面画出坐便器底脚轮廓线，并通过坐便器按照安装孔画出螺栓孔位置；打好孔后，插入拉爆螺栓，在坐便器排出口与地面排污口结合处铺放弹性胶泥，将坐便器平稳放好，紧固拉爆螺栓，最后用玻璃胶密封坐便器底脚。

ⓑ 水泥黏结法：在地面上画出坐便器底脚轮廓线，沿轮廓线向内铺设一圈宽30mm、高15mm的1∶3水泥砂浆，在坐便器排出口与地面排污口结合处铺放黏合剂，抹干净坐便器底脚，将其平稳地安放在安装位置，使之黏结牢固，抹干净溢出的水泥砂浆。

d. 施工时所黏附的水泥砂浆，应在水泥砂浆结硬前清除，以免结硬后难以清除。

e. 连接进水管，并确保不漏水。

f. 约1h后试冲水数次，保证排污管畅通。

g. 坐便器安装完毕3d内不得使用，以免影响其稳固。

② 安装洗脸盆的工艺流程：膨胀螺栓插入→捻牢→盆管架挂好→把脸盆放在架上找平整→下水连接脸盆→调直→上水连接。

③ 安装浴盆的工艺流程：浴盆安装→下水安装→油灰封闭严密→上水安装→试平找正。

④ 安装淋浴器的工艺流程：冷、热水管口用试管找平整→量出短节尺寸→装在管口上→淋浴器铜进水口抹铅油，缠麻丝→螺母拧紧→固定在墙上→上部铜管安装在三通口→木螺丝固定在墙上。

⑤安装净身器的工艺流程：混合开关、冷热水门的门盖和螺母调平正→水门装好→喷嘴转芯门装好，冷热水门出口螺母拧紧→混合开关上螺母拧紧→装好三个水门门盖→瓷盆安装好→安装喷嘴→安装下水口→安装手提拉杆→调正定位。

（2）施工要领

① 洗涤盆安装施工要领

a. 洗涤盆产品应平整无损裂。排水栓应有不小于8mm直径的溢流孔。

b. 排水栓与洗涤盆连接时排水栓溢流孔应尽量对准洗涤盆溢流孔以保证溢流部位畅通，镶接后排水栓上端面应低于洗涤盆底。

c. 托架固定螺栓可采用不小于6mm的镀锌开脚螺栓或镀锌金属膨胀螺栓（如墙体是多孔砖则严禁使用膨胀螺栓）。

d. 洗涤盆与排水管连接后应牢固密实，且便于拆卸，连接处不得敞口。洗涤盆与墙面接触部应用硅膏嵌缝。

e. 如洗涤盆排水存水弯和水龙头是镀铬产品，在安装时不得损坏镀层。

② 浴盆的安装要领

a. 在安装裙板浴盆时，其裙板底部应紧贴地面，楼板在排水处应预留 250～300mm 洞孔以便于排水安装，在浴盆排水端部墙体设置检修孔。

b. 其他各类浴盆可根据有关标准或用户需求确定浴盆上平面高度，然后砌两条砖基础后安装浴盆；如浴盆侧边砌裙墙，应在浴盆排水处设置检修孔或在排水端部墙上开设检修孔。

c. 各种浴盆冷、热水龙头或混合龙头其高度应高出浴盆上平面 150mm。安装时应不损坏镀铬层。镀铬罩与墙面应紧贴。

d. 固定式淋浴器、软管淋浴器其高度可按有关标准或按用户需求安装。

e. 浴盆安装上平面必须用水平尺校验平整，不得侧斜。浴盆上口侧边与墙面结合处应用密封膏填嵌密实。

f. 浴盆排水与排水管连接应牢固密实，且便于拆卸，连接处不得敞口。

③ 坐便器的安装要点

a. 给水管安装角阀高度一般距地面至一角阀中心为 250mm，如安装连体坐便器应根据坐便器进水口离地高度而定，但不小于 100mm，给水管角阀中心一般在污水管中心左侧 150mm 或根据坐便器实际尺寸定位。

b. 低水箱坐便器水箱应用镀锌开脚螺栓或用镀锌金属膨胀螺栓固定。如墙体是多孔砖则严禁使用膨胀螺栓，水箱与螺母间应采用软性垫片，严禁使用金属硬垫片。

c. 带水箱及连体坐便器水箱后背部离墙应不大于 20mm。

d. 坐便器安装应用不小于 6mm 镀锌膨胀螺栓固定，坐便器与螺母间应用软性垫片固定，污水管应露出地面 10mm。

e. 坐便器安装时应先在底部排水口周围涂满油灰，然后将坐便器排出口对准污水管口慢慢地往下压挤密实填平整，再将垫片螺母拧紧，消除被挤出的油灰，在底座周边用油灰填嵌密实后立即用回丝或抹布揩擦清洁。

f. 冲水箱内溢水管高度应低于扳手孔 30～40mm，以防进水阀门损坏时水从扳手孔溢出。

（3）注意事项

① 不得破坏防水层。已经破坏或没有防水层的，要先做好防水，并经 12h 积水渗漏试验。

②卫生洁具固定牢固，管道接口严密。

③ 注意成品保护，防止磕碰卫生洁具。

3.3 防水处理

在家居装修施工时，卫生间往往会增加洗浴设施，多处管线重新布局、移动，家居的原有防水层很容易被破坏，而新增设洗浴设施的用水量经常会超过原设计防水层的保护范围。如果防水措施未加处理，日后容易发生渗漏，如上下水管根部的渗漏、墙体内埋水管的渗漏、卫生间隔壁墙对顶角潮湿霉变等，会带来很多的麻烦。为此，水路、电路改造完成之后，最好紧接着把卫生间和厨房的防水措施认真加以处理。

3.3.1 施工准备

（1）作业条件和要求

① 卫生间楼地面垫层已做完，穿过卫生间地面及楼面的所有立管、套管已做完，并已

固定牢固，经过验收。管周围缝隙用1∶2∶4细石混凝土填塞密实。

② 卫生间楼地面找平层已做完，标高符合要求，表面应抹平压光、坚实、平整，无空鼓、裂缝、起砂等缺陷，含水率不大于9%。

③ 找平层的泛水坡度应大约2%（即1∶50），不得局部积水，与墙交接处及转角处、管根部位，均应用专用抹子抹成半径为10mm均匀一致的平整光滑小圆角。凡是靠墙的管根处均要抹出5%（1∶20）坡度，以避免积水。

④ 涂刷防水层的基层表面，应将尘土、杂物清扫干净，表面残留灰浆硬块及高出部分应刮平、扫净。对管根周围不易清扫的部位，应用毛刷将灰尘等清除干净，坑洼不平处或阴阳角未抹成圆弧处，可用众霸胶∶水泥∶砂=1∶1.5∶2.5砂浆修补。

⑤ 防水层施工之前，应先在突出地面和墙面的管根、地漏、排水口、阴阳角等易发生渗漏的部位，增设防水附加层。

⑥ 卫生间墙面应按设计要求及施工规定，四周至少向上卷铺300mm高。不是采用淋浴房的淋浴区，卫生间墙面防水应该做到180cm高。完成防水施工后一定要做24h闭水试验，试验合格后方能铺墙、地砖。

⑦ 墙面基层抹灰要求压光、平整和无空鼓、裂缝、起砂等缺陷。穿过防水层的管道及固定卡具应提前安装，并在距管50mm范围内凹进表层5mm，管根做成半径为10mm的圆弧。

⑧ 在墙上划定+0.5水平控制线，突出墙地面防水层的管道及固定卡具应提前安装，并把防水层做到水平控制线。

⑨ 卫生间做防水之前必须设置足够的照明设备（安全低压灯等）和通风设备。

⑩ 防水材料一般为易燃有毒物品，储存、保管和使用时远离火源，施工现场要备有足够的灭火器等消防器材，施工人员要着工作服，穿软底鞋，并设专业工长负责监管。

⑪ 施工环境温度应保持在+5℃以上。

⑫ 操作人员应经过专业培训考核合格后，持证上岗。先做样板间，经检查验收合格后方可全面施工。

（2）质量要求

① 主体控制质量要求

a. 防水材料应符合设计要求和现行有关标准的规定。

b. 排水坡度、预埋管道、设备安装、固定螺栓的密封应符合设计要求。

c. 地漏及地漏顶面应为地面最低处，以便于排水。

② 局部质量控制

a. 排水坡度和地漏排水设备周边节点应密封严密，不得有渗漏。

b. 密封材料应使用柔性材料，并嵌填密实，黏结牢固。

c. 防水涂层应均匀，不得有龟裂和鼓泡现象。

d. 防水层厚度应符合设计要求。

3.3.2 施工工艺

以德高K11防水涂料为例：德高K11防水浆料是双组分高聚物改性的水泥基防水材料，由优质水泥、级配骨料和精选助剂的粉料和液态高聚物添加剂组成。

（1）材料性能

德高K11防水浆料性能见表3-3。

表 3-3　德高 K11 防水浆料性能指标

项　　目		指　　标	
		一等品	合格品
干燥时间/h	表干	＜6	
	实干	＜12	
7d 的抗震压力/MPa	迎水面	≥1.2	≥0.8
	背水面	≥1.0	≥0.6
透水压力比/%		≥300	≥150
黏结强度/MPa	7d	≥1.2	≥0.8
	28d	≥1.5	≥1.2
抗折强度/MPa	7d	≥4.0	≥3.0
	28d	≥8.0	≥5.0
抗压强度/MPa	7d	≥18.0	≥12.0
	28d	≥28.0	≥20.0

(2) 德高 K11 防水浆料施工工艺流程

施工工艺流程：基层清理→增强层施工→接点密封→湿润基层→涂刷第一遍→养护→涂刷第二遍→养护→闭水试验

(3) 操作工艺

① 基层处理　检查基层合格后，对其表面浮灰、灰砂及砂砾疙瘩进行清理干净，润湿后再进行下一工序。

② 增强层和接点密封　针对容易造成渗漏的施工薄弱部位，采取加强措施设置增强层，以提高防水安全性能，确保防水质量。具体做法：在如管口位置、阴角等需增强的部位，应先刷柔韧性 K11 防水浆料 1～2 遍。

③ 刷防水浆料

a. 当涂膜厚度为 1.5mm 以内时，应分 2 遍施工；在 2～3mm 以内即应分 3 遍施工。涂刷第 1 遍后，应待其初步干固以后（大约为 2～4h）后方可涂刷第 2 遍。

b. 在涂刮的过程中，毛刷应按由下而上，然后由左到右的顺序，相互垂直操作。如果在阴角处的地方有浆料堆积，要及时的刮走、刮平，避免因堆积过厚引起的开裂。

c. 防水浆料涂刷应不间断，厚度均匀一致，封闭严密，涂层达到设计要求。并应做到表面光滑，无起鼓、脱落、开裂和翘边等缺陷。

④ 养护

a. 在第一遍涂刷完后而要涂刷第二遍之前应对其涂刷质量进行细致的检查，如发现有砂砾和漏刷的现象，应及时清理补刷。

b. 待其初步干凝后，应采用喷雾状的形式进行淋水养护，以确保质量要求。

⑤ 闭水试验　已完成的防水层，必须进行 24h 的闭水试验，检查是否有渗漏。

(4) 防水层的验收

根据防水涂层施工工艺流程，必须对每道工序进行认真检查，做好记录，检查合格后方可进行下道工序施工。防水层施工完成并完全干透后，对涂层质量进行全面验收。经检查验收合格方可进行闭水试验，闭水试验的蓄水深度应高出地面 20mm，达到 24h 无渗漏方为合格，最后方可进行保护层施工。

(5) 成品保护

① 在防水层操作过程中，操作人员要穿软底鞋作业。对穿过地面及墙面等处的管件和套管、地漏、固定卡具等应严加保护，不得碰损或造成变位。涂刷防水浆料时，不得污染其

他部位的墙地面、门窗、电气线盒、暖卫管道和卫生器具等。

② 每层防水层施工后，要严格加以保护，在设置防水层的房间门口要设醒目的禁入标志。保护层做完成之前，严禁非施工人员进入，更不得在上面堆放杂物，确保防水层免遭损坏。

③ 地漏和排水在防水施工之前，应采取保护措施，以防止杂物堵塞，确保排水畅通，闭水试验合格后，应将地漏清理干净。

3.4 水电作业的施工自查及验收

3.4.1 施工自查

① PVC 电线穿管和给水管均应顺着墙的走向布置，并应遵照横平竖直的布线原则，不能斜穿地面。

② 护套管与各种规格电线的关系：a. 照明电线规格为 BV-2.5 的导线，导线根数为 3 根以下时穿 PC16 管，6 根以下时穿 PC20 管；b. 强电插座回路均为三线（L. N. PE）；c. 电话用户线(-H-)采用 HPV-2×0.6 型平行线穿 PC16 管暗设；电脑用户线（-T-）采用五类线 PC16 管暗设；电视用户线（-V-）采用 SYKV-75-5-1 型穿 PC20 管暗设；导线接线均应在接线盒内进行，导线不允许外露；d. 所有电气导线套管都必须施工到位不能出现死线现象（特殊情况例外）。

③ 线管接头护套要刷胶接口。

④ 每项工程只允许用 3 种颜色的电线：红线为火线，双色线为接地线，黑线或黄线为零线。插座接线方式为左零右火。布线隐蔽前，要预先确定好用电点的步线路并进行线路绝缘，并经测试电阻后进行全面的通电试验。

⑤ 护套线不允许直接设在水泥地面或吊顶里面，应用胶管保护。

⑥ 开关与插座下沿离地高度：a. 照明开关离地高度除特殊注明外，均距地面 1.4m 暗装；b. 二三孔双联暗插座（包括电话、电视和电脑插座），除特殊注明外，均距地面 0.3m 暗装；厨房插座距地面高度 1.2m 暗装；洗衣机插座一般采用带开关及指示灯加防溅盖板三孔暗插座距地 1.6m 暗装；热水器插座采用三孔暗插座距地 2.3m 暗装；卫生间安全剃须插座距地 1.6m 暗装；抽油烟机插座距吊顶低面 0.2m 暗装；空调、热水器插座应采用 16A 三孔暗插座，除客厅距地面 0.3m 暗装外，其他均距地 2.2m 暗装。

⑦ 墙地面开槽一律应先用切割机割槽，以免出现墙面粉刷成片脱落或造成空鼓。

⑧ 给水管安装应走向明确。管道接通后要灌水测试，以不渗漏为标准。卫生洁具位置应准确，并支撑牢固、管道口封闭严密。给水部分要进行系统试压，排水要进行通水性能试压。

⑨ 施工现场临时用电线路应采用防水电缆线，严禁使用花线、护套线和单蕊线。

⑩ 配电箱必须贴上清晰完整的更改线路后的各开关回路标志，并把其功能、型号、容量按顺序标明。在隐蔽工序验收时，必须按比例绘制施工更改电气及给排水平面图送交质检部门备查。

3.4.2 验收要求

① 给水管排列合理，水嘴安装平整（水嘴前应安装装饰盖）。

② 给排水系统应确保出水通畅，水表运转正常，管道及连接处无渗漏。

③ 给水暗管敷设后，应经试压，确定无渗漏后，方可隐蔽。

④ 电气开关与开关、插座与插座应保持在同一水平线。面板应整洁无痕迹，两面板并列时，应控制好间距。

⑤ 电气暗线埋入墙体后，应确保墙面平整，开关插座固定牢靠。

⑥ 电气线路施工合理，接地装置完好。

⑦ 顶棚布线局部移位无穿管时必须使用护套线。

⑧ 两管相交及所有穿线管埋地时，均应铺设在地面基层表面的水平线以下。

⑨ 吊顶照明线路分接时，应用橡胶高压胶带缠缚或用线接合。

⑩ 暗埋的电气线管，管内要留一定空隙，确保证管内电线可以抽动。

3.4.3 水电分项工程验收评定

水电分项工程验收评定如表 3-4 所列。

表 3-4 水电分项工程验收评定表

工程名称：　　　　　　　部位：　　　　　　　项目经理：

	项目		质量安全情况
保证项目	1	水电原材料符合设计要求和国家规范的规定	
	2	用水管件无渗漏现象，安装规范、合理	
	3	无漏电、短路、断路等隐患现象	
	4	电线分色符合要求，电线套管无死弯、套接严密	

	项目		质量要求	质量情况					等级
				1	2	3	4	5	
基本项目	水	1	给排水管安装牢固，接头紧密						
		2	水管配件齐全，且有保护措施						
		3	排水管坡度适当，流水畅通						
	电	1	导线连接紧密，管口光滑，护口齐全，间距适宜						
		2	护线管严禁损坏、断裂、且有隔热、防水措施						
		3	电线无扭绞、曲结死弯、不受拉，在盒内留有适当余量						
		4	电器、插座、开关位置高低合理						
		5	设有短路、过载、接地保护措施						
		6	插座接地线与工作零线分开设置						

	项目		允许范围	实测值
允许偏差项目	1	导线与燃气管间距	同一平面≥100mm	
			不同一平面≥50mm	
	2	电气开关接头与燃气管间距	≥150mm	
	3	电气管与热水管间距	>500mm	
	4	电气管与其他管间距	>100mm	
	5	热水管与冷水管间距	>50mm	
	6	插座、开关离地面高度	≥200mm	
	7	导线无绝缘距离	≤3mm	
	8	吊顶敷设管线距顶棚面间距	>50mm	

检查结果	保证项目	
	基本项目	检查　　项，其中优良　　项，优良率　　%
	允许偏差项目	实测　　点，其中合格　　点，合格率　　%
	分项工程总得分	保证、基本项目占 50%+允许偏差项目占 50%

评定等级	合格		备注		质检员	
	优良					

年　月　日

3.5 确保用电安全的措施

3.5.1 造成触电的原因

（1）电器设备不合格

① 家用电器内部接线松动脱落，导体碰壳。

② 使用绝缘不良的导线，导线连接头未包缠绝缘胶带或用非绝缘材料包缠。

③ 开关、插座、灯座及熔电器等缺损。

④ 电器本身绝缘性能差。

（2）使用不当

① 电气设备受潮，严重降低电气设备的绝缘性能。

② 家用电器距离热源太近，绝缘被烫烤而损坏。

③ 用湿布擦拭带电的电器。

（3）安装不规范

① 新购的家用电器使用前未按说明书就盲目安装调试和使用。

② 停电检修电气设备前，没有检验设备是否有带电或进行短路放电（个别设备本身停电后，由于其他线路窜电、开关装在零线上及电解电容器的蓄电作用、彩色电视机高压嘴积聚静电等，设备内部仍然带电）。

③ 停电检修电气设备时没有采取防止突然来电的措施。如拔去熔断器插头后没有将它放在安全的位置，造成非检修人员将插头插入而导致检修者触电；拉断断路器后没有通知其他相关人员或未挂上“有人检修，禁止合闸”的警告牌，造成相关人员合上断路器而导致检修者触电。

④ 带电检修电气设备时安全用具不合格，如使用绝缘把柄破损的电工钳等。

⑤ 带电检修时双手同时触及导线操作；人体没有站在干燥的木板或绝缘物上作业；操作时人体裸露在砖墙、金属管道上；无人监护。

⑥ 用自耦变压器降压代替安全电压。

⑦ 未将闸刀开关拉闸就在闸刀下桩头接线。

（4）缺乏电气安全知识

① 在电气设备上乱堆杂物，造成电气设备过载，导致绝缘加速老化。

② 电视机室外天线、广播线距离架空导线过近，被风吹落搭在导线上引起带电，或直接把它固定在避雷针上，当雷击避雷针时，将电流引人家居造成触电。

③ 认为电不可怕，触摸漏电的设备或用金属物去触碰带电体。

④ 雷雨天使用电话、手机容易遭雷击。

3.5.2 预防触电的措施

① 不可购买质量伪劣的电气设备。

② 选用的导线及电气设备，必须与负容量相匹配，以免造成导线和设备过载，加速绝缘老化，引发事故。

③ 临时用电所使用的导线要用绝缘电线，禁止使用裸导线。临时线要悬挂牢固，不得随意乱拉，用完后应及时拆除。

④ 开关应接在相线上，插座安装要符合标准。

⑤ 应采取保护接地措施，将用电设备的金属外壳进行可靠接地。

⑥ 当没条件采用接地措施时，应采用漏电保护装置，这样，即使人遭到触电，保护器能在 0.1s 内切断电源，从而保护人身安全。

⑦ 在用电过程中，若需要调换灯泡或清洁灯具时，应先关灯，人站在干燥的椅子上，人体不得接触地面和墙体。

⑧ 在检修电器设备前应先用试电笔测试是否带电，经确认无电后放可进行。检修电气设备时，应尽可能不要带电操作，以防电路突然来电。另外，应拔下熔断器插头并放在安全的位置（切断断路器时应通知相关人员或挂上警告牌）等。

3.6 水电作业常见问题及预防措施

3.6.1 给水路管道有接头

图 3-1 是卫生间增改冷热水管路，给水线路安装不规范，增加了很多接头，势必为日后漏水留下隐患。

给水管路布置时应注意：埋在墙体内的管道不能有接头；墙上暗埋管路道槽必须经找平后作防水处理；管路的固定应使用专用管卡或用水泥固定牢。

3.6.2 厨房水管道铺设时必须横平竖直

① 给水管路铺设不规范，未能做到横平竖直，很容易让后续工人操作时不小心把水管打漏。

② 预防措施　厨房给水管道铺设必须作到横平竖直，让后续工人在施工时能掌握管道的走向，避免在安装橱柜时往墙上打孔把水管打穿。图 3-2 是电线管和给水管施工不规范，随意布线的施工现场。

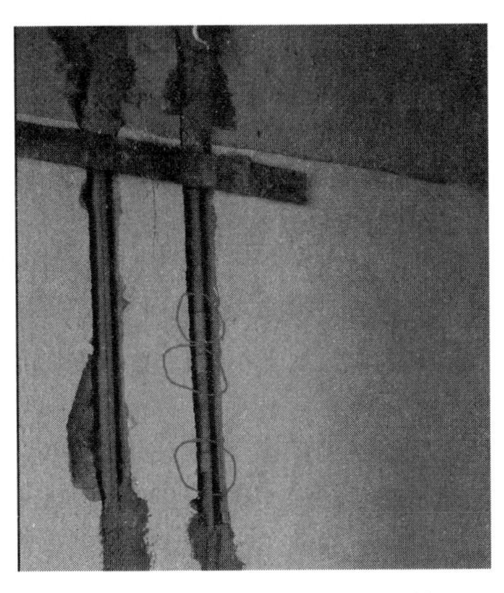

图 3-1　安装不规范的给水线管

图 3-2　电线管和水管施工不规范

③ 解决措施　电线与暖气、热水、煤气管之间的平行距离不应小于 300mm，交叉距离不应小于 100mm，铺设必须做到横平竖直。

3.6.3 防水层空鼓、有气泡

① 主要是基层清理不干净，底胶涂刷不均匀或者找平层潮湿，含水率高于 9%，涂刷之

前未进行含水率检验，造成空鼓，严重者造成大面积鼓泡。

② 预防措施　在涂刷防水层之前，必须将基层清理干净，并做含水率试验。

3.6.4　地面面层施工结束，进行闭水试验时，出现渗漏现象

① 主要原因　一是穿过地面和墙面的管件及地漏等松动、烟风道下沉，撕裂防水层；二是其他部位由于管根松动或黏结不牢、接触面清理不干净产生空隙，接槎、封口处搭接长度不够，粘贴不紧密；三是防水保护层施工时可能损坏防水层；四是第一次蓄水试验蓄水深度不够。

② 预防措施　一是要求在施工过程中，对相关工序应认真操作，加强责任心，严格按工艺标准和施工规范进行操作。二是涂膜防水层施工后，在进行第一次闭水试验时，蓄水深度必须高于地面 20mm，达到 24h 不渗漏为止，如出现有渗漏现象，亦根据渗漏具体部位及时进行修补，甚至全部返工。地面面层施工后，再进行第二次闭水试验，达到 24h 无渗漏为最终合格，填写闭水检查记录。

3.6.5　地面排水不畅

① 主要原因　地面面层及找平层施工时未按设计要求找坡，造成倒坡或凹凸不平而造成积水。

② 预防措施　在做涂膜防水层之前，先检查基层坡度是否符合要求，当出现与设计不符时，应及时进行处理后方可进行防水施工，面层施工时也要按设计要求找坡。

3.6.6　地面二次闭水试验，已验收合格，但在竣工使用后仍发现渗漏现象

① 主要原因　一是是卫生器具排水口与管道承插口处未连接严密，连接后未用建筑密封膏封密严实；二是安装卫生器具的固定螺丝穿透防水层未进行处理。

② 预防措施　一是在卫生器具安装后，必须仔细检查各接口处是否符合要求，方可再进行下道工序；二是要求卫生器具安装时应注意防水层的保护。

3.6.7　坐便器冲水时溢水

① 主要原因　安装坐便器时底座凹槽部位没有用油腻子密封，冲水时就会从底座与地面之间的缝隙溢出污水。

② 预防措施　安装坐便器时，在底座凹槽里填满油腻子，装好后周边再打圈玻璃胶。

3.6.8　洗面盆下水返异味

① 主要原因　卫生间装修时，洗面器的位置有时会与下水入口相错位，使洗面器配带的下水管不能直接使用。安装工人为图省事，喜欢用洗衣机下水管做面盆下水，但一般又不做 S 弯，造成洗面器与下水管道直通，异味就从下水道返上来。

② 预防措施　洗面盆如果使用软管做下水，就一定要把软管弯成一个圆圈，用绳子系好，这样就能防止返味。

3.6.9　电话穿线管安装质量常见问题、原因、预防及治理

① 常见问题　接通电话时，对方声音断断续续，通话有严重的杂音，有的甚至过几天还不能通话。

② 原因　a. 电信部门线路有故障；b. 户内线路有虚接；c. 穿线管内导线质量不好，线路损坏；d. 穿线管内长期积水导致绝缘层老化，线芯外露，使线间绝缘电阻降低甚至局部短路。这种情况在卫生间最常见。有的电话线不穿塑料管直接埋在墙体（尤其卫生间）内更

会产生这种情况；e. 周围环境有干扰源（强磁场及其他大功率电器干扰）。

③ 预防措施　应采用优质导线作线路。安装时，各接线点应接牢，绝缘良好。接线箱（盒）接点处端子螺钉应压实扭紧；穿线管敷设应尽量避开潮湿场所，保证穿线管内干燥；远离干扰源。尤其不能把导线不穿塑料管就直接埋在墙体内。

④ 治理方法　向电信部门申请排除户外线路故障；对户内线路进行检查，更换已破损线路或重新布线；对有接头的线路重接并做好绝缘；压紧接线箱、盒内的端子螺钉；调整家庭内其他对其有干扰的家用电器的位置。

3.6.10　给水管路安装质量常见问题、原因、预防及治理

（1）管道螺纹接口渗漏

① 问题　通入介质后，管道螺纹连接处有返潮、滴漏现象，严重影响使用。

② 原因　主要有：a. 螺纹加工不符合规定，有断丝等现象，造成螺纹处渗漏；b. 安装螺纹接头时，拧的松紧度不合适，有时由于使用的填料不符合规定或老化、脱落，也能造成螺纹处渗漏；c. 管道安装后，没有认真进行严密性水压或气压试验，管子裂纹、零件上的砂眼以及接口处渗漏没有及时发现并处理。

③ 预防措施　a. 螺纹加工时，要求螺纹端正、光滑、无毛刺、不断丝、不乱扣等；b. 管螺纹加工后，可以用手拧 2～3 扣，再用管钳子继续上紧，最后螺纹留出距连接件处 1～2 扣。在进行管螺纹安装时，选用的管钳子要合适。用大规格的管钳上小口径的管件，会因用力过大使管件损坏；反之因用力不够而上不紧。上配件时，不仅要求上紧，还需考虑配件的位置和方向，不允许采用拧过头而倒扣的方法进行找正；c. 管螺纹和连接件要根据管道输送的介质采用各种相应的填料，以达到连接严密。常用的填料有麻丝、铅油、石墨聚四氟乙烯薄膜（生料带）等。安装时要根据要求正确选用；d. 管道安装完毕，要严格按照施工验收规范的要求进行严密性试验或强度试验（试压泵试压），认真检查管道及接头有裂纹等缺陷，丝头是否完好。

（2）家居给水管道水流不畅或管道堵塞

① 问题　给水管安装后不通，水流不畅，水质浑浊，甚至堵塞。

② 原因　主要有：a. 安装前未认真清理给水管内，断口有毛刺或缩口；b. 施工过程中管口未及时封堵或封堵不严，水箱未及时加盖，致使杂物落入，堵塞或污染管道；c. 溢水管直接插入排水系统，造成污染水质；d. 不按规定进行水压试验和通水试验。

③ 防治措施　主要有：a. 给水管安装前应清洗内部，特别是安装已用过的管道，必须用铁丝扎布反复清通几次，以清除管内锈蚀或杂物；b. 使用割刀切断管道时，管口易产生缩口现象，一般应用管跳扩口一次，以保证断面不缩小；c. 管道在安装过程中应随时加管封堵，以防交叉施工作业时异物落入，给水系统安装的贮水箱应及时加密，防止杂物落入；d. 水箱的上水溢流管不要通入排水管道，可隔开一定距离；e. 管道安装完毕，必须按设计或施工规范严格进行试水及排水试验。

④ 治理方法　当发现管道流水不畅或有堵塞时，必须仔细观察，确定堵塞水点，然后拆开疏通。

3.6.11　排水安装质量常见问题、原因、预防及治理

（1）管件使用不当，影响污物或臭气的正常排放

① 问题　a. 干线管道垂直相交连接使用 T 形三通；b. 立管与排出管连接使用弯曲半径

较小的90°弯头；c. 检查口或清扫口设置数量不够，位置不当，朝向不对。

② 原因　对验收规范掌握和执行不严；有时由于材料供应品种不齐。

③ 防治措施　严格按验收规范要求选料施工，即排水管道的横管、横管与立管的连接应采用45°三通或45°四通及90°斜三通或90°斜四通。立管与排出管端部的连接，宜采用两个45°弯头或弯曲半径不小于4倍管径90°弯头。

④治理方法　剔开接口，更换或增设管件，使之符合有关规定。

（2）排水不畅、堵塞

① 常见问题　排水系统使用后，排水管道及卫生用具排水不畅，甚至有堵塞现象。

② 原因　a. 安装前没有对使用的排水管及零件进行清膛，特别是没有彻底清除铸铁件内壁在生产铸造时残留的砂土。b. 施工中甩口不及时，封堵或保护不当，土建施工时存有杂物，特别是水泥砂浆进入管内，沉淀后堵塞管道。c. 管道安装时坡度不均匀，甚至局部到坡。d. 支架间距过大，穿墙不符合要求，管子有“塌腰”现象。e. 管道接口零件选用不当，造成管路局部阻力过大。f. 不按规定进行通水试验或试验不符合要求。

③ 防治措施　a. 排水管道使用的管材和管件，在安装前应认真清理内部，特别是铸铁件，必须清除内壁上在生产铸造时残留的砂土，以免堵塞管道；b. 施工时及时堵死、封严管道甩口，防止杂物进入；c. 排水管道安装，一定要掌握好坡度，严防到坡，这是防堵防漏的关键一环；d. 支、吊架间距要正确，安装要牢固，防止管子发生“塌腰”现象（塌腰处易稳存杂物，造成管道堵塞或流水不畅）。排水管道固定间距，横管不得大于2m，立管不得大于3m。层高小于或等于4m，二者可安装一个固定件；e. 使用的管件应符合规范要求。

④ 治理方式　主要有：a. 查看施工图纸，确定堵塞位置，打开检查口或清扫口，疏通管道；b. 必要时需要更换零件。

4. 家居装修施工的土建作业

4.1 材料

4.1.1 水泥

市场上水泥的品种很多，有硅酸盐水泥、普通硅酸盐水泥、矿渣硅酸盐水泥等，装修常用的是硅酸盐水泥。为了保证水泥砂浆的质量，水泥在选购时一定要注意选择正规生产的硅酸盐水泥。

水泥的主要技术性能指标有如下几点。

① 相对密度与容重　普通水泥相对密度约为 3.1，容重通常采用 $1300kg/m^3$。

② 细度　指水泥颗粒的粗细程度。颗粒越细，硬化就越快，早期强度也越高。

③ 凝结时间　水泥加水搅拌到开始凝结所需的时间称初凝时间。从加水搅拌到凝结完成所需的时间称终凝时间。硅酸盐水泥初凝时间不得早于 45min，终凝时间不迟于 12h。

④ 强度　水泥强度应符合国家标准。

⑤ 体积安定性　指水泥在硬化过程中体积变化的均匀性能。水泥中含杂质较多，会产生不匀变形。

⑥ 水化热　水泥与水作用会产生放热反应，在水泥硬化过程中，不断放出的热量称为水化热。

4.1.2 砂子

① 粗砂　铺地砖时，需要把砂和水泥拌成砂浆，铺在地面上，再铺地砖，这样能保证砖的平整度，从而解决了地面的不平整而造成的砖不平整。用于地面找平的砂浆可用粗砂。

② 细砂　主要用于墙砖的铺贴，铺墙砖应该使用细砂和水泥，这样可以把墙砖基层适当加厚，以便保证墙面的垂直度。因为有很多墙面的垂直度能差几厘米，如果只用素灰，铺的比较薄，很难保证墙面的垂直度和平整度。

③ 海砂　海砂里存在很多海里的贝壳等生物。由于海砂的盐度比较高，所以禁止在建筑装饰装修中使用海砂。

4.1.3 砌墙材料

墙体结构是由砖、石和砌块等材料用砂浆砌筑而成，可作为房屋的基础、承重墙、过梁，甚至屋顶、楼盖等承重结构和非承重结构。

（1）墙体材料的种类

① 烧结普通砖　以黏土、页岩、煤矸石和粉煤灰为主要原料，经过焙烧而成的实心和孔洞率不大于规定值且外行尺寸符合规定的砖。我国烧结普通砖的规格为 240mm×115mm×53mm，容重一般在 $16\sim19kN/m^3$。这种砖广泛用于一般建筑物的墙体结构中，其强度高，

耐久性、保温隔热性能好，生产工艺简单，砌筑方便。

② 烧结多孔砖　以黏土、页岩、煤矸石和粉煤灰为主要原料，经过焙烧而成，孔洞率不小于25%，孔的尺寸小而数量多，主要用于承重部位，简称多孔砖。一般多孔砖的规格为240mm×115mm×90mm、190mm×190mm×90mm、190mm×90mm×90mm三种。容重一般为11～14kN/m³。近年来多孔砖在我国已得到推广和应用。它具有比普通砖更多的优点：由于孔洞多，可节约黏土及制砖材料；节省烧砖燃料和提高烧成速度；在建筑使用上可以提高墙体隔热保温性能；在结构上可以减轻自重，减少墙体重量，减轻对基础的荷载。图4-1常用多孔砖的形式和规格。

240mm×115mm×90mm

190mm×190mm×90mm

190mm×90mm×90mm

图4-1　常用多孔砖的形式和规格

③ 非烧结砖　以石灰、粉煤灰、矿渣、石英及煤矸石等为主要原料，经配料制备、压制成型、高压蒸汽养护而成的实心砖。这种砖的外形尺寸同烧结普通砖，其容重为14～15kN/m³，可用于砌筑清水外墙和基础等砌体结构，但不宜砌筑处于高温环境下的砌体结构。由于它的生产工艺是压制生产的，表面光滑，经高温压蒸养后表面有一层粉末，用砂浆砌筑时黏结力较差，因此砌体抗震性能较低。

（2）强度等级

砖的强度根据其抗压强度和抗弯强度来确定的。

烧结普通砖、烧结多孔砖的强度等级为MU30、MU25、MU20、MU15、MU10。

蒸压灰砂砖、蒸压粉煤灰砖的强度等级为MU25、MU20、MU15、MU10。

“MU”表示强度，单位为MPa。

4.1.4　砌筑砂浆

（1）砂浆组成成分

① 水泥砂浆　由水泥和砂加水拌制而成，不加塑性掺合料，又称刚性砂浆。这种砂浆强度高、耐久性好、但和易性、保水性和流动性差，水泥用量大，适合于砌筑对强度要求较高的砌体。如外墙门窗空洞口的外侧壁、屋檐、勒脚、压檐等。

②混合砂浆　在水泥砂浆中加入适量塑性掺合料拌制而成，如水泥石灰砂浆、水泥黏土砂浆等。这种砂浆可减少水泥用量，虽然砂浆强度约降10%～15%，但砂浆和易性、保水性好，砌筑方便，砌体强度可提高10%～15%，同时又节约水泥，适用于一般墙、柱砌体的砌筑。但不宜用于潮湿环境中的砌体。

③ 非水泥砂浆　即不含水泥的砂浆，如黏土砂浆、石灰砂浆和石膏砂浆。这一类的砂浆强度较低，耐久性差，常用作砌筑简易或临时性的建筑砌体。

（2）强度等级

砂浆的强度是用标准方法制作70.7mm的砂浆立方体，在标准条件下养护28d，经抗压实验所得的抗压强度平均值来确定。其等级强度为 M15、M10、M7.5、M5、M2.5 五个强度等级（“M”表示强度）。

4.2 抹灰

4.2.1 抹灰的部位与品种

（1）随部位改变的砂浆

① 外墙门窗空口的外侧壁、屋檐、勒脚、压檐　水泥砂浆或水泥混合砂浆。

② 湿度较大的房间　水泥砂浆或水泥混合砂浆。

③ 混凝土板和墙的底层抹灰　水泥混合砂浆、水泥砂浆或聚合物水泥砂浆。

④ 硅酸盐砌块或加气混凝土块（板）的底层抹灰　麻刀石灰砂浆或纸筋石灰砂浆。

⑤ 板条、金属网顶和墙的底层和中层抹灰　麻刀石灰砂浆或纸筋石灰砂浆。

（2）做包角、滴水槽

水泥包角为 2m 高，采用 1∶2 水泥砂浆制作，每侧宽度为 50mm 滴水槽。

（3）一般抹灰的砂浆品种

砂浆品种主要有石灰砂浆、水泥混合砂浆、水泥砂浆、聚合物水泥砂浆、膨胀珍珠岩水泥砂浆和麻刀石灰、纸筋石灰、石膏等抹灰工程的施工。

① 家居装修抹灰按质量要求分为普通、中级和高级三级，主要工序如下：普通抹灰分层赶平、修整，表面压光；中级抹灰阳角找方，设置标筋，分层赶平、修整，表面压光；高级抹灰阴阳角找方，设置标筋，分层赶平、修整、表面压光。

② 抹灰层的平均总厚度，不得大于下列规定：a. 顶棚：板条、空心砖、现浇混凝土 15mm，预制混凝土 18mm，金属网 20mm；b. 内墙：普通抹灰 18mm，中级抹灰 20mm，高级抹灰 25mm；c. 外墙 20mm，勒脚及突出墙面部分 25mm。

③ 涂抹水泥砂浆每遍厚度宜为 5～7mm，涂抹石灰砂浆和水泥混合砂浆每遍厚度宜为 7～9mm。

④ 面层抹灰经赶平压实后的厚度，麻刀石灰不得大于 3mm；纸筋石灰、石膏灰不得大于 2mm。

⑤ 水泥砂浆和水泥混合砂浆的抹灰层，应待前一层抹灰层凝结后方可涂抹后一层；石灰砂浆的抹灰层，应待前一层七八成干后方可涂抹后一层。

⑥ 混凝土大板和大模板建筑的内墙面和楼板面，宜用腻子分遍刮平，各遍应黏结牢固，总厚度为 2～3mm。可用聚合物水泥砂浆、水泥混合砂浆喷毛打底、纸筋石灰罩面以及用膨胀珍珠岩水泥砂浆抹面，总厚度为 3～5mm。

⑦加气混凝土表面抹灰前，应清扫干净，并应做基层表面处理，随即分层抹灰，防止表面空鼓开裂。

⑧ 板条、金属网顶棚和墙的抹灰，应符合下列规定：板条、金属网装钉完成，必须经检查合格后，方可抹灰；底层和中层宜用麻刀石灰砂浆或纸筋石灰砂浆，各层应分遍成活，每遍厚度为 3～6mm；底层砂浆应压入板条缝或网眼内，形成转脚以使结合牢固；顶棚的高级抹灰，应加钉长 350～450mm 的麻束，间距为 40mm，并交错布置，分遍按放射状梳理抹进中层砂浆内；金属网抹灰砂浆中掺杂用水泥时，其掺量应由试验确定。

⑨ 灰线抹灰应符合下列规定：抹灰线用的抹子，其线型、棱角等应符合设计要求，并按墙面、柱面找平后的水平线确定灰线位置；简单的灰线抹灰，应待墙面、柱面、顶棚的中层砂浆抹完后进行，多线条的灰线抹灰应在墙面、柱面的中层砂浆抹完后，顶棚抹灰前进

行；灰线抹灰应分遍成活，底层、中层砂浆中宜掺入少量麻刀石灰，罩面灰应分遍连续涂抹，表面应赶平、修整压光。

⑩ 罩面石膏灰应掺入缓凝剂，其掺入量应由试验确实，宜控制在15～20mm内凝结。涂抹应分两遍连续进行，一遍应涂抹在干燥的中层上。

⑪ 水泥砂浆不得涂抹在石灰砂浆层上。

4.2.2 主要工序

① 墙面抹灰工程按建筑标准、操作工序和质量要求可分为三级，即普通抹灰、中级抹灰和高级抹灰。主要工序如下：a. 普通抹灰分层赶平、修整，表面压光；b. 中级抹灰阴阳角找方，设置标筋，分层赶平、修整，表面压光；c. 高级抹灰阴阳角找方，设置标筋，分层赶平、修整，表面压光。

抹灰层的平均总厚度，不得大于表4-1其中规定。

顶棚板条、空心砖、现浇混凝土基层为15mm，预制混凝土基层为18mm，金属网基层为20mm。

内墙普通抹灰为18mm，中级抹灰为20mm，高级抹灰为25mm。

外墙为20mm，勒脚及突出墙面部分为25mm。

表4-1 抹灰层厚度要求

部位	抹灰层类型	平均总厚度/mm
顶棚	板条、现浇混凝土	15
	预制混凝土顶棚	18
内墙	普通抹灰	18
	中级抹灰	20
	高级抹灰	25
室外	外墙	20
	勒脚及突出墙面部分	25
	石墙	35

② 水泥砂浆抹灰每遍厚度宜为5～7mm，石灰砂浆抹灰和水泥混合砂浆抹灰每遍厚度宜为7～9mm。

③ 抹灰面层经赶平压实后的厚度，麻刀石灰不得大于3mm，纸筋石灰、石膏灰不得大于2mm。水泥砂浆和水泥混合砂浆的抹灰层，应待前一层抹灰层凝结后方可再涂抹后一层。石灰砂浆的抹灰层，应待前一层70%～90%干燥后方可再涂抹下一层，抹灰层每遍抹灰的厚度要求见表4-2。

表4-2 抹灰层每遍抹灰的厚度

采用砂浆品种	水泥砂浆	石灰砂浆和水泥混合砂浆	麻刀石灰	纸筋石灰和石灰膏	装饰抹灰用砂浆
每遍厚度/mm	5～7	7～9	≤3	≤2	应符合设计要求

④ 混凝土大型墙板和大模板建筑的内墙面和楼板面，宜用腻子分遍刮平，各遍应黏结牢固，总厚度为2～3mm。如用聚合物水泥砂浆、水泥混合砂浆喷毛打底、纸筋石灰罩面以及用膨胀珍珠岩水泥砂浆抹面，总厚度为3～5mm。

⑤ 加气混凝土表面抹灰前，应清扫干净，并应先做基层表面处理，并分层抹灰，防止

表面空鼓开裂。

⑥ 罩面石膏灰应掺入缓凝剂，其掺入量由实验确定，宜控制在15～20mm内凝结。抹灰应分两遍连续进行，第二遍应涂抹在第一遍干燥的基层上。

⑦ 水泥砂浆不得涂抹在石灰砂浆上。

4.2.3 水泥砂浆地面

水泥砂浆地面价格低，目前较少在室内采用，仅用于室外走廊和庭院等。

4.2.4 墙面抹灰

墙面抹灰应注意以下几点：抹灰基面清理；抹灰前要找好规矩（即四角规方、横线找平、立线吊直、弹出基准线和踢脚线）；室内墙面、柱面的阴阳角线等护角线的吊直找方。

4.2.5 一般抹灰工程表面质量要求

① 普通抹灰表面应光滑、洁净、接槎平整，分格缝应清晰。

② 高级抹灰表面应光滑、洁净、颜色均匀、无抹纹，分格缝和灰线应清晰美观。

检验方法：观察；手摸检查。

③ 护角、孔洞、槽、盒周围的抹灰表面应整齐、光滑；管路后面的抹灰表面应平整。

检验方法：观察。

④ 抹灰层的总厚度应符合设计要求；水泥砂浆不得抹在石灰砂浆层上；罩面石膏灰不得抹在水泥砂浆层上。

检验方法：检查施工记录。

⑤ 抹灰分格缝的设置应符合设计要求，宽度和深度应均匀，表面应光滑，棱角应整齐。

检验方法：观察；尺量检查。

⑥ 有排水要求的部位应做滴水线（槽）。滴水线（槽）应整齐顺直，滴水线应内高外低，滴水槽的宽度和深度均不应小于10mm。

检验方法：观察；尺量检查。

⑦ 一般抹灰工程质量的允许偏差和检验方法应符合表4-3的规定。

表4-3 一般抹灰的允许偏差和检验方法

项次	项目	允许偏差/mm		检验方法
		普通抹灰	高级抹灰	
1	立面垂直度	4	3	用2m垂直检测尺检查
2	表面平整度	4	3	用2m靠尺和塞尺检查
3	阴阳角方正	4	3	用直角检测尺检查
4	分格条(缝)直线度	4	3	拉5m线,不足5m拉通线,用钢直尺检查
5	墙裙、勒脚上口直线度	4	3	拉5m线,不足5m拉通线,用钢直尺检查

注：1. 普通抹灰，本表第3项阴角方正可不检查；

2. 顶棚抹灰，本表第2项表面平整度可不检查，但应平顺。

4.2.6 抹灰工程质量控制

（1）一般规定

① 顶棚抹灰层与基层之间及各抹灰层之间必须黏结牢固，无脱层空鼓。

② 不同材料基层交接处表面的抹灰应采取加强措施防止开裂。

③ 室内墙面、柱面和门洞口的阳角做法应符合设计要求。设计无要求时，应采用 1∶2 水泥砂浆做护角，其高度不应低于 2m，每侧宽度不应小于 50mm。

④ 水泥砂浆抹灰层在抹灰 24h 后进行养护，抹灰层在凝结前，应防止快干、水冲、撞击和震动。

⑤ 抹灰时的作业面温度不宜低于 5℃。

（2）主要材料质量要求

① 水泥宜为硅酸盐水泥，普通硅酸盐水泥，其强度等级不应小于 325。

② 不同品种不同标号的水泥不得混合使用。

③ 水泥应有产品合格证书。

④ 抹灰用砂子宜选用中砂，砂子使用前应过筛，不得含有杂物。

⑤ 抹灰用石灰膏的熟化期不应少于 15d，罩面用磨细石灰粉的熟化期不应少于 3d。

（3）施工要点

① 基层处理应符合下列规定：砖砌体应清除表面杂物、尘土、抹灰前应洒水湿润；混凝土表面应凿毛或在表面洒水润湿后涂刷 1∶1 水泥砂浆（加适量胶黏剂）。

② 抹灰层的平均总厚度应符合设计要求。

③ 每遍厚度宜为 7～9mm。抹灰总厚度超过 35mm 时，应采取加强措施。

④ 用水泥砂浆和水泥混合砂浆抹灰时，应待前一抹灰层凝结后方可抹后一层。

⑤ 底层的抹灰层强度不得低于面层的抹灰强度。

⑥ 装饰抹灰工程的表面质量应符合下列规定：a. 水刷石表面应石粒清晰、分布均匀、紧密平整、色泽一致，并无掉粒和接槎痕迹；b. 斩假石表面剁纹应均匀顺直、深浅一致，并应无漏剁处；阳角处应横剁并留出宽窄一致的不剁边条，棱角应无损坏；c. 干粘石表面应色泽一致、不露浆、不漏粘，石粒应黏结牢固、分布均匀，阳角处应无明显黑边；d. 贴面砖表面应平整、沟纹清晰、留缝整齐、色泽一致，并应无掉角、脱皮、起砂等缺陷。

（4）检验方法

① 检验方法一：观察、手摸检查　装饰抹灰分格条（缝）的设置应符合设计要求，宽度和深度应均匀，表面应平整光滑，棱角应整齐。

② 检验方法二：观察　有排水要求的部位应做滴水线（槽）。滴水线（槽）应整齐顺直，滴水线应内高外低，滴水槽的宽度和深度均不应小于 10mm。

③ 检验方法三：观察、尺量检查。

（5）允许偏差和检验方法

装修抹灰工程质量的允许偏差和检验方法应符合表 4-4 的规定。

表 4-4　装修抹灰的允许偏差和检验方法

项次	项　目	允许偏差/mm				检验方法
		水刷石	斩假石	干粘石	假面砖	
1	立面垂直度	5	4	5	5	用 2m 垂直检测尺检查
2	表面平整度	3	3	5	4	用 2m 靠尺和塞尺检查
3	阳角方正	3	3	4	4	用直角检测尺检查
4	分格条(缝)直线度	3	3	3	3	拉 5m 线，不足 5m 拉通线，用钢直尺检查
5	墙裙、勒脚上口直线度	3	3	—	—	拉 5m 线，不足 5m 拉通线，用钢直尺检查

4.3 面砖铺贴

4.3.1 基层处理

① 在家居装饰装修中，为了改造空间，往往需要拆除和增加部分非承重墙体，但却时常出现新旧墙体连接不善导致墙体出现裂痕。

为了保证房屋整体性，墙体转角部位和纵、横墙体交接处应咬槎砌筑。对不能砌筑又必须留置的临时间断处，应砌筑成斜槎，水平长度不小于高度的2/3；也可留直槎（马牙槎），但应加设拉结钢筋，其数量为每1/2砖长不少于一根直径为6mm的钢筋，间距沿墙高不超过500mm，埋入长度从墙的转角或交接处算起不得小于300mm。

② 所有贴面砖的墙、地面在施工前应做到基层密实无空鼓。

③ 地面做防水处理时，施工前必须将要处理的地面清扫干净，并用1∶2水泥砂浆找平后，方可进行施工。

④ 应在水电管线布线完毕，并经检验测量合格后，方可进入泥水部分施工阶段，以免造成返工。

⑤ 厨房卫生间贴墙、地砖时要采取妥当的防患措施，避免水泥砂浆流入下水道。

⑥ 土建的工作包括改动浇筑楼板、楼梯、门窗位置，厨房、卫生间的防水处理，包下水管，地面找平和墙地砖铺贴工程。

⑦ 通过吊线、打水平尺、塞尺等方法，确保墙体上门洞、窗洞两侧至地面的垂直度。

⑧ 做隐蔽排水管时，应该尽可能确保排水管外层阴阳角方正，与地面垂直。

⑨ 地面找平时，应先依照水平通线确定水平后，用2m靠尺抽筋定位，注意地面浇水养护，养护期为4天，每天养护4次。

⑩ 假柱面的做法

a. 用砖砌把立管包起来再做面层处理。特点是：隔声性能好，强度高，不易变形，贴完面砖后不易炸缝。缺点是：比较厚，占空间。

b. 木龙骨加水泥压力板。这是以前常用的施工方法，优点是施工简单、省事。缺点是：木龙骨在卫生间潮湿的环境下容易吸水、发霉、导致变形，易导致面砖炸缝。补救措施：可在面砖贴磁片前对立管根部做防水处理，防止地面的水流进立管，浸入木龙骨。

c. 轻钢龙骨加水泥压力板。不正规方法：只用三根轻钢龙骨加两片水泥压力板制作。轻钢龙骨并没有做成框架，仅仅是起着一个连接作用。这种做法不够牢固，但省工省料。

正规方法：采用轻钢龙骨做成框架，经甲方监理验收后，再封水泥压力板，挂钢丝网，最后再做面层处理。

d. 塑料扣板、塑铝板制作。塑料扣板：采用木龙骨加阳角线，然后直接把扣板从下端向上安装进去。施工简便但不够美观。

铝塑板：是在木龙骨上钉九厘板，再用玻璃胶把铝塑板粘上去，有多种颜色可供选择，具有饰面板的效果。但应注意，铝塑板的包角容易开裂，应该使用较厚的板材。

4.3.2 面砖材料

现在市场上供装饰用的面砖，按照使用功能可分为地砖、墙砖和腰线砖等。地砖花色品种非常多。按生产工艺和材质可分为釉面砖、通体砖（防滑砖）、抛光砖、玻化砖、仿古砖、马赛克等。墙砖按花色可分为玻化墙砖、印花墙砖等。

（1）釉面砖

釉面砖俗称瓷砖。以陶土、瓷土和石粉按比例混合为主要原料，经研磨、拌和、制坯、烘干、素烧、施釉、烧釉等工序加工制成，一般分为陶质或粗炻质品。根据光泽的不同分釉面砖和哑光釉面砖。根据原材料的不同分为陶质釉面砖和瓷质釉面砖。由陶土烧制而成，吸水率较高，一般强度相对较低，主要特征是背面为红色；瓷质釉面砖，由瓷土烧制而成，吸水率较低，一般强度相对较高，主要特征是背面为灰白色。

釉面砖是装修中最常见的砖种，由于色彩图案丰富，而且防污能力强，因此被广泛使用于墙面和地面装修。

① 釉面砖的规格　随着装饰材料的不断更新，目前市场上釉面砖的规格趋向于大而薄。

常见的墙面砖规格有 200mm×300mm×5mm、250mm×330mm×5mm、300mm×480mm×6mm 等。

常见的地面砖规格有 300mm×300mm×8mm、330mm×330mm×8mm、400mm×440mm×8mm、600mm×600mm×8mm、800mm×800mm×8mm、1000mm×1000mm×8mm 等。

② 釉面砖的种类和特点（表 4-5）　釉面砖色彩丰富，图案美观，装修效果好，由于吸水率较大（18%以下），抗压强度不高（2～4MPa），一般用于厨房、卫生间、阳台等墙、地面的装修（见表 4-5）。

表 4-5　釉面砖的种类和特点

种　类		特　点
白色釉面砖		纯白色，釉面光亮，简洁大方
彩色釉面砖	亮光彩色釉面砖	釉面光泽洁亮，色彩丰富
	亚光彩色釉面砖	釉面不晃眼，色调和谐感觉上比较有档次
装饰釉面砖	结晶釉砖	晶花辉映，纹理多姿
	斑纹釉砖	斑纹釉面，丰富多彩
	花釉砖	在同一砖上施与各种图案经高温烧成，有良好的装饰效果
	大理石釉砖	具有天然大理石的纹路
图案砖	瓷砖画	根据各种画稿经高温烧成的釉面砖，图案多样用不褪色
	色釉陶瓷字	以各种色釉、瓷土烧制而成，光亮美观，色彩丰富，用不褪色
	白地图案砖	在白色釉面砖上装饰各种彩色图案，经高温烧成，纹路清晰、色彩明朗
	色地图案砖	在彩色釉面砖装饰各种图案，经高温烧成，产生浮雕、缎光、彩漆等效果，有很强的装饰性

③ 釉面砖的质量标准和检验方法　釉面砖的技术质量指标主要由物理力学性能（表 4-6）、几何尺寸公差（表 4-7）及变形允许值（表 4-8）和外观质量（表 4-9）等部分组成。

表 4-6　釉面砖的物理力学性能指标

项　目	指　标
密度/(g/cm³)	2.3～2.4
吸水率/%	<18
抗冲击强度	用 30g 铜球，从 30cm 高度落下，3 次不碎
热稳定性(自 140℃至常温剧变次数)	3 次无裂缝
硬度/(N/mm²)	85～87
白度/%	>78

表 4-7　釉面砖的尺寸允许偏差

项目	尺寸	允许差值	项目	尺寸	允许差值
长度或宽度/mm	≤152	+0.5	厚度	≤5	0.4
	>152	0.8			
	≤250	0.8			−0.3
	>250	1.0		>5	厚度±8

表 4-8　釉面砖的变形允许值

名称	一级	二级	三级
上凸/mm	≤0.5	≤1.7	≤2.0
下凹/mm	≤0.5	≤1.0	≤1.5
扭斜/mm	≤0.5	≤1.0	≤1.2

表 4-9　釉面砖的外观质量要求

缺陷名称	优等品	一等品	合格品
开裂、夹层、釉裂	不允许		
背面磕碰	深度为砖厚的 1/2	不影响使用	不严重
剥边、落脏、釉泡、斑点、坯粉釉缕、桔釉、波纹、缺釉、棕眼裂纹、图案缺陷、正面磕碰	距离砖面 1m 处目测，无可见缺陷	距离砖面 2m 处目测，缺陷不明显	距离砖面 3m 处目测，缺陷不明显

（2）通体砖

通体砖的表面不上釉，是一种耐磨砖，具有很好的防滑性和耐磨性。通常所说的“防滑地砖”，大部分都是通体砖。虽然现在还有渗花通体砖等品种，但相对来说，其花色比不上釉面砖。由于目前的室内设计越来越倾向于素色设计，因此通体砖越来越成为一种时尚，被广泛使用于厅堂、过道和室外走道等装修项目的地面；一般较少用于墙面。

（3）抛光砖

抛光砖就是通体砖坯体的表面经过打磨而成的一种光亮砖，属于通体砖的一种。抛光砖比通体砖的表面要光洁的多，但表面有凹凸气孔。

抛光砖坚硬耐磨，适合在除洗手间、厨房以外的多数室内空间中使用。通过渗花技术的运用，抛光砖可以做出各种仿石、仿木效果。

① 抛光砖的质量判定　主要方法有：a. 在光线充足的位置，多角度观察砖面的外观质量，如尺寸规范、光泽度、砖底白度等；b. 必要时用墨水滴于砖面，观察抹去后留下痕迹的深浅来判断防污性能；c. 用水滴于背面，观察吸水快慢和多少，以判断吸水率；d. 垂直立于光滑平面上让其自然倒下，倾听碰击声，以初步判断其内在物理力学性能的优劣。

② 抛光砖面上出现黑点的原因及其质量　造成抛光砖面上出现黑点的原因是原料中带有杂质，从车间带入杂质和窑炉跌落杂质等，主要是原料含铁质。根据国家标准，要求优等品至少有 95% 的砖，距 0.8m 远处垂直观察其表面有无缺陷的方法判定其质量。

图 4-2 仿皮纹质地的仿古砖

(4) 玻化砖

为了解决抛光砖出现的易脏问题，又出现了一种玻化砖。玻化砖其实就是全瓷砖。其表面光洁又不需要抛光，所以不存在抛光气孔的问题。抛光砖和玻化砖的差异为吸水率低于0.5%的陶瓷砖都称为玻化砖，吸水率低0.5%的抛光砖，也属玻化砖，抛光砖只是将玻化砖进行镜面抛光。市场上的玻化砖、玻化抛光砖，抛光砖实际是同类产品。吸水率越低，玻化程度越好，产品理化性能越好。

(5) 仿古砖

仿古瓷砖按其款式分有单色砖和花砖两种，单色砖主要用于大面积铺装，而花砖则作为点缀用于局部装饰。一般花砖图案都是手工彩绘，其表为釉面，复古中带有时尚之感，简洁大方又不失细节。此外，复古的气息通常也有通过砂岩质地的砖饰来体现。图 4-2 为仿皮纹质地的仿古砖。

在铺装过程中，可以通过地砖的质感、色系不同，与木材等天然材料混合铺装，营造出虚拟空间感，例如在餐厅或客厅中，用花砖铺成波打边或者围出区域分割，在视觉上造成空间对比，往往达到出人意料的效果。有的设计中，特意要求铺设仿古砖时将缝留得很大，约为3mm～1cm，是为了突现其沧桑感，这时可以选用专用勾缝剂，也可以在设计时将砖的缝隙留得很小，营造出不同的风格。

(6) 马赛克

马赛克的体积是各种瓷砖中最小的，一般俗称块砖。马赛克可分为陶瓷马赛克、玻璃马赛克、熔融玻璃马赛克、烧结玻璃马赛克、金星玻璃马赛克等。马赛克除正方形外还有长方形和异形品种。

4.3.3 地砖铺贴

① 原有地面必须充分打毛，然后刷一遍净水泥浆。严禁积水，防止通过板缝隙渗到楼下。

② 用水平尺找水平，如地面基层表面高差超过 20mm 时，一定要做一遍砂浆找平层。

③ 地砖铺设前必须全部开箱挑选，把尺寸误差大的单独处理，或是分房间分区使用，挑出有缺角或损坏的，选择地砖的颜色，色差小可分区使用，如色差过大则不得使用。

④ 干铺砂浆使用体积比 1∶2.5 的水泥砂浆，砂浆应是干性，手捏成团稍出浆即可，粘接层不得低于 12mm 厚，灰浆饱满，不得空鼓。

铺砖时，基层采用粗砂，水泥、粗砂按 1∶2.5 的比例加适量的水调和，达到既拧得紧又散得开的状态，然后抹灰找平，再在地砖背面上抹一层纯水泥灰进行粘贴拼板，用橡皮锤锤击，使其四周砖角平齐，并保证砂浆充实无空鼓（即找平、拼板、抹浆、贴平）

⑤ 地砖铺贴之前要在横竖方向拉十字线，横竖缝必须保证贯通 1mm，不得超过 2mm，

如用户有特殊要求可采用均宽 2mm，但不得超 3mm。

⑥ 要根据要求注意地砖是否需要拼花或是要按统一方向铺贴，切割地砖一定要严密，缝隙要均匀；地砖边与墙交接处缝隙不得超过 3mm。

⑦ 地砖的平整度应用 1m 长的水平尺检查，误差不得超过 1mm，相邻地砖面层高差不得超过 1mm。地砖铺贴时其他施工工种不得污染，非施工人员不得随意踩踏，并应做到随做随清理，同时还应做好养护和成品保护。

⑧ 进入现场的墙、地砖进行开箱检查时，应核实材料的品种规格化是否符合设计要求。严格检查相同的材料是否有色差；仔细察看可有破损和裂纹，测量其宽窄、对角线是否在允许偏差范围（2mm）；检查平整度，吸水率及是否做过防污处理。发现有质量问题，应及时进行退货或换货。

⑨ 地砖铺贴砖前，应先检查各墙面的垂直度及表面平整度；检查阴阳角是否方正。如果超过允许值，必须把基层粉抹平整后方可铺贴墙地砖。基层应清理干净，凸出部分应凿去，当楼地面基层是教为光滑时，应大面积凿毛，并提前 10h 浇水湿润表面。

⑩ 地砖铺贴前，应充分考虑砖在阴角处的压向，要求从进门的角度看不到砖缝，一般先贴进门正对面的，然后再贴侧面，先贴切整板墙，再贴上水管道处和阳角。

⑪ 贴釉面砖之前，必须用水浸泡充分，以保持瓷砖镶贴牢固；同进在粘砖时，应在墙砖上抹一层厚度适宜的水泥砂浆，用橡皮锤敲打平整，使四角都有水泥，以防墙砖贴出空鼓现象。贴砖前应预排，并将试拼后的砖编号堆放。

⑫ 厨房、卫生间、阳台地砖铺贴时，应适当放坡，保证地面残水从地漏流尽而不积水。

⑬ 铺贴地砖时，应先考虑从哪里贴起，既美观又使砖的损耗最小；其次，拉纵横水平线时，应保证房间的最高处水泥砂浆有 20mm；同时，应清扫地面，并将地面浇湿后，再贴砖，以防地砖起壳。

⑭ 地砖铺设后随时保持清洁，表面不得有铁钉、泥沙、水泥块等硬物，以防划伤地砖表面。木作工程施工需在地面铺设地毯后方可操作，并随时注意防止污染地砖表面。

⑮ 地砖铺好后 24h 内严禁在上面走动。

4.3.4 墙砖铺贴

（1）开箱检查

① 开箱检查瓷砖（长度、宽度、对角线、平整度）色差、品种以及每一件的色号。

② 要检查腰线砖尺寸是否与墙砖的尺寸相符谐调，如尺寸不符应及时退换。

（2）基层清理

① 清理　清理表面的浮灰、砂浆。

② 找平　检查基层平整度和垂直度，当误差超过 20mm 时，必须先用 1∶2 泥砂浆打底找平后方能进行下一工序。

③ 打毛　如墙面原已刷过涂料，必须喷水后把涂料铲除干净，检查墙面是否有空鼓，并打毛，方能施工。

（3）铺砖准备

① 刷浆　铺砖前要在墙面刷一遍纯水泥浆。

② 浸水　墙砖铺贴前，要将砖充分浸水润湿，阴干待用。

③ 排砖　确定墙砖的排列，在同一墙面上的横竖排列，不宜有一行以上出现非整砖，非整砖行应排在次要部位或阴角处，阴角处不能同时出现两块非整砖（尤其注意花砖的位置，腰线的高度应控制在800～1000mm处）。

④ 墙砖镶贴前必须找准水平及垂直控制线，垫好底尺，挂线铺贴，做到表面平整，铺贴应自下而上进行，整间或独立部分应在有当天完成，或将接头留在转角处。

（4）贴砖工艺

① 砂浆　砂浆采用1∶2水泥砂浆或采用纯水泥浆，黏结厚度6～10mm。

② 粘贴墙砖　墙砖粘贴时，横竖缝必须完全贯通，严禁错缝。当墙砖误差超过1mm时，砖缝宽调至2mm（需经用户同意）。

③ 墙砖粘贴时，用2m长靠尺检查。相邻砖之间的平整度误差应小于2mm。墙砖铺贴过程中，砖缝之间的砂浆必须饱满，以防空鼓。

④ 铺贴后应用同色水泥浆色缝，墙砖粘贴时必须牢固，不空鼓，无歪斜，且应避免出现缺棱掉角和裂缝等缺陷。

⑤ 墙砖的铺贴阴阳角必须用角尺，检查墙砖粘贴阳角时，必须碰角严密，缝隙贯通。

⑥ 墙砖的最下面一块，应留到地砖贴完后再补贴。

⑦ 墙砖与开关插座暗盒开口切割应严密，不能有接缝。

⑧ 墙砖镶贴时，应用切割机掏孔以保证孔的方圆适合需要。

⑨ 墙砖镶贴时，门边线应能完全把缝隙盖住，并检查门洞垂直度。

⑩ 铺贴后用湿白水泥或勾缝剂勾缝，并清洁干净。

⑪ 阳角处，必须采用面砖的原边磨45°拼接粘贴，使两砖在交角处吻全好且成90°，并保证拐角处水泥砂浆铺贴饱满，避免出现棱角、空角，锐利锋口。

⑫ 墙，地砖时应注意压向，必须墙砖压地砖。

4.4　石材饰面

装饰石材有天然石材和人造石材两种：天然石材是指从天然岩体中开采出来，并经加工成块状或板状材料的总称。建筑装饰材料的饰面石材主要有大理石和花岗石两大类；人造石材是一种合成装饰材料。按所用黏结剂不同，可分为有机类和无机类人造石材两类。按其生产工艺可分为聚酯型人造大理石、复合型人造大理石、硅酸盐型人造大理石、烧结型人造大理石4种类型。

4.4.1　大理石饰面的铺装

大理石是石灰岩、白云岩、方解石、蛇纹石等受接触变质或区域变质，经过地壳内高温、高压作用重新结晶而形成的变质岩，常是层状结构，有明显的结晶或斑状条纹。

（1）大理石饰面板的基本特征

大理石饰面板属中硬石材，容重2500～2600kg/m³，抗压强度较高约47～140MPa，主要化学成分为碳酸钙约占50%，其次为碳酸镁、氧化钙，还有微量氧化硅、氧化锰、氧化铁等。吸水率小于10%，耐磨、耐弱酸碱、不变形，花纹多样、色泽鲜艳。一般含有两种以上的颜色、形成独特的天然美。用于室内的墙面、柱身、门窗等装饰，高雅华贵，是一种高品位的装饰材料。

（2）大理石的种类及产地

大理石的种类及产地如表4-10所列。

表 4-10　大理石的种类及产地

产地	名称
北京市	房山高庄汉白玉 房山艾叶青 房山白 房山黄山玉 房山次白玉 房山砖渣 房山桃红 房山螺纹转 房山芝麻白 房山青白石 房山银晶 房山石窝汉白玉 延庆晶白玉
辽宁省	丹东绿 铁岭红
江苏省	宜兴咖啡 宜兴青奶油 宜兴红奶油
浙江省	杭灰
山东省	莱州雪花白
湖北省	通山红筋红 通山中米黄 通山荷花绿 通山黑白根
湖南省	慈利虎皮黄 慈利荷花红 慈利荷花绿 隆回山水画 道县玛瑙红 芙蓉白 邵阳黑

产地	名称
四川省	宝兴白 石棉白 宝兴青花麻 宝兴青花白 宝兴波浪花 宝兴银杉红 宝兴红 蜀金白 丹巴白 丹巴水晶白 丹巴青花 宝兴大花绿 彭州大花绿
贵州省	贵阳纹脂奶油 贵阳水桃红 遵义马蹄花 贵州木纹米黄 贵州平花米黄 贵州金丝米黄 紫云杨柳青 贵定红 贞丰木纹石 毕节晶墨玉 毕节残雪
云南省	河口雪花白 贡山白玉 元阳白晶玉河口白玉 云南白海棠 云南米黄

(3) 板材灌浆铺贴工艺

1) 施工流程　施工准备（钻孔、剔槽）→穿铜丝或镀锌铁丝与块材固定→绑扎、固定钢筋网→吊直、找位弹线→安装大理石→分层灌浆→擦缝。

2) 施工要点

a. 钻孔、剔槽。安装前先将饰面板按照设计要求用台钻打眼，事先应钉木架使钻头直对板材上端面，在每块板的上、下两个面打眼，孔位打在距板宽的两端 1/4 处，每个面各打两个眼，孔径为 5mm，深度为 12mm，孔位距石板背面以 8mm 为宜（指钻孔中心）。大理石板材宽度较大时，可以增加孔数。钻孔后用金刚錾子把石板背面的孔壁轻轻剔一道槽，深 5mm 左右，连通孔洞形成象鼻眼，以备埋卧铜丝之用。

b. 穿钢丝或镀锌铁丝，把备好的铜丝或镀锌铁丝剪成长 20cm 左右，一端用木楔粘环氧树脂将铜丝或镀锌铁丝模进孔内固定牢固，另一端将铜丝或镀锌铁丝顺孔槽弯曲并卧入槽内，使大理石石板上、下端面没有铜丝或镀锌铁丝露出，以便和相邻石板接缝严密。

c. 绑扎钢筋网。首先剔出墙上的预埋筋，把墙面铺贴大理石或预制水磨石的部位清扫干净。绑扎一道竖向 ϕ6 钢筋，并把绑好的竖筋用预埋筋弯压于墙面。横向钢筋为绑扎大理石板材所用，如板材高度为 60cm 时，第一道横筋在地面以上 10cm 处与主筋绑牢，用作绑扎第一层板材的下口固定铜丝或镀锌铝丝。第二道横筋绑在 50cm 水平线上 7～8cm，比石板上口低 2～3cm 处，用于绑扎第一层石板上口固定铜丝或镀锌铅丝，再往上每 60cm 绑一道横筋即可。

d. 弹线。首先将大理石或预制水磨石、磨光花岗石的墙面、柱面和门窗套用大线坠从上至下找出垂直（高层应用经纬仪找垂直）。应考虑大理石或预制水磨石、磨光花岗石板材厚度、灌注砂浆的空隙和钢筋网所占尺寸，一般大理石或预制水磨石、磨光花岗石外皮距结构面的厚度应以 5～7cm 为宜。找出垂直后，在地面上顺墙弹出大理石外廓尺寸线（柱面和门窗套等同）。此线即为第一层大理石的安装基准线。编好号的大理石在弹好的基准线上画出就位线，每块留 1mm 缝隙（如设计要求拉开缝，则按设计规定留出缝隙）。

e. 安装大理石。按部位取石板并拉直铜丝或镀锌铅丝，将石板就位，石板上口外仰，右手伸入石板背面，把石板下口铜丝或镀锌铁丝绑扎在横筋上。绑时不要太紧可留适当余量，只要把铜丝或镀锌铁丝和横筋拴牢即可（灌浆后即可锚固），把石板竖起，便可绑大理石石板上口铜丝或镀锌铁丝，并用木楔子垫稳，块材与基层间的缝隙（即灌浆厚度）一般为 30～50mm。用靠尺板检查调整木楔，再拴紧铜丝或镀锌铁丝，依次向另一方进行。柱面可按顺时针方向安装，一般先从正面开始。第一层安装完毕再用靠尺板找垂直，水平尺找平整，角尺找阴阳角方正，在安装石板时如发现石板规格不准确或石板之间的空隙不符，应用铅皮垫牢，使石板之间缝隙均匀一致，并保持第一层石板上口的平直。找完垂直、平整、方正后，把调成粥状的石膏贴在大理石石板上下之间，使这二层石板结成一整体，木楔处亦可粘贴石膏，再用靠尺板检查有无变形，待石膏硬化后便可灌浆（如设计有嵌缝塑料软管者，应在灌浆前塞放好）。

f. 灌浆。把配合比为 1∶2.5 的水泥砂浆放入半截大桶加水调成粥状（标准稠度一般为 8～12mm），用铁簸箕舀浆徐徐倒入，注意不要碰大理石石板，边灌边用橡皮锤轻轻敲击石板面使灌入砂浆排气。第一层浇灌高度为 15cm，不能超过石板高度的 1/3。第一层灌浆很重要，它起着锚固石板的下口铜丝又要固定石板的作用，所以要轻轻操作，防止碰撞和猛灌。如发生石板外移错动，应立即拆除重新安装。第一次灌入 15cm 后停 1～2h，待砂浆初凝后，应检查是否合格（位置是否偏移），再进行第二层灌浆，灌浆高度一般为 20～30cm，待初凝后再继续灌浆。第三层灌浆至低于板上口 5～10cm 处为止。

g. 擦缝。全部石板安装完毕后，清除所有石膏和剩余砂浆痕迹，用麻布擦洗干净，并按石板颜色调制色浆嵌缝，边嵌边擦干净，使缝隙密实、均匀、干净、颜色一致。

（4）柱面安装

① 钻孔、绑钢筋和安装等工序与墙面安装方法相同。

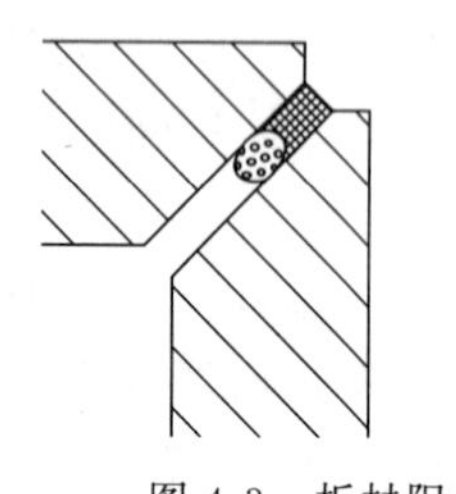

图 4-3　板材阳角

② 弹线　先测量出柱中心线和柱与柱之间的水平通线，在地面顺墙弹出板边外廓尺寸线及最低基准线。

③ 锯边　板材阳角背面大于 45°角的斜面，应锯成10mm×10mm 正方形（俗称海棠角），如图 4-3 所示。

④ 固定　方形柱面安装时，可用绳绑紧，卡具卡紧或石膏固定三种方法，其中以木卡子卡紧为佳。

⑤ 灌浆　柱的板材每安装一层，必须横平竖直，先用聚酯

砂浆固定板材四角，并填灌板材间隙，待聚酯砂浆固化后，再进行一般灌浆操作，一次灌浆量不应高于15cm，待初凝后，再灌第二次且每层板上部应留5cm空口待上层板材灌浆时接合。

⑥ 清理勾缝　灌浆后应及时清理板材基面污迹，并用面板同色水泥浆勾缝，最后清洗干净。

（5）大理石地面铺装

① 前期工作与墙、柱面相同。

② 先铺装若干条干线作为基准，由中央部分向四侧采取退步式铺装，凡有柱的地方宜先铺装柱与柱之间的部分，然后向两旁展开，最后收口。

③ 石材铺装前，应先泼水湿润，阴干后备用。

④ 擦缝和养护　大理石铺装干硬后，再用白水泥稠浆填缝嵌实，用布擦拭干净，板材铺装24h后，应洒水养护1～2次，在养护期3d内禁止踩踏。

（6）大理石板材黏结铺贴施工

① 施工准备与大理石灌浆装贴相同。

② 施工要点：a. 将墙面、柱面和门套用线坠从上至下找好垂直；b. 在地面顺墙弹出板边外廓尺寸线（柱面相同），并弹出最低水平基准线；c. 沿水平基准线放一长板作为托底板，防止石板粘贴后下滑；d. 用锯齿形刮板把胶黏剂涂刮在石板底面上，轻轻将石板下沿与水平线对齐，然后黏合；e. 石板厚薄不匀时，应先贴厚板后贴薄板；f. 石材由下往上逐层粘贴，用手轻推拉定位，用橡皮锤轻敲平整，每层用水平尺靠平，每贴三层用尺靠垂直和水平；g. 全部安装完毕后，用干净布将余胶擦净；h. 最后用石板颜色相同的水泥浆勾缝；i. 接缝高低时，需用高标号金刚石磨平。

（7）质量要求

①大理石饰面板应表面平整、边缘整齐；棱角不得损坏；并应具有产品合格证。

② 安装大理石饰面板用的铁制锚固件、连接件，应镀锌或经防锈处理。镜面和光面的天然石板、石饰面板，应采用铜或不锈钢制的连接件。

③ 天然石装饰板的表面不得有隐伤、风化等缺陷，不宜采用易褪色的材料包装。

④ 施工时所用胶结材料的品种、掺和比例应符合设计要求，并具有产品合格证。

⑤ 大理石板材物理性能及外观质量应符合规定；其普通型板材的等级指标允许偏差应符合规定。

4.4.2　花岗石饰面板的铺装

花岗岩是从火成岩（酸性结晶深成岩）中开采出来的。由长石、石英及少量的云母组成。构造致密，呈整体的均粒状结晶结构。按结晶颗粒的大小可分为“微晶”、“粗晶”和“细晶”3种。

（1）花岗岩饰面板的基本特征

花岗岩一般为浅色，多为灰、灰白、浅灰、红、肉红等。其化学成分主要为SiO_2占65%～75%，属硬石材，质地硬密实，密度一般为2700～2800kg/m^3；抗压强度高，约为120～250MPa；吸水率很低，一般小于1%。具有耐酸碱、耐腐蚀、耐高温、耐光照、耐冰冻、耐磨、耐久性等优点。

（2）花岗岩的种类及产地

花岗岩的种类及产地见表4-11。

表 4-11　花岗岩的种类及产地

产地	名称	产地	名称	产地	名称	产地	名称
北京市	白虎涧红	浙江省	嵊州东方红	福建省	光泽铁关红	湖南省	新邵黑白花
	密云桃花		嵊州云花红		漳浦马头花		郴县金银花
	延庆青灰		嵊州墨玉		光泽珍珠红		华容出水芙蓉
	房山灰白		司前一品红		永定红		华容黑白花
	房山瑞雪		仕阳青		邵武青		汨罗芝麻花
河北省	平山龟板玉		安吉芙蓉花	湖北省	麻城彩云花		望城芝麻花
	平山绿	甘肃省	陇南芝麻白		麻城鸽血红		长沙黑白花
	平山柏坡黄		陇南清水红		麻城龙衣		桃江黑白花
	易县黑	河南省	淇县森林绿		麻城平靖红		平江黑白花
	涿鹿樱花红		辉县金河花		三峡红		宜章莽山红
	承德燕山绿	贵州省	罗甸绿		三峡绿	广东省	信宜星云黑
山西省	北岳黑	福建省	晋江巴厝白		宜昌黑白花		信宜童子黑
	灵丘贵妃红		泉州白		宜昌芝麻绿		信宜海浪花
	恒山青		南安雪里梅		西陵红		信宜细麻花
	广灵象牙黄		龙海黄玫瑰		通山九吕青		广宁墨蓝星
	灵丘太白青		康美黑	广西	岑溪红		广宁红彩麻
	灵丘山杏花		漳浦青		桂林红		广宁东方白麻
	代县金梦		洪塘白		三堡红		普宁大白花
内蒙古自治区	白塔沟丰镇黑		晋江清透白		林林浅红	新疆	天山蓝
	傲包黑		肖厝白	江西省	贵溪仙人红		哈密星星蓝
	喀旗黑金刚		福鼎黑		济南溥		哈密芝麻翠
	诺尔红		海沧白		山东省		天山红梅
	阴山红		武夷红		崂山灰		新托里菊花黄疆红
	凉城绿		武夷蓝冰花		崂山红		托里雪花青
辽宁省	凤城杜鹃红		晋江陈山白		五莲豹皮花		托里红
	建平黑		晋江内厝白		平邑将军红		天山红梅
	绥中芝麻白		安溪红		齐鲁红		鄯善红
	绥中白		安海白		平度白		天山冰花
	青山白		大洋青		莒南红		天山绿
	绥中虎皮花		南平青		三元花		双井红
	绥中浅红		东石白		文登白		双井花
吉林省	吉林白　G2201		漳浦红		泽山红		天山红
黑龙江省	楚山灰		南平黑		莱州芝麻白		和硕红
安徽省	岳西黑		长乐、屏南同安白		莱州樱花红	四川省	芦山红
	岳西绿豹		芝麻黑		乳山青		芦山忠华红
	岳西豹眼		南平闽江红		荣成靖海红		石棉红三合红
	皖西红		连城花		荣成海龙红		天全玫瑰红
	金寨星彩蓝		罗源樱花红		荣成人和红		汉源巨星红
	天堂玉		罗源紫罗兰、罗源红		蒙山花		芦山樱花红
	龙舒红		连城红		蒙阴海浪花		二郎山红
浙江省	安吉红		古田桃花红		蒙阴粉红花		新庙红
	龙川红龙泉红		宁德丁香紫		招远珍珠花		四川红
	温州红		宁德金沙黄		荣成京润红		荥经红
	上虞菊花红		长乐红		荣成佳润红		二郎山杜鹃红
	上虞银花		华安九龙壁		石岛红		二郎山冰花红
	嵊州樱花		浦城百丈青		龙须红		二郎山雪花红
	嵊州红玉		浦城牡丹红		平邑孔雀绿		二郎山川絮红
	仕阳芝麻白		石井锈石	湖南省	衡阳黑白花		雅州红
	三门雪花		光泽红		怀化黑白花		黎州红
	磐安紫檀香		光泽高原红		隆回大白花		黎州冰花红

续表

产地	名称	产地	名称	产地	名称	产地	名称
四川省	汉源三星红	四川省	宝兴绿	四川省	喜德紫罗兰	四川省	天府红
	石棉樱花红		宝兴墨晶		攀西兰		泸定长征红
	宝兴红		宝兴黑冰花		航天青		加郡红
	宝兴珍珠花		芦山墨冰花		牦山黑冕宁黑冰花		二郎山孔雀绿
	芦山樱桃红		宝兴菜花贵		夹金花		苍隆丰红花
	芦山珍珠红		石棉彩石花		甘孜樱花白		泸定五彩石
	宝兴翡翠绿		喜德枣红		甘孜芝麻黑		米易米易豹皮花绿
	天全邮政绿		喜德玫瑰红		丹巴芝麻旺		
	二郎山菊花绿		冕宁红		南江玛瑙红		

（3）花岗岩板材安装施工工艺

①施工顺序

排样→挑选花岗岩板→清理结构表面→结构上弹出垂直线→大角挂两竖直钢丝→石料打孔→背面刷胶→贴柔性加强材料→挂水平位置线→支底层板托架→放置底层板定位→调节与临时固定→灌 M20 水泥浆→设排水管→结构钻孔并插固定螺栓→镶不锈钢固定件→用胶黏剂灌下层墙板上孔→插入连接钢针→将胶黏剂灌入上层墙板的下孔内临时固定上层墙板→钻孔插入膨胀螺栓→镶不锈钢固定件→装顶层板板

② 施工要点

a. 工地收货。由专人负责，发现有质量问题及时处理，并负责现场的石材堆放。

b. 石材准备。用比色法对石材的颜色进行挑选分类，安装在同一面的石材颜色应一致，按设计图纸及分块顺序将石材编号。

c. 基层准备。清理饰面石材的结构基层表面，同时进行结构基层找平、校对，弹出垂直线和水平线。并根据设计图纸和实际需要弹出安装板材的位置线和分块线。

d. 挂线。根据设计图纸要求，板材安装前要事先用经纬仪测出大角两个面的竖向控制线，并弹在离大角 20cm 的位置上，以便随时检查垂直挂线的准确度，保证顺利安装，并在控制线的上下做出标记。

e. 支底层板材托架，把预先安排好的支托根据水平位置支在将要安装的底层板材上面。支托要支承牢固，相互之间要连接好。支架安好后，顺支托方向钉铺通长的 50mm 厚木板，木板上口要在同一个水平面上，以保证板材上下面处在同一水平面上。

f. 安连接铁件。按设计规定的不锈钢螺栓固定角钢与平钢板。调整平钢板的位置，使平钢板的小孔正好与板材的插入孔对上，固定平钢板，拧紧。

g. 底层板材安装。把侧面的连接铁件安好，便可把底层板材靠角上的一块就位。

h. 调整固定。板材临时固定后，应调整水平度，如板材上口不平，可在板底的一端下口的连接平钢板上垫一相应的双股铜丝垫。调整垂直度，可调整板材上口的不锈钢连接件的距墙空隙，直至板材垂直。

i. 顶部板材安装。顶部最后一层板材除了解按一般板材铺装要求外，铺装调整好，在结构与板材的缝隙里吊一通长的 20mm 厚木条，木条上面为板材上口下为 250mm。吊点可设在连接铁件上。可采用铅丝吊木条，木条吊好后，在板材与墙面基层之间的空隙里放填充物，且填塞严实，以防止灌浆时漏浆。

j. 清理花岗石表面。花岗石表面的防污条掀掉，用棉丝把板材擦净。

③ 质量要求

a. 花岗石饰面板应表面平整、边缘整齐、棱角不得损坏。并应具有产品合格证。

b. 铺装花岗石饰面板用的钢制锚固件、连接件，应镀锌或经防锈处理。镜面和光面的天然石板、石饰面板，应采用铜或不锈钢制的连接件。

c. 天然石装饰板的表面不得有隐伤、风化等缺陷，不宜采用易褪色的材料包装。

d. 施工时所用胶结材料的品种、掺和比例应符合设计要求，并具有产品合格证和性能检测报告。

（4）背栓式干挂板材幕墙

随着技术的不断完善和进步，近几年来石材在内、外墙面的广泛运用，石板材铺装又有一种全新的安装技术叫背栓式干挂石材幕墙施工技术。背栓式干挂石材幕墙是在石材背面钻成燕尾孔与凸形胀栓相结合然后与钢龙骨固定，由钢支架组成的横竖龙骨通过埋件连接固定在外结构墙上，如图 4-4 所示。

图 4-4　背栓式外墙干挂石板材

① 特点　背栓式外墙干挂石材比传统干挂石材相比，具有以下优点。

a. 背栓式干挂石板材，由于每块石板材均有 4 个背栓式挂件，每个挂件都均匀承受石板材重量，且石材挂件与龙骨挂件间接触面积大，相应的强度和稳定性好，因此它可适用于高层和超高层外墙饰面。

b. 背栓式干挂石板材因各个挂件均承载石板材重量，破裂后的石板材不易脱落且易于更换。

c. 背栓式干挂石板材表面清洁，不易受污染，而采用水泥砂浆黏结石板材的表面因受水泥浆侵蚀易变色形成色差。

② 施工工艺

a. 龙骨安装。从结构上实现先立竖框（正 12 镀槽钢），后上横框（L50×5 镀锌角钢）竖框定位后再装横框，将能很好地保证横竖框的直线度和横框的伸缩缝，安装顺序是先下后上。龙骨安装完要进行全面检查，尤其是横、竖框中心线，必须用仪器对横、竖龙骨进行调整。

b. 石板材挂件的安装。铝合金挂件的定位、安装是可更换背栓式石板材幕墙安装中至关重要一环，它的位置准确度直接关系到石板材幕墙的外观效果、铝合金挂采用的分段形式，通过螺栓与横龙骨角钢相连，石板材块上的胀栓与挂件间有一定的配合尺寸，可以保证石板材水平板块方向的调整。

c. 层间防火封修。在每层楼的楼板项标高处，沿处墙四周设一道层间防火封修，因外墙石板材内表面距剪力墙有200mm空隙，为防止火灾发生后，火势从此空隙处向上层蔓延，故此设层间防火隔离带，材料采用1.2mm厚镀锌钢板50mm厚防火保温矿棉板，镀锌钢板一端用射钉固定在剪力墙上，射钉间距500mm，另一端搭在横向角钢龙骨上。

d. 石板材安装。石材板块通过背栓与铝合金挂件相连，石材安装是按照板块布置图编好的号码一一对应，由下而上进行安装。安装时将石材板块通过挂钩挂在横向龙骨挂件上即可，安装简便易行。通过顶处的微调，保证外立面的垂直、水平和表面平整。

e. 石板材准确度的控制。在安装石板材时注意控制石板材安装高程累计误差及控制基准石板材完成面。

石板材高程累计误差的有效控制方法是在每个楼层弹1m水平基准线，以1m线校核施工误差，要求一般不超过±2mm，若超出此误差范围，则及时在上一层石板材安装时调整。控制每块石板材基准完成面的方法是通过精确的测量放线牙口结构的三维调整功能来保证石板材完成面的准确性。

f. 石板材缝密封。石板材装好，调整完毕经检查确认合格后，即可进行注胶密封，注胶之前先把胶缝清理干净，并在胶缝的两侧贴上保护带，以免注胶时把石板材弄脏。注胶后再把保护胶带撕下来，注胶材料必须选用耐候，耐老化和耐火性能，且不含硅油，以防对石板材造成污染。

③ 质量要求　石板材不得有缺边掉角和裂缝及划痕，颜色、质地均匀一致，无特殊纹理和明显色差。体积密度、吸水率、弯曲强度、抗剪强度等应满足有关规定。

总之，背拴式干挂石板材幕墙施工技术是近几年从国外引进的新工艺，此项新工艺的引进填补了我国在高层和超高层建筑外墙装饰花岗岩用传统旧工艺所不能达到的一项空白。同时它又克服了钢销式和槽式干挂石材幕墙的某些缺点，在安全性、耐久性、可更换性等方面具有较大的优势。

4.5 验收标准及常见问题

4.5.1 土建工程施工质量验收标准

土建工程验收评定要求见表4-12。

表4-12　土建工程验收评定表

工程名称：　　　　　　　　　部位：　　　　　　　　　　项目经理：

<table>
<tr><td rowspan="4">保证项目</td><td colspan="7">项　　目</td><td>质量安全情况</td></tr>
<tr><td>1</td><td colspan="6">墙面、地面无空鼓、歪斜、划痕、缺棱、掉角和裂缝等缺陷</td><td></td></tr>
<tr><td>2</td><td colspan="6">用水房坡度合理，无积水、渗漏等现象</td><td></td></tr>
<tr><td>3</td><td colspan="6">卫浴设备制作、安装、与管道连接合理规范</td><td></td></tr>
<tr><td rowspan="5">基本项目</td><td colspan="2" rowspan="2">项目</td><td colspan="5">质量情况</td><td rowspan="2">等级</td></tr>
<tr><td>1</td><td>2</td><td>3</td><td>4</td><td>5</td></tr>
<tr><td>1</td><td>表面</td><td></td><td></td><td></td><td></td><td></td><td></td></tr>
<tr><td>2</td><td>接缝</td><td></td><td></td><td></td><td></td><td></td><td></td></tr>
<tr><td>3</td><td>套割</td><td></td><td></td><td></td><td></td><td></td><td></td></tr>
</table>

<table>
<tr><td rowspan="2" colspan="4">项目</td><td rowspan="2">允许偏差/mm</td><td colspan="5">实 测 值</td></tr>
<tr><td>1</td><td>2</td><td>3</td><td>4</td><td>5</td></tr>
<tr><td rowspan="9">允许偏差项目</td><td>1</td><td colspan="2">立面竖面</td><td>2</td><td></td><td></td><td></td><td></td><td></td></tr>
<tr><td rowspan="2">2</td><td rowspan="2">表面平整度</td><td>墙面</td><td>1/m</td><td></td><td></td><td></td><td></td><td></td></tr>
<tr><td>地面</td><td>2</td><td></td><td></td><td></td><td></td><td></td></tr>
<tr><td>3</td><td colspan="2">接缝高低</td><td>0.5</td><td></td><td></td><td></td><td></td><td></td></tr>
<tr><td>4</td><td colspan="2">接缝平直</td><td>2/5m</td><td></td><td></td><td></td><td></td><td></td></tr>
<tr><td>5</td><td colspan="2">缝隙平直</td><td>0.5</td><td></td><td></td><td></td><td></td><td></td></tr>
<tr><td>6</td><td colspan="2">阴阳角方正、垂直</td><td>1.5</td><td></td><td></td><td></td><td></td><td></td></tr>
<tr><td>7</td><td colspan="2">踢脚线平直</td><td>2</td><td></td><td></td><td></td><td></td><td></td></tr>
<tr><td>8</td><td colspan="2">墙裙上口平直</td><td>2</td><td></td><td></td><td></td><td></td><td></td></tr>
<tr><td rowspan="2">观感项目</td><td colspan="4">项 目</td><td>1</td><td>2</td><td>3</td><td>4</td><td>5</td><td>平均分</td></tr>
<tr><td colspan="4">颜色、图案、窨处理、不整砖、腰线等细部操作情况</td><td></td><td></td><td></td><td></td><td></td><td></td></tr>
<tr><td rowspan="4">检查结果</td><td colspan="4">保证项目</td><td colspan="5"></td></tr>
<tr><td colspan="4">基本项目</td><td colspan="5">检查　项，其中优良　项，优良率　%</td></tr>
<tr><td colspan="4">允许偏差项目</td><td colspan="5">实测　点，其中合格　点，合格率　%</td></tr>
<tr><td colspan="4">分项工程总得分</td><td colspan="5">实量实测占70%＋观感项目30%</td></tr>
<tr><td rowspan="2">评定等级</td><td>合格</td><td colspan="3"></td><td rowspan="2">备注</td><td rowspan="2" colspan="2"></td><td rowspan="2">质检员</td><td rowspan="2" colspan="2"></td></tr>
<tr><td>优良</td><td colspan="3"></td></tr>
</table>

年　月　日

4.5.2 土建工程施工常见问题及注意事项

(1) 墙面裂纹及处理方法

① 墙面出现裂纹（缝）是一个经常出现的问题，除了结构裂痕外，作为室内装饰工程经常碰到的有如下情况。

a. 内保温的墙体，保温板与保温板所出现的板缝裂纹。

b. 在墙面开槽铺设电线穿管和填补墙上凹洞以后出现的收缩裂纹。

c. 新砌的墙和原有的墙体及吊顶横梁之间的收缩裂纹。

d. 抹灰刮腻子不均匀出现的应力裂纹。

② 解决措施

a. 保温板裂纹的处理。用油灰刀把裂纹切开，尽量深一些，填入石膏。一定要填实，填均匀。然后用纱布、豆包布或白的确良布粘贴在出现裂纹的地方上，干燥后再刮腻子或做其他工艺的处理。如果裂纹比较严重，也可以用牛皮纸补缝，效果更好。

b. 线槽和凹洞补灰以后出现裂纹，可以用石膏粉嵌补刮平。

c. 在砌墙之前应清楚地交代在新旧墙之间增加拉结构钢筋（每 50cm 的高度加一条长度为 100cm、直径为 6mm 的钢筋），批荡时需要增加钢丝网。

d. 墙面腻子一次刮得太厚，或整个墙面的厚度过于悬殊，也会出现裂纹。可采取多刮几遍，每遍薄一些，间隔时间也应该长一些。但要注意腻子刮的遍数多了也容易脱落。

(2) 天棚或墙面抹灰出现起鼓与裂缝原因

① 基层没处理好，清扫不净，没有浇透水。

② 面层不平偏差太大，一次抹灰太厚。

③ 没有分层抹灰。

④ 各层抹灰砂浆配合比相差太大。

(3) 墙砖非面砖质量问题发生空鼓、脱落的原因

① 基层没处理好，墙面湿润不透，砂浆失水太快，造成砖与面层黏结不牢。

② 面砖浸水不足，造成砂浆脱水；或浸泡后砖未干，浮水使砖浮动下坠。

③ 砂浆不饱满、厚薄不均匀，用力不均。

④ 在砂浆已经收水后，移动粘贴好的砖，造成铺装粘贴不牢固。

⑤ 嵌缝不密实或漏嵌。

(4) 饰面砖接缝不平整，缝宽不均匀

① 没有对瓷砖的材质进行挑选，其陶瓷砖外观质量必须符合《干压陶瓷砖》(GB/T 4100.5—1999) 的规定。

② 粘贴前没有遵照要求，用水平尺找平，没有弹出下一片砖的水平控制线。

③ 铺贴好一块砖后，没有及时校正横竖缝平直，或砂浆已经收水再纠正移动粘贴好的砖，造成面砖粘贴不到位。

(5) 墙面砖开裂、变色、墙面污染的原因

① 面砖质量不好、材质疏松，吸水率大，其抗压、抗拉、抗折性能均相应下降。

② 面砖包装使用材料易，运输不慎，受雨水、纸箱等有色液体污染。

③ 材质疏松，粘贴前没有用水浸透，或粘贴时粘贴砂浆的浆水从背面渗透到砖的坯内，渗透到层面上造成变色。

(6) 陶瓷棉砖施工砖注意事项

① 基层必须处理合格，不得有浮土、浮灰。

② 陶瓷棉砖必须用水浸泡并阴干。经浸泡阴干以避免影响其凝结硬化，发生空鼓、起壳等想象。

③ 铺贴完成后，2～3h 内不得上人，陶瓷棉砖应养护 4～5d 才可上人。

(7) 关于墙砖压地砖

厨房、卫生间墙、地面铺装面砖一般要求施工时应墙砖压地砖。这是因为有很多房屋并不方正，地砖压墙砖的时候，经常会因为房间不方正而使墙面与地面之间出现一道缝，且因为地面面砖有切割砖，切割的毛边就会很明显。如果墙砖压住地砖，就可避免了以上缺陷。

5. 家居装修施工的门窗作业

5.1 概述

家居门是连接和分隔家居空间的主要构造部件，也是连接住宅各空间的交通要道。而窗户主要即起着采光、通风和采景等作用。门窗都是家居空间的主要组成。因此门窗在家居装饰设计中，对风格的塑造上起着非常大的作用。门窗类别可按以下几种方式分类。

（1）按材料分类

按材料可分为木门窗、塑钢门窗、铝合金门和塑料门。

（2）按开启方式分类

① 门可分为平开门、推拉门、弹簧门、卷帘门、折门、旋转门和自动门等。如图 5-1 所示。

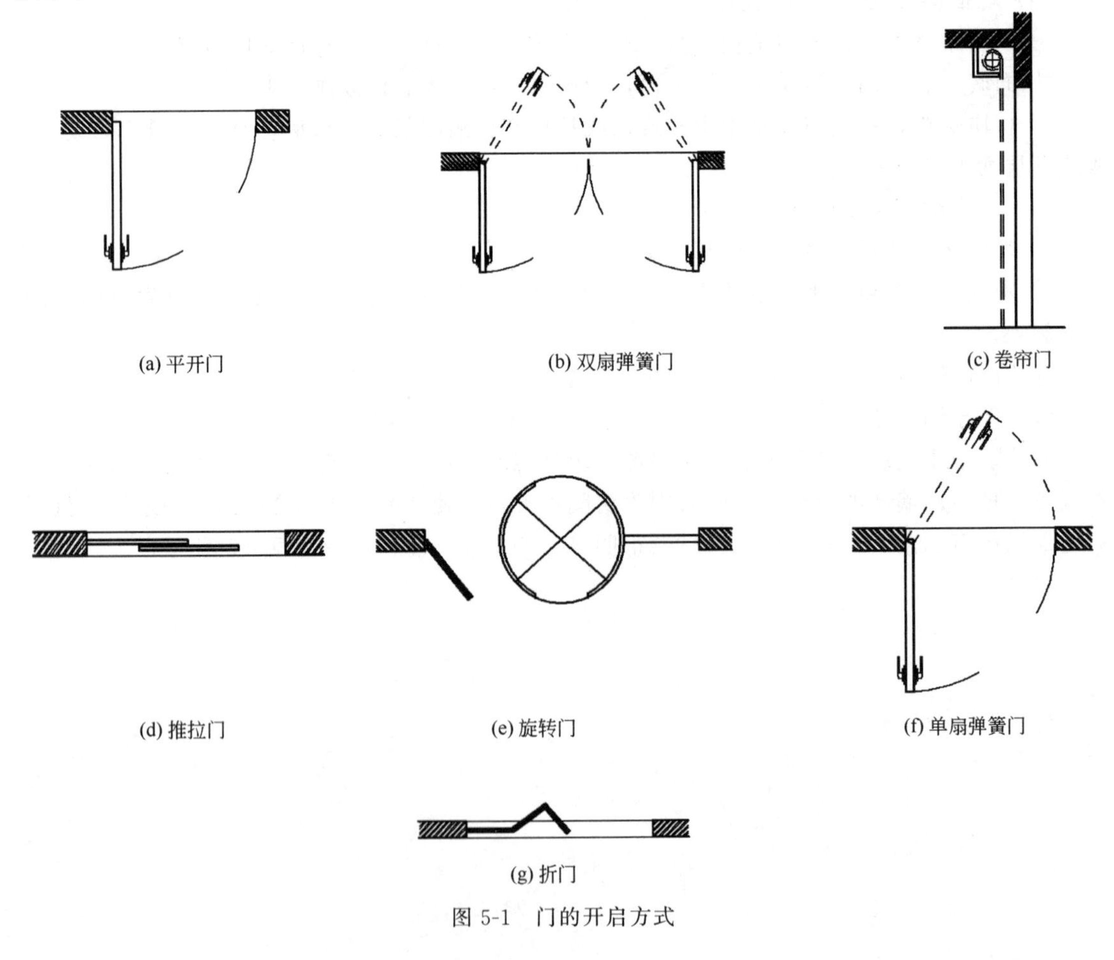

图 5-1　门的开启方式

② 窗可分为平开窗、推拉窗、上悬窗、下开启窗、水平中悬窗、垂直中悬窗等。如图5-2所示。

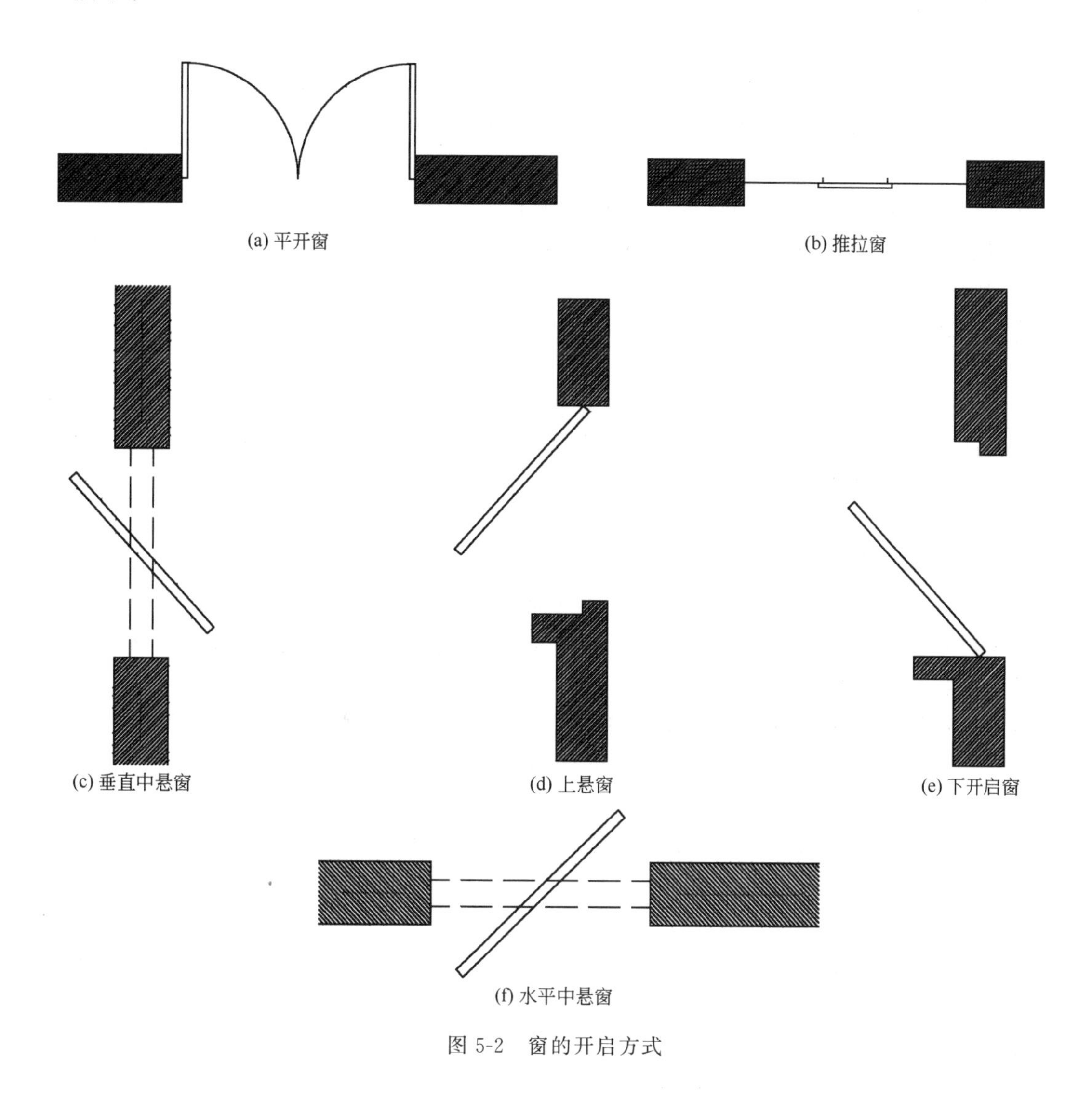

图 5-2　窗的开启方式

5.2　木门窗

5.2.1　木门的构造

(1) 镶板门

门扇由骨架和门芯板组成。门芯板可分为木板、胶合板、硬质纤维板、塑料板、玻璃等。门芯为玻璃时，则为玻璃门。门芯为纱时，则为纱门，而采用百叶时则为百叶门。也还可以根据需要，部分采用玻璃、纱或百页等组合方式。

(2) 夹板门

中间为轻型骨架，两面贴胶合板、纤维板等薄板的门。

(3) 拼板门

用木板拼合而成的门，坚固耐用，多为大门。

5.2.2 木门窗现场施工

在家居施工中现场最为常见的木门窗。主要分为平开门窗和推拉门窗两大类。

（1）平开木门窗的安装顺序

① 根据室内已弹好水平线和坐标基准线弹线确定门窗框的安装位置。

② 将门窗框放在安装位置线上就位、摆正，用木楔临时固定。

③ 用线坠、水平尺将门窗校正固定在预埋的木砖上。

④ 用 10cm 钉子将门窗框固定在预埋的木砖上。

⑤ 将门窗扇靠在门窗框上，按框的内口划出高低、宽窄尺寸线。

⑥ 刨修门窗扇，使四周与门窗框的缝隙达到规定的宽度标准。

⑦ 在距门窗扇上、下冒头 1/10 立梃高度的位置剔出合页槽，并将合页固定在门窗扇上。

⑧ 必须在上扇前安装好门窗五金。

⑨ 将门窗扇安装到门窗框上。

⑩ 安装其余五金件。

（2）施工要点

① 为了保证相邻门框或窗框的顺平，应在墙上拉水平线作为基准。

② 固定门窗框的钉子应砸扁钉帽后钉入框内。

③ 第一次刨修门窗扇应以刚能塞入口内为宜，塞好后用木楔临时固定，按留缝宽度要求画出第二次刨修线，并做二次刨修。

④ 双扇门窗应根据门窗宽度确定对口缝深度，然后修刨四周，塞入框内校验。

⑤ 刨修门窗时应用木卡将扇边垫起卡牢，以免损坏边角。

⑥ 门窗扇与门窗框之间的缝隙调整合适后，确定合页宽度，并按距上、下冒头 1/10 的立梃高度划出合页安装边线，再从上、下边线往里划出合页长度，留线剔出合页槽。槽深以使门、窗扇安装后缝隙均匀为准。

⑦ 安装合页时，每个合页先拧一枚螺钉，然后检查扇与框是否平整、缝隙是否合适，检查后方可拧上全部螺钉。硬木门、窗扇应先钻眼后拧螺钉，孔径为螺钉直径的 0.9 倍为宜，眼深为螺钉长度的 2/3。其他木门窗可将木螺钉钉入全长 1/3，然后拧入其余的 2/3，严禁螺钉一次钉入或倾斜拧入。

⑧ 有些五金件必须在上扇以前安装，如嵌入式门底防风条、嵌入式天地插销等。所有五金件的安装应符合图纸要求，统一位置，严防遗漏。

⑨ 木门框安装后，在手推车可能撞击的高度范围内应随即用铁皮或木方保护，门窗安装好后不得再通过手推车。已安装好的门窗扇应设专人管理，门窗下用木楔楔紧，窗扇设专人开关，防止刮风时损坏。

（3）悬挂式木门窗的安装

① 根据室内已弹好水平线和坐标基准线，弹线确定上梁、侧框板及下导轨的安装位置。

② 用螺钉将上梁固定在门洞口的顶部。

③ 对有侧框板的推拉门，截出适当长度的侧框板，用螺钉固定在洞口侧面的墙体上。

④ 将挂件上的螺栓及螺母拆下，把挂件及其滚轮套在工字钢滑轨上，再将工字钢滑轨用螺钉固定在上梁底部。

⑤ 用膨胀螺栓或塑料胀管把下导轨固定在地面上。

⑥ 将悬挂螺栓装入门扇上冒头顶上的专用孔内，用木楔把门扇顺下导轨垫平，再用螺母将悬挂螺栓与挂件固定。

⑦ 将木门左、右推拉，检查门边与侧框板是否严密吻合，如发现门边与侧框板之间的缝隙上下不一样宽，则卸下门，进行刨修后再安装到挂件上。

⑧ 在门洞侧面固定胶皮门止。

⑨ 检查推拉门，一切合适后，安上门贴脸。

（4）下承式推拉门窗的安装

① 弹线确定上、下及侧板框安装位置。

② 用螺钉将下框板固定在洞口底部。

③ 截出准确长度的上框板，用螺钉固定在洞口顶部。

④ 在下框板准确划出钢皮滑槽的安装位置，用扁铲剔修与钢皮厚度相等的木槽，并用黏结剂把钢皮滑槽黏在木槽内。

⑤ 用黏结剂将专用轮盒粘在下冒头下的预留孔里。

⑥ 将门窗扇装上轨道，左右推拉，检查门窗边与侧框板之间的缝隙是否上下等宽，如不相等，把门窗扇卸下，刨修后再安装就位。

⑦ 再次检查推拉门窗，一切合适后，安上贴脸。

5.3 塑钢门窗

塑钢门窗是以聚氯乙烯与氯化聚乙烯共混树脂为主体，加上一定比例的添加剂，经挤压加工而成。为了增加型材的刚性，在塑料异型材内腔中添入增加抗拉弯作用的钢衬（加强筋），然后通过切割、钻孔、熔接等方法，制成门窗框，所以称为塑钢门窗。

5.3.1 塑钢门窗的性能及特点

塑钢门窗不仅具有塑料制品的特性，而且物理性能、化学性能、防老化能力大为提高。其装饰性可与铝合金媲美，并且具有保温、隔热的特性，使居室内更加舒适、清静，更具有现代风格。另外，还具有耐酸、耐碱、耐腐蚀、防尘、阻燃自熄、强度高、不变形、色调和谐等优点，无需涂防腐油漆，经久耐用，而且其气密性、水密性比一般同类门窗大2～5倍。

（1）塑钢窗物理性能

塑钢门窗的物理性能主要是指PVC塑钢门窗的空气渗透性（气密性）、雨水渗透性（水密性）、抗风性能及保温和隔音性能。由于塑钢门窗型材具有独特的多腔室结构，并经熔接工艺而成门窗，在塑钢门窗安装时所有的缝隙均装有橡塑密封胶条和毛条，因此具有良好的物理性能。

（2）塑钢门窗耐腐蚀性能

塑钢门窗因其独特的材料特性而具有良好的耐腐蚀性能。塑钢门窗耐腐蚀性取决于五金件的使用，正常环境下五金件为金属制品，用于有腐蚀性的环境下的行业，如食品、医药、卫生、化工及沿海地区、阴雨潮湿地区，选用防腐蚀的五金件（工程塑料制品），其使用寿命可达塑钢门窗的10倍。

（3）塑钢门窗耐候性

塑钢门窗采用特殊配方，原料中添加紫外线吸收剂、及耐低温冲击剂，从而提高了塑钢门窗的耐候性。在－30～70℃之间，烈日、暴雨、干燥、潮湿之变化中，无变色、变质、老化、脆化等现象。

（4）塑钢门窗的保温节能性能

塑钢门窗为多腔结构，其传热性能甚小，仅为钢材的 1/357，铝材 1/250，具有良好的隔热性能，尤其是对空调设备的现代建筑更加适合。调查比较，使用塑钢门窗比使用木门窗的房间冬季室内温度高 4～5℃；北方地区使用双层玻璃效果更佳。

（5）塑钢门窗防火性能

塑钢门窗不自燃、不助燃、离火自熄、安全可靠，符合防火要求，从而扩大了塑钢门窗的使用范围。

（6）塑钢窗绝缘性能

塑钢门窗使用的异型材优良的电绝缘性，不导电，安全系数高。

（7）塑钢门窗密度性

塑钢门窗质细密平滑，内外一致，无需进行表面特殊处理、易加工，经切割、熔接加工后，门窗成品的长、宽及对角线的加工精度均能在±2mm 以内，强度可达 3000N 以上。

5.3.2 塑钢门窗的开启方式

塑钢门窗的开启方式主要有推拉、外开、内开、内开上悬等，新型的开启方式有推拉上悬式。不同的开启方式各有其特点，一般来讲，推拉窗有立面简洁、美观、使用灵活、安全可靠、使用寿命长、采光率大、占用空间少、方便带纱窗等优点；外开窗有开启面大、密封性好和保温抗渗性能优良等优点。目前用得较多的是推拉式，其次为外开式。

5.3.3 塑钢门窗的选购

① 要选择型材，先要了解塑钢门窗所选用的 PVC 型材的特点。选择信誉好的厂家和市场所提供的合格型材所加工的产品。

② 观察塑钢门窗表面。塑钢门窗的塑料型材表色泽为青白色或象牙白色，洁净、平整、光滑，大面无划痕、碰伤，焊接口无开焊、断裂。质量好的塑钢门窗表面应有保护膜，安装好再将保护膜撕掉。

③ 塑钢门窗关闭时，扇与框之间无缝隙，推拉塑钢窗应滑动自如，声音柔和，无粉尘脱落。

④ 塑钢门窗的框内应有钢衬，玻璃安装平整牢固且不直接接触型材，若是双层玻璃则夹层内应无粉尘和水汽，开关部件严密灵活。

5.3.4 塑钢门窗安装

（1）安装流程

原材料、半成品进场检验→门窗框定位→后塞门窗框（塞口）→塑钢门窗扇安装→五金安装→嵌密封条→验收

（2）操作工艺和安装要点

① 立门窗框前要看清门窗框在施工图上的位置、标高、型号、门窗框规格、门扇开启方向、门窗框是内平、外平或是立在墙中等，根据图纸设计要求在洞口上弹出立口的安装线，照线立口。预先检查门窗洞口的尺寸、垂直度及预埋件数量。

② 塑钢门窗框安装时用木楔临时固定，待检查立面垂直、左右间隙大小、上下位置一致，均符合要求后，再将镀锌锚固板固定在门窗洞口内；塑钢门窗与墙体洞口的连接要牢固可靠，门窗框的铁脚至框角的距离不应大于 180mm，铁脚间距应小于 600mm。

③ 塑钢门、窗框与洞口的间隙，应采用矿棉条或玻璃棉毡条分层填塞，缝隙表面留 5～

8mm 深的槽口嵌填密封材料。

④ 塑钢门、窗扇安装前须进行检查。翘曲超过 2mm 的经处置后才能使用。安装门窗扇时，扇与扇、扇与框之间要留适当的缝隙，一般情况下，留缝限值≤2mm，无下框时门扇与地面间留缝 4～8mm；塑钢门、窗各杆件的连接均是采用螺钉、铝拉铆钉来进行固定，因此在门、窗的连接部位均需进行钻孔：钻孔前，应先在工作台或铝型材上画好线，量准孔眼的位置，经核对无误后再进行钻孔；钻孔时要保持钻头垂直。

⑤ 安装五金配件时，应先在框、扇杆件上钻出略小于螺钉直径的孔眼，然后用配套的自攻螺钉拧入，严禁将螺钉用锤直接打入，门锁安装，应在门扇合页安装完后进行。

⑥ 塑钢门窗横竖杆件交接处和外露的螺钉头，均需注入密封胶，并随时将塑钢门窗表面的胶迹清理干净。

⑦ 塑钢门、窗交工之前，应将型材表面的塑料胶纸撕掉，如果塑料胶纸在型材表面留有胶痕，宜用香蕉水清洗干净。

5.3.5 塑钢门窗的质量要求

① 塑钢门窗的品种、类型、规格、尺寸、性能以及开启方向、安装位置、连接方式及塑钢门窗的型材壁厚均应符合设计要求。塑钢门窗的防腐处理及填嵌、密封处理应符合设计要求。

② 塑钢门窗框的安装必须牢固。预埋件的数量、位置、埋设方式、与框的连接方式必须符合设计要求。

③ 塑钢门窗扇必须安装牢固，并应开关灵活、关闭严密，无倒翘；推拉门窗扇必须有防脱落措施。

④ 塑钢门窗配件的型号、规格、数量应符合设计要求，安装应牢固，位置应正确，功能应满足使用要求。

⑤ 五金配件应齐全，位置正确。

⑥ 塑钢门窗安装后外观质量应表面洁净，大面无划痕、碰伤、锈蚀，涂膜大面平整光滑，厚度均匀、无气孔。

5.3.6 塑钢门窗安装允许偏差

见表 5-1。

表 5-1 塑钢门窗安装的允许偏差和检验方法

项次	项目		允许偏差/mm	检验方法
1	门窗槽口宽度、高度/mm	≤1500	1.5	用钢尺检查
		>1500	2	
2	门窗槽口对角线长度差/mm	≤2000	3	用钢尺检查
		>2000	4	
3	门窗框的正、侧面垂直度		2.5	用垂直检测尺检查
4	门窗横框的水平度		2	用 1m 水平尺和塞尺检查
5	门窗横框标高		5	用钢尺检查
6	门窗竖向偏离中心		5	用钢尺检查
7	双层门窗相邻扇高度差		4	用钢尺检查
8	推拉门窗相邻扇高度差		1.5	用钢直尺检查

5.4 铝合金门窗

铝合金门窗是采用铝合金型材，经过生产加工制成的门窗框料构件，再与连接件、密封件、开闭五金件一起组合装配而成的轻质金属门窗。

5.4.1 铝合金门窗的特点

① 质轻　由于铝合金门窗材料质量轻，且用料为薄壁铝结构型材，所以重量轻，只有木门窗重量的1/2左右。

② 性能好　由于加工制作精度较高，断面设计考虑了气候影响和功能要求，故有良好的气密性、水密性、隔热性、隔声性等，是钢木门窗无法相比的。因此适用于配置空调设备的建筑及对隔声、保温、隔热、防尘有较高要求的建筑采用，在台风、暴雨、风沙较多地区的建筑中选用铝合金门窗更具优越性。

③ 色泽美观、装饰性好　铝合金门窗的表面光洁，具有银白、古铜、金黄、暗灰、黑等颜色，质感好，装饰性强。

④ 强度及抗风压力性能较高　铝合金门窗承受的挤推力和风压力，其抗风压力为1500～3500Pa，且变形较小。

⑤ 使用方便　由于铝合金门窗结构精密，故开关轻便，使用也很舒适。

5.4.2 铝合金门窗的种类

铝合金门窗按结构与开闭方式可分为推拉窗（门）、平开窗（门）、固定窗（门）、悬挂窗、回面窗；铝合金门还分有地弹簧门、自动门、旋转门、卷闸门等。

5.4.3 铝合金门窗的技术要求

（1）铝合金门窗的国家标准

随着铝合金门窗工业的迅速发展，我国已颁布了一系列有关铝合金门窗的国家标准，主要有《平开铝合金门》(GB 8478—87)、《平开铝合金窗》(GB 8479—87)、《推拉铝合金门》(GB 8480—87)、《推拉铝合金窗》(GB 8482—87)、《铝合金地弹簧门》(GB 8482—87）等。

（2）铝合金门窗的等级划分

铝合金门窗按抗风压强度、抗空气渗透和雨水渗漏性能分为A、B、C三类，分别表示高性能、中性能、低性能。每一类按抗风压强度、空气渗透和雨水渗透又分为优等品、一等品、合格品。

（3）铝合金门窗的规格要求

铝合金门窗的型号以洞口的宽度和高度来表示，如1218表示洞口的宽度和高度分别为1200mm和1800mm；0609表示洞口的宽度和高度分别为600mm和900mm。

（4）铝合金门窗的安装要求

铝合金门窗的外观质量、阳极氧化膜厚度、尺寸偏差、装配间隙、附件安装等也应满足相应的要求。

（5）铝合金门窗型材的质量要求

关于型材的壁厚，GB/T 5237—93在铝合金建筑型材的技术参数选择指南中指出，考虑到安全技术指标，一般情况下型材的壁厚不宜低于以下数值：门结构型材2.0mm，窗结构型材1.4mm，幕墙、玻璃屋顶3.0mm，其他型材1.0mm。

5.4.4 铝合金门窗的安装

(1) 安装流程

划线定位→铝合金门窗披水安装→防腐处理→铝合金门窗的安装就位→铝合金窗固定→门窗框与墙体间隙的处理→门窗扇及门窗玻璃的安装→安装五金配件。

(2) 操作工艺和安装要点

① 划线定位

a. 根据设计图纸中门窗的安装位置、尺寸和标高，依据门窗中线向两边量出门窗边线。若为多层或高层建筑时，以顶层门窗边线为准，用线坠或经纬仪将门窗边线下引，并在各层门窗口处划线标记，对个别不直的门窗冻口边应剔凿处理。

b. 门窗的水平位置应以楼层室内+50cm 的水平线为准向上反量出窗下皮标高，弹线找直。每一层必须保持窗下皮标高一致。

② 铝合金窗披水安装　按施工图纸要求将披水固定在铝合金窗上，且要保证位置正确、安装牢固。

③ 防腐处理

a. 门窗框四周外表面的防腐处理当设计有要求时，按设计要求处理。如果设计没有要求时，可涂刷防腐涂料或粘贴塑料薄膜进行保护，以免水泥砂浆直接与铝合金门窗表面接触，产生电化学反应，腐蚀铝合金门窗。

b. 安装铝合金门窗时，如果采用连接铁件固定，则连接铁件，固定件等安装用金属零件最好用不锈钢件。否则必须进行防腐处理，以免产生电化学反应，腐蚀铝合金门窗。

④ 铝合金门窗的安装就位　根据划好的门窗定位线，安装铝合金门窗框。并及时调整好门窗框的水平、垂直及对角线长度等确保符合质量标准，然后用木楔做临时固定。

⑤ 铝合金门窗的固定

a. 当墙体上预埋有铁件时，可直接把铝合金门窗的铁脚直接与墙体上的预埋铁件焊牢，焊接处需做防锈处理。

b. 当墙体上没有预埋铁件时，可用金属膨胀螺栓或塑料膨胀螺栓将铝合金门窗的铁脚固定到墙上。

c. 当墙体上没有预埋铁件时，也可用电钻在墙上打 80mm 深、直径为 6mm 的孔，用 L 型 80mm×50mm 的 ϕ6mm 钢筋。在长的一端粘涂 108 胶水泥浆，然后打入孔中。待 108 胶水泥浆终凝后，再将铝合金门窗的铁脚与埋置的 ϕ6mm 钢筋焊牢。

⑥ 铝合金门窗框与墙体的缝隙间处理

a. 铝合金门窗安装固定后，应先进行隐蔽工程验收，合格后及时按设计要求处理门窗框与墙体之间的缝隙。

b. 如果设计未要求时，可采用弹性保温材料或玻璃棉毡条分层填塞缝隙，外表面留 5～8mm 深槽口填嵌嵌缝油膏或密封胶。

⑦ 铝合金门窗扇及门窗玻璃的安装

a. 铝合金门窗扇和门窗玻璃应在洞口墙体表面装饰完工验收后安装。

b. 铝合金推拉门窗在铝合金门窗框安装固定后，将配好玻璃的门窗扇整体安入框内滑槽，调整好与扇的缝隙即可。

5.4.5 玻璃的安装

铝合金平开门窗在框与扇格架组装上墙、安装固定好后再安玻璃，即先调整好框与扇的缝隙，再将玻璃安入扇内并调整好位置，最后镶嵌密封条及密封胶。

5.4.6 铝合金地弹簧门安装

铝合金地弹簧门应在铝合金门框及地弹簧主机入地安装固定后再安铝合金门扇。先将玻璃嵌入门扇格架并一起入框就位，调整好框扇缝隙，最后填嵌门扇玻璃的密封条及密封胶。

5.4.7 铝合金的质量要求

① 铝合金门窗的品种、规格、开启方向及安装位置应符合设计要求。

② 铝合金门窗安装必须牢固，横平竖直，高低一致。框与墙体缝隙应填嵌饱满充实，表面光滑，无裂缝，填塞材料与方法等应符合设计要求。

③ 预埋件的数量、位置埋设连接方法必须符合设计要求。

④ 铝合金门窗扇应开启灵活，无倒翘、阻滞及反弹现象，关闭后压条应处于压缩状态。

⑤ 五金配件应齐全，位置正确。

⑥ 铝合金门窗安装后外观质量应表面洁净，大面无划痕、碰伤、锈蚀，涂膜大面平整光滑，厚度均匀、无气孔。

⑦ 铝合金门窗安装质量的允许偏差见表 5-2。

表 5-2 铝合金门窗安装质量的允许偏差

序号	项目		允许偏差/mm	检验方法
1	门窗槽口宽度高度/mm	≤2000 >2000	±1.5 ±2	用 3m 的钢卷尺检查
2	门窗槽口对边尺寸之差/mm	≤2000 >2000	≤2 ≤2.5	用 3m 的钢卷尺检查
3	门窗槽口对角线尺寸之差/mm	≤2000 >2000	≤2 ≤3	用 3m 的钢卷尺检查
4	门窗框(含拼樘料)的垂直度/mm	≤2000 >2000	≤2 ≤2.5	用线坠、水平尺检查
5	门窗框(含拼樘料)的水平度/mm	≤2000 >2000	≤1.5 ≤2	用水平尺检查
6	门窗框扇搭接宽度差/mm	≤2 >2	±1 ±1.5	用深度尺或钢板尺检查
7	门窗开启力/N		≤60	用 100N 弹簧秤检查
8	门窗横框标高/mm		≤5	用钢板尺检查
9	门窗竖向偏离中心/mm		≤5	用线坠、钢板尺检查

5.5 铝合金门窗与塑钢门窗性能特点比较

（1）抗风压强度和水密性

塑钢门窗由于材质强度和刚性低，虽然经过加工衬钢增强，但其抗风压和水密性能要比铝窗低约两个等级。而且，由于塑钢门窗的衬钢并未在其型材内腔角部连接成完整的框架体，窗框、窗扇四角及丁字节点的塑料焊接角强度比较低．根据 1998 年底上海市企业送检的 425 批塑钢窗三性能实例情况分析后指出“塑料窗在高层建筑上应慎重使用。”

（2）气密性

塑钢门窗由于框、扇构件是焊接的，故其气密性应比锚接的铝合金门窗略好一些，但铝合金门窗型材尺寸精度较高，框、扇配合较严密。

（3）保温性

铝合金门窗的保温性能不如塑钢窗好，二者整窗的传热系数之比为 1.36 倍（单层窗）和 1.44 倍（单框双玻窗）。

（4）采光性

塑钢门窗的采光性能比铝合金门窗差，其框单构件遮光面积比铝窗大 10%左右，视野和装饰效果较差，不利于建筑照明节能降耗。

（5）隔声性

铝合金门窗与塑钢门窗的缝隙密封水平基本一致，其隔声性能也基本一致。

（6）防火性能

难燃性的 PVC 塑钢门窗的防火性能相对于可燃的木窗是比较好的，但与非燃烧性的铝合金门窗相比较差。

（7）防雷和防静电

铝合金门窗是良好的导电体，故其作建筑外围护结构时，应采取有效的接地措施，可以作为避雷设施，并可防止静电现象产生。

（8）装饰性

塑钢门窗作为建筑外窗，只能以白色为主，不能满足丰富多彩的各类建筑外墙装饰需要。

（9）老化问题

PVC 塑料型材易老化，高分子 PVC 树脂在紫外线作用下，大分子链断裂，使材料表面失去光泽，变色粉化，型材的机械性能下降。而铝合金有抗老化的功能。

（10）变形与膨胀问题

塑钢门窗易受热变形、遇冷变脆，尺寸及形状稳定性较差，往往需要利用玻璃的刚性来防止窗框变形。而铝合金具有抗高温、不易变形等优点。

6. 家居装修施工的木工作业

6.1 木作装修工程材料及施工工艺

6.1.1 木作装修工程的常用材料

木材是一种环保材料，其加工方便，给人以温暖，亲切和接近自然的感觉。在家居装修中被广泛采用。因此，在家居装修中，木作工程中常用的木材料按材质分类可分为：实木板和人造板两大类。目前除了部分地板和门扇会使用实木板外，通常所使用的板材都是人工加工出来的人造板。

（1）细木工板

细木工板（俗称大芯板）。是利用天然旋切单板与实木拼板，经涂胶、热压而成的板材。它是一种被广泛应用的装修材料。

① 细木工板按加工工艺可分为如下两类。

a. 手工板。用人工将木条镶入夹层之中，这种板材钉力差、缝隙大，不能锯切加工，一般只能整张应用于家居装修的部分子项目中，如做实木地板的垫层毛板等。

b. 机制板。用一定规格的木条进行排列，作为板芯，双面贴以胶合板的面板。具有规格统一、易于加工、不易变形以及可粘贴其他材料等特点，是家居装修中墙体、顶部装修和细木装修较为常用的木材制品。厚度有 15mm、18mm、20mm、22mm 等 4 种。机制板质量优于手工板，但内嵌材料的树种、加工的精细程度、面层的树种等区别仍然很大。一些较好的板材，质地密实，夹层树种持钉力强，可在各种家具、门窗扇框等细木装修时使用。另外一种是较普通的机制板，板内空洞多，黏结不牢固，质量很差，一般不宜用在细木工制作施工中使用。

② 细木工板的挑选方法

a. 优质的细木工板表面应光滑、无缺陷，如挖补、死结、漏胶等。面板厚度均匀，无重叠、离缝现象，芯板的品质紧密，特别是细木工板两端不能有干裂现象。

用手摸细木工板表面，优质的细木工板应手感干燥，平整光滑。

b. 选材时，应要求锯开一张板检查。质量较好的大芯板，其中的小木条之间，都有锯齿形的榫口相衔接，其缝隙不超过 5mm。

c. 抬起一张细木工板的一端，掂一下，优质的细木工板，应有一种整体感、厚重感。

d. 要注意板材的甲醛含量。

甲醛主要会对呼吸系统造成伤害，已被世界卫生组织确认为致癌物质。采用甲醛作为黏结剂的细木工板，甲醛会从细木工板中释放出来，危害人体健康。因此，选择时应避免选用有刺激性气味的细木工板。细木工板气味越大，说明甲醛释放量越高，污染越严重，危害性也就越大。

（2）胶合板

① 胶合板　也称夹板，行内俗称细芯板。是利用原木，沿着年轮切成大张薄片，经干燥，涂胶，由三层以上单数的多层 1mm 厚的单板按纹理交错重叠，热压而成。是目前手工制作家具最为常用的材料。夹板一般分为 3 厘板厚度为 3mm、5 厘板厚度为 5mm、9 厘板厚度为 9mm、12 厘板厚度为 12mm、15 厘板厚度为 15mm 和 18 厘板厚度为 18mm 等规格。胶合板的木材利用率高。具有材质均匀、不翘曲、不开裂和装修性好等优点。

② 胶合板的特性和用途　见表 6-1。

表 6-1　胶合板的特性和用途

种类	名称	胶类	特性与用途
阔叶树材普通胶合板	NQF(耐气耐沸水胶合板)	酚醛树脂胶和其他性能相当的胶	耐久，耐煮沸或蒸汽，耐干热，抗菌，用于室外
	NS(耐水胶合板)	脲醛树脂胶或其他性能相当的胶	耐冷水及短时间热水浸泡，抗菌，用于室外
	NS(耐潮胶合板)	血胶，带有多量填料的脲醛树脂胶或其他性能相当的胶	耐短期冷水浸泡，用于家居(一般常态)
	BNC(不耐水胶合板)	豆胶或其他性能相当的胶	有一定胶合强度，不耐水用于家居(一般常态)
松木普通胶合板	Ⅰ类胶合板	酚醛树脂胶和其他性能相当的合成树脂胶	耐水，耐热，抗真菌，室外长期使用
	Ⅱ类胶合板	脱脂酚醛树脂胶，改性脲醛树脂或其他性能相当的合成树脂胶	耐水，抗真菌，在潮湿环境下使用
	Ⅲ类胶合板	血胶和加入少量填料的脲醛树脂胶	耐湿，用于家居
	Ⅳ类胶合板	豆胶和加多量填料的脲醛树脂胶	不耐水湿，用于家居(干燥环境)

③ 胶合板的选择　选择时应注意：a. 胶合板夹板有正反两面的区别，胶合板表面应木纹清晰，正面光洁平滑，不毛糙，手感平整；b. 胶合板应无脱胶现象；c. 胶合板不应有破损、碰伤、硬伤、疤节等瑕疵；d. 尽管有些胶合板是将两个不同纹路的单板贴在一起制成的，但夹板拼缝处应严密，没有高低不平的缺陷；e. 胶合板不应散胶。用手敲胶合板各部位，声音发脆，则证明质量良好，若声音发闷，则表示夹板已出现散胶现象；f. 胶合板应颜色统一、纹理一致，木材色泽应与家具油漆颜色相协调。

（3）刨花板

刨花板是称碎料板，是将木材加工剩余物、小径木、木屑等切削成一定规格的碎片，经过干燥，拌以胶料，硬化剂、防水剂等，在一定的温度和压力下压制成的一种人造薄型板材。

刨花板的分类如下。

① 按压制方法分类　可分为挤压刨花板、平压刨花板二类。此类板材主要优点是价格极其便宜。在生产过程中可用添加剂改善板材尺寸的稳定性、具有阻燃性。通过改进板的密度和生产工艺制成的特种用途刨花板，密度均匀、表面平整光滑、尺寸稳定，耐冲击强度高、无节疤或空洞、握钉力佳、易于贴面和机械加工，成本较低。缺点是：强度差，不适宜制作较大型或者有力学要求的家具。

② 按刨花板装修处理分类　磨光刨花板、不磨光刨花板、浸渍纸饰面刨花板、PVC 饰面刨花板等。

③ 按刨花板结构分类　单层结构刨花板、三层结构刨花板、多层结构刨花板、定向刨

花板等。

(4) 密度板

密度板也称纤维板。是以木质纤维或其他植物纤维为原料，经破碎，浸泡，研磨成木浆，添加脲醛树脂或其他适用的胶黏剂和干燥处理制成的人造板材。根据纤维板的抗弯强度可分为高、中、低三种密度板。在家居装修中常用的是中、高密度的纤维板和硬质纤维板。软质纤维板主要用作家居顶棚和墙面的吸音保温材料。纤维板厚度有 9mm、12mm、15mm 三种。

(5) 防火板

防火板又称耐火板，是采用硅质材料或钙质材料为主要原料，添加一定比例的纤维材料、轻质骨料、黏合剂和化学添加剂混合后，经蒸压技术制成的装修板材。防火板是目前应用广泛的一种新型装修板材，具有防火性能。防火板的施工对于粘贴胶水的要求比较高，质量较好的防火板价格比一般的装修面板也要高。防火板的厚度一般分为 0.8mm、1mm 和 1.2mm 三种。

① 防火板的特点　图案、花色丰富多彩，具有耐湿、耐磨、耐烫、阻燃、耐撞击、防火、防菌、防霉、抗静电、耐一般酸、碱、油脂及酒精等溶剂的浸蚀。

② 防火板品种与用途　防火板的品种目前在市场中有很多。比如富丽华、耐特、雅佳等品牌。防火板主要用作家居门的装修、装修墙面的装修、橱柜、家具等的表面。

(6) 装修面板

装修面板的构造与三层胶合板的构造大致相同，是用三张薄片涂胶后按纹理交错重叠，然后进行热压。所不同的是有一层面板是用上好的木材加工制成，作为装修的贴面层。常用的面板有柚木、胡桃木、水曲柳、橡木、枫木、榉木、铁刀木、斑马木、花梨木等。

(7) 三聚氰胺板

三聚氰胺板全称是三聚氰胺浸渍胶膜纸饰面人造板。是将带有不同颜色或纹理的纸放入三聚氰胺树脂胶黏剂中浸泡，然后干燥到一定固化程度，将其铺装在刨花板、中密度纤维板或硬质纤维板表面，经热压而成的装修板。三聚氰胺板材的常见规格为 1220mm×2440mm。

6.1.2 木材的处理方法

木材干燥是木材工业应用中必不可少的一环，木材的浸渍性或渗透性又是关系到木材改性成功与否的重要前提。木材含水率在纤维饱和点 30% 以下时，木材在空气中会发生干缩与湿胀现象，特别是新鲜木材含有大量的水分，在特定的环境下水分会不断蒸发。水分的自然蒸发会导致木材出现干缩、开裂、弯曲变形、霉变等缺陷，严重影响木材制品的品质，因此木材在制成各类木制品之前必须进行强制（受控制）干燥处理。

正确的干燥处理不仅可以克服上述木材的缺陷，还可提高木材的力学强度，改善木材的加工性能。木材干燥是合理利用木材，使木材增值的重要技术措施，也是木制品生产不可缺少的重要工序。

(1) 木材常用的人工干燥方法

木材干燥分为天然干燥和人工干燥两大类。目前已很少单纯用气干法，已实现工业化的常用人工木材干燥方法包括常规干燥、高温干燥、除湿干燥、太阳能干燥、真空干燥、高频干燥，微波干燥及烟气干燥等。

① 大气干燥方法　大气干燥简称气干，是天然干燥的主要形式。它是利用自然界中大气的热力蒸发木材的水分，达到干燥的目的。气干可以分为普通气干和强制气干。强制气干

的干燥质量较好，木材不致霉烂变色，可以减少开裂，干燥时间较普通气干约可缩短1/2～2/3，但干燥成本却增加约1/3。

大气干燥的优点是技术简单，容易实施，节约能源，比较经济，可以满足气干材的要求。

大气干燥的缺点是干燥条件不易控制，干燥时间较长，占用场地较大，干燥期间木材易遭菌、虫危害，含水率只能干燥到与大气状态相平衡的气干程度。

② 人工干燥方法

a. 除湿干燥又称热泵干燥。与常规干燥的干燥介质相同，都是湿空气，二者区别在于空气的降湿方式。常规干燥空气是采用开放式循环，换气热损失比较大。除湿干燥时，湿空气经过除湿机的制冷系统，冷却脱湿——加热——再回到干燥室，进行空气的封闭式循环。湿空气脱湿时放出的热量，依靠制冷工序回收，用于加热空气，故除湿干燥的节能效果比较明显，它与蒸汽干燥相比，一般可节能率在40%以上。

b. 烟熏干燥法。在地坑内均匀布满纯锯末，点燃锯末，使其均匀缓慢燃烧，利用其热量，直接干燥木材。烟熏干燥的优点是设备简单，燃料来源方便，成本低；缺点是干燥时间稍长、干燥质量差。

c. 热风干燥法。用鼓风机将空气通过被烧热的管道吹进炉内，经过木垛从上部通过鼓风机回收，从炉底下部风道散发出来，往复循环，进行木材木材干燥。

d. 蒸汽干燥法。将蒸汽导入干燥窑，喷蒸汽增加湿度并提高炉内温度，用部分蒸汽通过暖气排管提高和保持窑温，进行木材干燥。

e. 水煮处理法。将木材放在水槽内煮沸，然后取出置干燥窑中干燥，从而加快干燥速度、减少干裂变形。

f. 红外线干燥。利用可以放射红外线的辐射热源，对木材进行热辐射，使木材吸收辐射热能进行干燥。

g. 高频和微波干燥法。高频和微波干燥都是以湿木材作为电介质，在交变电磁场的作用下促使木材中的水分子高速频繁的转动，水分子之间发生摩擦而生热，使木材从内到外同时加热干燥。这两种干燥方法的特点是干燥速度快，木材内温度场均匀，残余应力小，干燥质量较好。高频与微波干燥的区别是前者的频率低、波长较长，对木材的穿透深度较深，适于大断面的厚木材。微波干燥的频率比高频更高（又称超高频），但波长较短，其干燥效率比高频更快，但木材的穿透深度不及高频干燥。

h. 太阳能干燥法。太阳能干燥法一般是利用太阳能直接加热空气，依靠风机使空气在太阳能集热器和干燥室料堆之间循环。可分为温室（暖房）型和集热器型两种。前者将集热器与干燥室做成一体。后者则将集热器和干燥室采取分体式布置，其容量较温室型大，布置也灵活。太阳能干燥法由于受气候条件限制，常与炉气、蒸汽、热泵等联合使用。

（2）常用木材干燥技术的发展概况

常规干燥是指以常压湿空气作干燥介质以蒸汽、热水、炉气或热油作热源，间接加热空气，干燥介质温度在100℃以下。高温干燥则是指干燥介质温度在100℃以上，其干燥介质可以是常压过热蒸汽，也可以是湿空气，但以常压过热蒸汽居多。

① 应用概况　所有的木材干燥方法中常以蒸汽为热媒的常规干燥，由于具有性能稳定，工艺成熟，干燥容量大，干燥质量较好，易操作等优点，目前在世界各国的木材干燥设备中仍占主导地位。以炉气为能源的常规干燥由于其能处理木废料，又能降低干燥成本，故受到

一些干燥量不太大的工厂的欢迎。在我国南方非采暖地区的中小型木材厂中占有相当大的比例。土法建造的烟气干燥室，在环境要求不高的地区仍较盛行。以热水为热源的常规干燥，由于热水锅炉的价格比蒸汽锅炉低得多，在一些不需要高温干燥，且干燥量不大的工厂的应用已有上升趋势。

② 我国与国际先进水平的差距　我国在常规干燥设备的设计方面与国际先进水平主要的差距在于：a. 检测与控制系统的精度较低，可靠性也较差。主要是平衡含水率（相对湿度）与木材含水率的测试误差大；b. 蒸汽阀、疏水器等零配件质量较差，合格率较低。国产蒸汽阀合格率仅30%左右，导致蒸汽泄漏较严重，能耗大；c. 设备加工较为粗糙，造型也比较差；d. 干燥室热力计算较为粗放；e. 干燥窑密封性和保温性能较差，有些干燥室散热损失高达20%；f. 干燥设备市场无序竞争，以降价吸引用户导致产品质量下降。

6.1.3　木作材的连接方法

① 板材与板材的侧面连接　主要是一种为展宽板材宽度的接合方法，通常为拼板。主要有以下几种方式：平行拼接、斜扣齿拼接、斜面拼接、燕尾拼接、企口拼接、木销拼接等。

② 板件与板件成角连接　主要有榫槽嵌入接法、夹角企口接法、槽条接法、支撑垫块接法、圆棒榫接法等几种方式。

③ 角的接合　主要有对开重叠角接、对开合角接、明合角三枚纳接、暗合角三枚纳接等几种方式。

6.1.4　木作装修工程的制作安装

（1）门窗套、门扇和窗帘盒的制作安装

① 木门套制作　门套内侧龙骨尺寸30mm×60mm，外侧龙骨尺寸30mm×40mm，基板为九厘板，饰面板贴面。门套裁口用实木线条封边。

② 木门扇制作　龙骨尺寸为30mm×40mm，间距300mm，普通夹板门双面压后，两面再做饰面板贴面，用45mm×6mm白木线条收边，压门时间不得少于4天，且正反面都必须加压。遇天气潮湿必须加压一星期。

③ 玻璃拉门木制作　四边龙骨尺寸30mm×30mm，普通夹板双面压实后，在用饰面板两面贴面，用45mm×6mm的白木线条封边。玻璃压条为18mm×6mm白木线条。玻璃厚度为5mm。

④ 木窗套制作　木窗套基板用细木工板，饰面板贴面，如窗套用饰面板45°对角，基板用九厘板，四周用实木线条收边。

⑤ 门窗套线应为实木木线　门套线净断面不少于8mm，内侧不少于5mm。门套线采用双排钉固定，钉距以100mm为宜。钉眼间距应均匀有序，不可乱钉。门窗套必须与基层结合紧密，空隙处以木质品填实，不留缝隙，无松动。

⑥ 木门的安装

a. 门框安装在砖石墙上时，应以钉子固定在砌墙内的木砖或钻孔木榫上，每边固定点不得少于两处，其间距不应大于1.2m。

b. 门及门框间立缝应控制在1.5～2.5mm。

c. 门及门框间上缝应控制在1～1.5mm。

d. 门与地面间缝。外门应控制在4～5mm；居室应控制在6～8mm；卫生间、厨房间门应控制在10～12mm。

⑦ 木窗帘盒制作　顶部基板用细木工板，侧面用18mm×30mm龙骨，内侧用普通夹板，外侧饰面板贴面，底部实木线条收边。

a. 安装。用冲击钻在墙上相应位置打孔，预埋膨胀螺栓或木楔，将窗帘盒中线与窗口中线对齐，然后用螺丝钉将铁件与窗帘盒固定。安装时窗帘盒下椽应稍高出窗口上椽，注意安装的水平位置并与墙体紧贴。

b. 暗装式窗帘盒施工

暗装式窗帘盒分内藏式和外接式两种：内藏式窗帘盒是包含在吊顶内的窗帘盒，应与吊顶一起施工完成；外接式窗帘盒是在吊顶平面上，做出一条贯通墙面的挡板，吊顶角线在挡板前连通。

c. 安装窗帘轨。窗帘轨有单、双或三轨道；轨道有工型、槽型及园杆型几种；轨道安装时应保持在一条直线上并需紧固。

(2) 家具（板式家具）的制作安装

施工顺序为：定位→框、架安装→壁柜、隔板、支点安装→柜扇安装→五金安装

施工要点如下。

① 定位　抹灰前利用家居统一标高线，按设计施工图要求的壁柜、吊柜标高及上下口高度，并考虑抹灰厚度的关系，确定相应的位置。

② 框、架安装　壁柜、吊柜的框和架应在家居抹灰前进行，安装在正确位置后，两侧框每个固定件用2个钉子与墙体木砖钉固，钉帽不得外露。若隔断墙为加气混凝土或轻质隔板墙时，应按设计要求的构造固定。如设计无要求时可预钻ϕ5mm孔，深70～100mm，并事先在孔内预埋木楔粘107胶水泥浆，打入孔内粘结牢固后再安装。采用钢柜时，需在安装洞口固定框的位置预埋铁件，进行框件的焊固。在框、架固定时，应先校正、吊直、核对标高、尺寸、位置准确无误后方可进行固定。

③ 壁柜隔板支点安装　按施工图隔板标高位置及要求的支点构造安设隔板支点条（架）。木隔板的支点，一般是将支点木条钉在墙体木砖上，混凝土隔板一般是用“匚”形铁件或设置角钢支架。

④ 壁（吊）柜扇安装

a. 按扇的安装位置确定五金型号、双开扇裁口方向，一般应以开启方向的右扇为盖口扇。

b. 检查框口尺寸：框口高度应量上口两端，框口宽度，应量两侧框间上、中、下三点，并在扇的相应部位定点划线。

c. 根据划线进行框扇第一次修刨，使框、扇留缝合适，试装并划第二次修刨线，同时划出框、扇合页槽位置，注意划线时避开上下冒头。

d. 根据标划的合页位置，用扁铲凿出合页边线，即可剔合页槽。

e. 安装时应将合页先压入扇的合页槽内，找正拧好固定螺丝，试装时调整合页槽的深度等，调好框扇缝隙，框上每支合页先拧一个螺丝，然后关闭，检查框与扇平整度、无缺陷，符合要求后将全部螺丝拧紧。木螺丝应钉入全长1/3，拧入2/3，如框、扇为黄花榲或其他硬木时，合页安装螺丝应划位打眼，孔径为木螺丝的0.9倍直径，眼深为螺丝的2/3长度。

f. 安装对开扇：先将框、扇尺寸量好，确定中间对口缝、裁口深度，划线后进行刨槽，

试装合适时，先装左扇，后装盖扇。

g. 五金安装。五金的品种、规格、数量按设计要求安装，安装时注意位置的选择，无具体尺寸要求时应按技术交底进行，一般应先安装样板，经确认后再大面积安装。

(3) 木收口线施工

① 木收口线的工艺范围包括不同施工面之间的收口，不同饰面材料之间的收口，各种灯具及设备的收口，家具及装修体的收口。

② 收口工艺所用材料　除木质线条外，还可用不锈钢线条、铝合金线条、塑料线条等。

③ 操作前的准备　包括：a. 对线条进行挑选，剔除扭曲、疤裂、腐朽的部分，线条色泽须一致，厚薄均匀，金属线条无损伤、划花，尺寸形状合乎要求；b. 检查收口处基面是否牢固。

④ 技术要点　主要包括：a. 线条应尽量采用胶粘固定，必要时才用钉枪加钉，钉的位置应在凹槽或背视线的地方；b. 不锈钢和钛金板等金属线条安装时在收口部位应衬木衬条，用万能胶固定，金属线条表面的塑料薄膜保护层应在施工完毕后再撕下；c. 钛金线条截割时不能用砂轮片割机，以防受热后变色；d. 木线做圆弧形收口，若圆弧半径较小时可在木线内侧锯出一排细槽，槽深约为木线的 2/5，试装合格后，再加胶钉固，最后修饰，使其平、顺、滑。

⑤ 不同位置收口工艺

a. 吊顶墙面及柱面收口。阴角收口可分为实心角线收口、斜角线收口、八字式收口和阶梯式收口；阳角收口分平面、立侧面和包角收口三种。

b. 木家具收口工艺：凡直观的口边都要封住，抽屉要封上边沿及两侧，门板封四边；封边材料：木条、塑料条（带）、金属条、薄木片；收口工艺，主要有实木封口条多用钉胶固定、塑料封口条常用嵌槽加胶固定、金属封口条用螺丝加胶固定、薄木片用万能胶固定。

c. 过渡收口（指平面为两种不同材料对接处的接驳收口）。可用木线条或金属线条收口，木线用钉胶固定，金属线须先做木衬条，然后将金属线粘卡在木衬条上。

(4) 木门窗工程的质量要求和施工要点

① 一般规定

a. 门窗安装前应按照下列要求进行检查：门窗的品种、规格、开启方向、平整度等应符合国家现行规定，配件应齐全；门窗洞口应符合设计要求。

b. 门窗的固定方法应符合设计要求。在安装过程中，应防止变形与损坏。

c. 门窗、玻璃、密封胶等应按设计要求选用，并应有产品合格证书等相关检测报告及证书。

d. 推拉门窗、扇必须有防脱落措施，扇与框的搭接量应符合设计要求。

② 主要材料质量要求

a. 门窗的外观、尺寸、装配质量、力学性能应符合国家现行的有关规定。门窗表面不应有划痕和缺损。

b. 门窗采用的木材，其含水率应符合国家现行标准的有关规定。

c. 在门窗的结合处和安装五金配件处，均不得有木节或已填补的木节。

③ 施工要点

a. 门窗框与砖石砌体、混凝土或抹灰层接触部位以及固定用木砖等均匀进行防腐处理。

b. 门窗框安装前应校正方正，加钉必要拉条避免变形。安装门窗框时，每边固定点不得少于两处，其间距不得大于 600mm。

c. 门窗框镶贴脸时，门窗框（筒子板）凸出墙面，厚度应等于抹灰层或装修层的厚度。

d. 门窗五金件的安装应符合下列规定：

合页距门窗扇上下端应为立挺高度 1/10，并应避开上下冒头；五金配件安装必须用配套的螺钉固定；门锁不宜安装在冒头与立挺的结合处；窗拉手距离地面宜为 1500mm 左右，门拉手距地面应为 900～1050mm。

e. 窗玻璃的安装应符合下列规定：玻璃安装前应检查框内尺寸，将裁口内的污垢清除干净；安装长边大于 1500mm 或短边大于 1000mm 的玻璃，应用橡胶垫并用压条和螺钉固定；安装木框、扇玻璃，可用钉子固定，钉距不得大于 300mm，且每边不得少于两个。用木线条压边固定时，应先刷底漆后安装，并不得将玻璃压得过紧；使用密封胶时，接缝处的表面应清洁、干净。

④ 木门窗制作和安装质量标准

a. 木门窗制作的允许偏差和检验方法应符合表 6-2 规定。

表 6-2　木门窗制作的允许偏差和检验方法

项次	项　目	构件名称	允许偏差/mm		检验方法
			普通	高级	
1	翘曲	框	3	2	将框、扇平放在检查平台上，用塞尺检查
		扇	2	2	
2	对角线长度差	框、扇	3	2	用钢尺检查，框量裁口里角，扇量外角
3	表面平整度	扇	2	2	用 1m 靠尺和塞尺检查
4	高度、宽度	框	0;－2	0;－1	用钢尺检查，框量裁口里角，扇
		扇	＋2;0	＋1;0	量外角
5	裁口、线条结合处高低差	框、扇	1	0.5	用钢直尺和塞尺检查
6	相邻棂子两端间距	扇	2	1	用钢直尺检查

b. 木门窗安装的留缝限值、允许偏差和检验方法应符合表 6-3 规定。

表 6-3　木门窗安装的留缝限值、允许偏差和检验方法

项次	项　目		留缝限值/mm		允许偏差/mm		检验方法
			普通	高级	普通	高级	
1	门窗槽口对角线长度差				3	2	用钢尺检查
2	门窗框的正、侧面垂直度				2	1	用 1m 垂直检测尺检查
3	框与扇、扇与扇接缝高低差				2	1	用钢直尺和塞尺检查
4	门窗扇对口缝		1～2.5	1.5～2			
5	工业厂房双扇大门对口缝		2～5				
6	门窗扇与上框间留缝		1～2	1～1.5			用塞尺检查
7	门窗扇与侧框间留缝		1～2.5	1～15			
8	窗扇与下框间留缝		2～3	2～2.5			
9	门扇与下框间留缝		3～5	3～4			
10	双层门窗内外框间距				4	3	用钢尺检查
11	无下框时门扇与地面间留缝	外门	4～7	5～6			用塞尺检查
		内门	5～8	6～7			
		卫生间门	8～12	8～10			
		厂房大门	10～20				

（5）木柱体的施工

① 弹线

a. 量度方柱的尺寸，找到最长的边线。

b. 以最长边线为边长，画出基准正方形及其中线。

c. 按设计图纸在基准方形中线的基础上画出柱的施工线。

d. 地面柱线与顶面柱线要用吊垂直线来统一，以保证柱身的垂直度。

② 骨架施工　骨架分木质和钢质两种。木骨架用于木质夹板饰面、玻璃饰面、不锈钢饰面、钛金饰面、胶板饰面等；铁骨架用于铝合金板饰面、石材饰面。其施工顺序及要点如下。

a. 竖向龙骨固定。先从顶基准线向底面相应点拉垂直线，按垂直线竖起龙骨，经校正后用膨胀螺栓或射钉将之固定。

b. 横向龙骨制作。木质横向龙骨一般用 15mm 夹板或 19mm 中纤板制造。圆柱横向龙骨应先用薄夹板或厚纸板做一个圆弧型模板，其外弧为柱外围弧，内弧为以外弧半径减龙骨宽度为半径的圆弧，然后用模板在夹板上画出龙骨的位置，用电动线锯切割。

c. 横竖龙骨的连接。先布好垂线和水平线以调整各龙骨的垂直度和水平度。木龙骨一般用槽接法，加胶钉固定，间距为 300mm。铁骨架用焊接法。在施工过程中，要不断对框架进行测检，以保证柱的垂直度和方圆度，发现偏差应及时纠正。

d. 柱体与建筑柱体的连接。通常在建筑柱体上安装支撑件，与装修柱体相连接固定，支撑件可用木枋或角钢。

（6）木护墙板、墙裙、踢脚板的施工

① 木护墙板施工

a. 施工前的准备。检查墙体情况因墙体结构不同，固定木护墙板的工艺结构也不同，可预埋木桩、可打木楔、可直接钉固等。在潮湿的地方，如洗手间墙身、水池区墙身、外墙身等需做防潮处理，如涂沥青，装铺防潮毡、油纸等。应先完成吊顶龙骨吊装工作及入墙电器线管敷设工作。材料机具进场。

b. 施工顺序。

ⓐ 弹线。按设计要求弹出标高线及木护墙板造型线。

ⓑ 制作木骨架。在地面拼装骨架，拼装应先大片后小片，大片不可大于 $10m^2$ 。

ⓒ 固定木龙骨。将骨架立起靠在墙上，用垂直线法检查平整度，然后将木骨架与墙身的缝隙用木片或木块垫实，再用圆钉将木骨架与木块或木楔做几点初步固定，然后再拉线，并用水平尺校正木龙骨的水平度；经调整后将木龙骨钉牢固，注意两个墙面阴阳角处需加钉竖向木龙骨。

ⓓ 安装木饰面板。

板面要严格挑选，分出不同色泽、木纹形状，将近似的用在同一空间内。在木龙骨面上刷一层乳胶，然后将其固定在木龙骨上钉牢，要求布钉均匀，钉头凹入板面 0.5～1mm，钉距以 100～150mm 为宜。用夹板拼图案时对板面花纹、颜色要认真排选，并经过试装确认才正式装贴，要求各边顺直，缝角清晰均匀。

② 木墙裙施工与木护墙板施工相同。

③ 踢脚板的施工

a. 踢脚板的特点。脚板不仅能起到固定地面装修材料、掩盖地面装修材料的伸缩缝和施工中的加工痕迹、提高地面装修的整体感、保护墙角易受损伤的部位、保证墙体材料正常使用的作用。而且在从装修效果上，踢脚板是从地面过渡到墙面的关键部位，能够起到色彩过渡和衔接的作用，在造型上使门、框套及整个墙面连为一体。因此，踢脚板是装修过程中重要的功能性装修。

b. 踢脚板的分类和选择。踢脚板的种类很多，随着地面及墙体装修材料品种的增加，踢脚板的种类还会增加。目前家居装修常用的是以木质、石材、陶瓷、复合材料及塑料为原料加工制作的型材。踢脚板也可在施工现场按要求制作。

踢脚板的选材，应该考虑地面材料或墙面装修材料的材质和构造，一般应与地面材料的材质近似，墙面做墙裙或暖气罩时，应与墙面材料一致。

踢脚板的颜色应该区别于地面和墙面，是地面与墙面的中间色，并根据房间的大小确定。房间面积小时踢脚板应靠近地面颜色，房间较大时应靠近墙壁的颜色。踢脚板的线型不宜复杂，并应同整体装修风格相一致。木质踢脚板由于适应面广，可加工性强，施工方便，是踢脚板的常用材料。

c. 踢脚板的质量鉴定。木质踢脚板在市场购买时，应首先目测其外观质量，标准同胶合板及木制品，外观不得有死节、髓心、腐斑等缺陷。线型应清晰、流畅，加工深度应一致。表面光滑平整、无毛刺等。木材含水率应低于12%，无扭曲变形。

d. 踢脚板的安装。木踢脚板包括实木、中密度板、九厘板制作的踢脚板，适用于在实木地板、复合木地板、地毯、塑料地板、陶瓷地砖、石材地面铺装后使用。木踢脚板的施工顺序弹线：弹出踢脚板上沿线，并拉线校正踢脚板的水平度。将踢脚板按弹好墨线，附于墙面，用汽钉枪射钉固定，若用PVC板，需先用电钻钻出ϕ3mm孔，然后再钉。若用胶粘，要将粘贴的两个侧面清擦干净再涂胶粘贴。修正：用直尺检查踢脚板平整度，并做相应调整，凹进部分在板后加薄木片垫平，再钉实；打腻子、涂刷涂料。

e. 木踢脚板的维护和修补。踢脚板处在家居墙面最易受污染的位置，在清理地面时，就应同时清理踢脚板，清理方法同地面材料，清理时注意不要污染墙面。踢脚板破损后，应及时进行更换，石材及陶瓷踢脚板为块形，可以进行局部更换。先把破损的踢脚板剔除，清理基层后按新砖粘贴方法安装。

木踢脚板既可整根更换，也可从破损处锯开进行局部更换。可将整条踢脚板取下，或将破损处开45°斜口锯下，新板锯45°斜口拼接，再将更换后的新板安装上。

6.2 吊顶工程的主要材料及施工工艺

6.2.1 吊顶工程的主要材料

在家居装修中，为了取得装修效果和烘托气氛，或为了掩饰原顶棚各种缺点而要求在家居做吊顶。如卫生间为了防止蒸汽侵袭顶棚，压低空间，有利于保温，隐蔽给排水管线等。吊顶材料主要分为吊顶龙骨和装修面板两部分。常用的吊顶龙骨有：木龙骨、轻钢龙骨、铝合金龙骨。用作吊顶的装修面材料有：纸面石膏板、矿棉装修吸音板、装修石膏板、PVC扣板、铝合金扣板、彩钢板等。

(1) 龙骨

① 木龙骨　木龙骨是家居装修吊顶中常用到的一种龙骨材料。一般选用松木、杉木等软质材料制成。其断面尺寸一般为30mm×40mm、40mm×60mm两种。

② 轻钢龙骨　轻钢龙骨是以冷轧钢板为原料，采用冷弯工艺制作而成的薄壁型钢。轻

钢龙骨通常采用镀锌方法防腐，镀锌方法按照工艺不同分为电镀和热镀两种。

轻钢龙骨分类。分类方法主要有：轻钢龙骨按用途可分为吊顶龙骨和隔断龙骨；轻钢龙骨按形状可分为U形龙骨、L形龙骨和T形龙骨；轻钢龙骨按承载能力可分为上人龙骨和不上人龙骨；轻钢龙骨按使用部位的不同可分为承载龙骨（主龙骨）、复面龙骨（次龙骨）、收边线（收边龙骨）。

③ 铝合金龙骨　铝合金龙骨是以铝板轧制而成。专用于拼装式吊顶的龙骨。它分为主龙骨、次龙骨、收边龙骨等，以及与之配套的中挂件、连接件等配件。

（2）装修面板

① 纸面石膏板　纸面石膏板是采用建筑石膏为主要原料掺加添拌剂作为芯板，外贴经防火或防水处理的护面纸加工而成的饰面板材。常用做整体式吊顶的复面材料和木隔墙的复面材料。

纸面石膏板的质量标准。纸面石膏板的外观应完整，不允许有波纹、沟槽、污痕、划伤等缺陷。纸面石膏板的尺寸允许误差：长度和宽度方向均为－0.5mm，厚度为±0.5mm，纸面石膏板的技术性能指标见表6-4。

表6-4　纸面石膏板的技术性能指标

项目		板厚/(mm)	优等品	一等品	合格品
板厚9mm纸面石青板		9	9.5	10.0	10.5
板厚12mm纸面石青板		12	12.5	13.0	13.5
板厚15mm纸面石青板		15	15.1	16.0	16.5
板厚18mm纸面石青板		18	18.5	19.0	19.5
含水率/%			≤2	≤2.5	≤3.5
吸水率/%			≤6	≤9.0	≤11
断裂/%	纵向	9	40	36.0	36
		12	55	49.0	49
		15	70	63.7	63.7
		18	85	78.4	78.4
荷载/kg	横向	≥9	≥17	≥14.0	≥14
		≥12	≥21	≥18.0	≥18
		≥15	≥26	≥22.0	≥22
		≥18	≥30	≥26.0	≥26

② 装修石膏板　装修石膏板（硅酸钙板）是以石膏为主要原料，加入水泥、玻璃纤维等增强意义性材料，经用水拌和、装模成型、自然干燥后再在其表面喷涂乳胶漆制成的块状石膏板。装修石膏板具有质轻、隔声、防火、表面图案丰富、装修效果好、易二次加工、施工方便等特点。

a. 装修石膏板的规格。常见装修石膏板的形状多为正方形，规格主要有500mm×500mm×9mm、600mm×600mm×11mm。

b. 装修石膏板的质量要求。装修石膏板的尺寸允许误差见表6-5，装修石膏板的技术性能指标见表6-6。

表 6-5 装修石膏板的尺寸允许误差

项　目	指　标		
	优等品	一等品	合格品
边长/mm	−2	1 −2	1 −2
厚度/mm	±0.5	±1.0	±1.0
平整度/mm	1	2	3
方正度/mm	1	2	3

表 6-6 装修石膏板的技术性能指标

项目	厚度	优等品	一等品	合格品
单位面积/(kg/m²)	9	9	11	13
	11	11	13	15
含水率/%		≤2.5	≤3	≤3.5
受潮湿度/mm		7	12	17
断裂荷栽/N		168	150	132

③ PVC 塑料扣板　PVC 塑料扣板是以聚氯乙烯为主要原料，采用挤压工艺制成的条状塑料板材。它的断面形式有单层和中空两种，表面可以做成各种图案和颜色。PVC 塑料扣板的表面装修性强，阻燃、耐老化，防水性能好，刚度可满足需要，施工及维修方便，在家居装修中常用于厨房、卫生间等较为潮湿场所的吊顶装修。

④ 铝合金扣板　铝合金扣板是用铝合金平板经轧制和表面处理而制成的一种拼装式吊顶面材。它具有质轻、耐腐蚀、施工简单、装修性强等特点。铝合金吊顶表面处理常见的有阳极氧化、电泳、喷涂、喷塑等多种方法。

⑤ 彩钢板吊顶　铝合金扣板是用镀锌板轧制和表面装修制成的块状拼装式吊顶复面材料

⑥ 矿棉装修吸声板　矿棉装修吸声板是以矿棉为主要原料掺加胶黏剂、防潮剂等经过挤压成型、烘干、复面喷涂制成的一种块状拼装式吊顶饰面材料。

6.2.2 吊顶施工工艺要求

(1) 吊顶工程施工流程

a. 应弹出标高线、造型位置线、吊挂点布局线和灯具安装位置线。

b. 对龙骨进行阻燃防火、防虫、防潮等处理、吊筋、安装骨架。

c. 安装罩面板。

(2) 木龙骨的施工

① 木龙骨的材料和质量要求

a. 材料。应保证没有劈裂、腐蚀、虫蛀、死节等质量缺陷。规格为截面长 30～40mm，宽 40～50mm，含水率低于 10%。

b. 安装。采用藻井式吊顶，如果高差大于 300mm 时，应采用梯层分级处理。龙骨结构必须坚固，大龙骨间距不得大于 500mm。龙骨固定必须牢固，龙骨骨架与顶棚结构基层、墙面都必须有可靠的固定。

c. 施工要求。吊顶的标高水平偏差不得大于5mm。木龙骨底面应刨光刮平，截面厚度一致，并应进行阻燃处理。

② 木龙骨的施工顺序和要点

a. 确定标高。先找出房间的水平位置，画在墙上，再根据设计要求找出吊顶的高度，最后根据吊顶的高度与水平再找出吊顶的标高线。

b. 确定造型位置。家居空间造型位置的确定应根据各空间的设计要求确定。规整的空间可以直接根据墙面找平行于墙面的直线，对于不是很规整的墙面要从与造型平行的墙面开始确定距离，画出造型线。如果连墙面都不规整，就要采用找点的方法。找点法是先根据施工图上的造型边缘确定与墙面的距离，量出各墙面距造型边线的各点距离，各点的连线形成吊顶造型线。

c. 吊顶上的灯具必须用吊点来吊挂。有上人要求的吊顶应加密加固吊点。

d. 吊顶龙骨的安装。先找出木龙骨吊顶的吊点用紧固件固定。紧固件的安装的方法：第一种是采用金属胀铆螺栓将钢角固定于顶棚基层上，再与吊杆连接。另外一种方法是用射钉将木龙骨钉在顶棚基层上，再用吊杆与木龙骨连接.

e. 木龙骨的制作。木龙骨开榫，用铁钉固定，每个结合处用两根铁钉固定，做成300mm×300mm或400mm×400mm框架，进行安装（禁止使用钢排钉、射钉固定骨架）。

f. 木龙骨的固定。吊顶高度大于3m时，可用铁丝在吊顶上临时固定，用棉线或尼龙绳先沿吊顶标高线拉出平行和交叉的几条标高线，并以该线作为吊顶的平面基准。然后将龙骨，调高低、顺直，将木龙骨架靠墙部分与沿墙木龙骨钉接固定，再用吊杆与吊顶钉接。木龙骨与吊顶固定的方法很多，常用木方、扁钢或角钢固定（角钢一般用在可上人吊顶）。验收后封石膏板，使用自攻丝固定，自攻丝间距20cm，边缘部分要打密一些。

g. 叠级式天花吊顶的吊装应先从最高处开始。当两分片木龙骨架在同一平面时，骨架的各端头应对正，并用短木进行加固。加固的方法有两种，一种是顶面加固，另一种是侧面加固。叠级式天花吊顶高低面的交接可先用一条木方斜放将上下两平面木龙骨定位，再将上下平面的龙骨用垂直的木方条固定连接成整体。

h. 在安装龙骨架时应根据图纸要求，预留出安装灯具、空调风口、检修口等的位置，并在预留处的龙骨上用木方加固或收边。

i. 吊顶龙骨与暗装窗帘盒的固定：一种是吊顶与木方钉薄板窗帘盒衔接；另一种是吊顶与厚夹板窗帘盒衔接。

j. 暗装灯盘与木吊顶的固定：一种是灯盘与木吊顶固定连接；另一种是直接吊在顶棚基层底面而不与木吊顶连接。

（3）轻钢龙骨的安装

① 测量放线定位　在结构基层上，按设计要求找好位置弹线，确定龙骨及吊点位置，其水平允许偏差±5mm。

② 吊件加工与固定如图6-1所示。

③ 龙骨与结构连接固定的方法　在吊点位置钉入带孔射钉，然后用镀锌铁丝连接固定；在吊点位置预埋膨胀螺栓，然后用吊杆连接固定；在吊点位置预留吊钩或埋件，将吊杆直接与预留吊钩固定或与预埋件焊接连接，再用吊杆连接固定龙骨。

④ 龙骨的安装与调平

a. 龙骨的安装顺序，应先安装主龙骨后安次龙骨，但也可主、次龙骨一次安装。

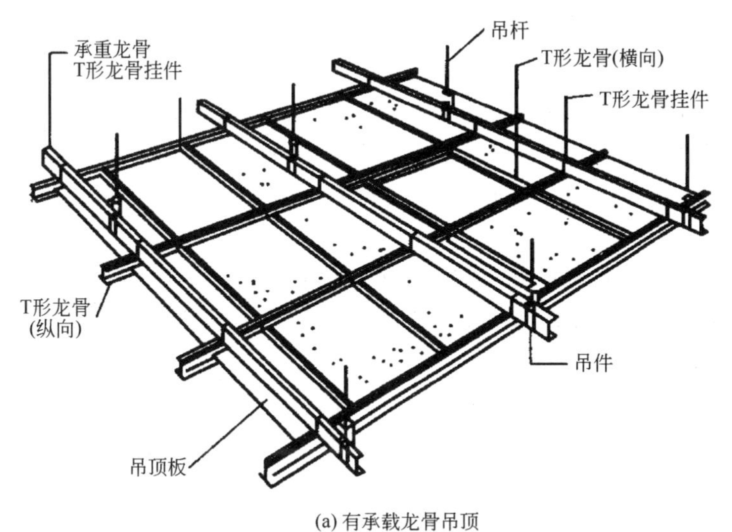

(a) 有承载龙骨吊顶

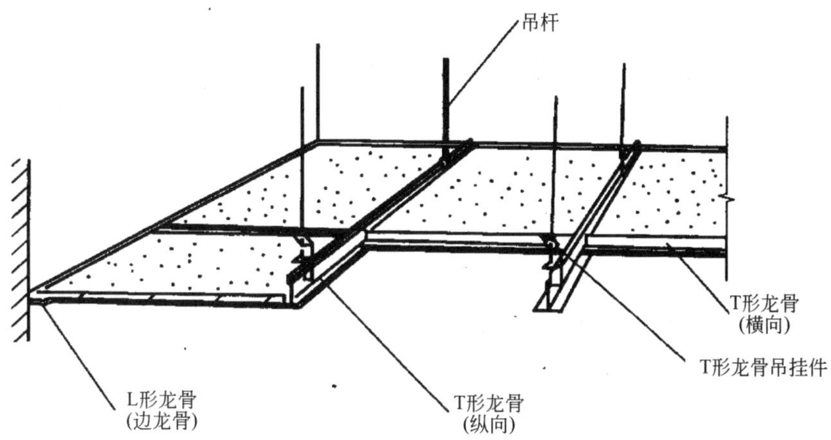

(b) 无承载龙骨吊顶

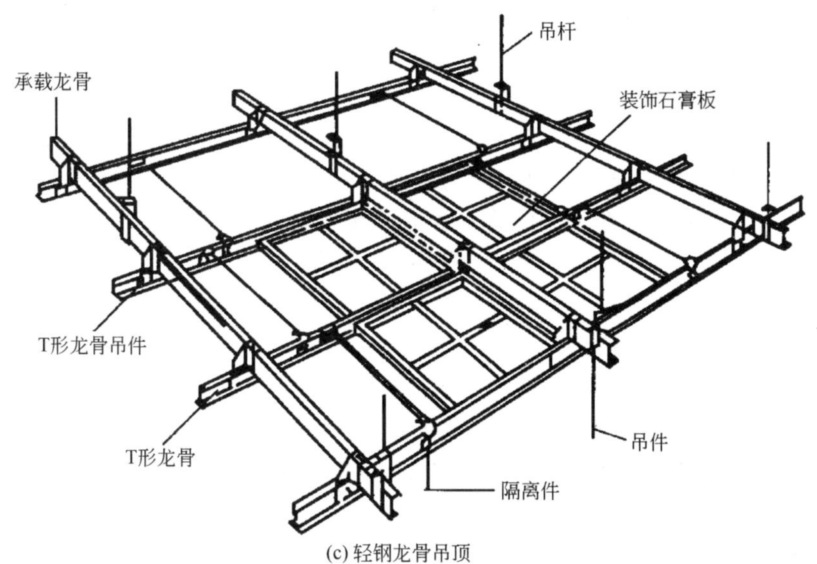

(c) 轻钢龙骨吊顶

图 6-1　轻钢龙骨吊顶安装

b. 上人的吊顶的悬挂，既要挂住龙骨，同时也要阻止龙骨摆动，所以还要用一吊环将龙骨箍住。

c. 先将大龙骨与吊杆（或镀锌铁丝）连接固定，与吊杆固定时，应用双螺母在螺杆穿部位上下固定。调整方法是用 6cm×6cm 方木按主龙骨间距钉圆钉，使其按规定间隔定位，临时将其固定。方木两端要顶到墙上或梁边，再按十字和对角拉线，拧动吊杆螺栓，升降调平。

d. 次龙骨的位置，应按装修板材的尺寸在主龙骨底部弹线，用挂件固定，并使其严密，不得松动。为防止主龙骨向一边倾斜，吊挂件安装方向应交错进行。

（4）铝合金龙骨的安装

① 测量放线定位　按位置弹出标高线，沿标高线固定角铝（边龙骨），角铝的底部与标高线平。角铝的固定方法是用水泥钉直接将其钉在墙、柱面上，固定位置间隔为 400～600mm。

② 吊件的固定　铝合金龙骨可使用膨胀螺栓或射钉固定角钢块，通过角钢上的孔，将吊挂龙骨的镀锌铁丝绑牢在吊件上。

③ 龙骨的安装与调平　安装时先将主龙骨按高于标高线的位置临时固定，然后在主龙骨之间安装次龙骨和横撑龙骨。再用刨光的木方或铝合金条按龙骨间隔尺寸做出量规，为龙骨分格定位。

（5）吊顶面板的安装工艺

① 石膏板安装　石膏板一般规格为 9mm 厚，须在无应力状态下进行固定。a. 石膏板的安装（包括各种石膏平板、穿孔石膏平板、穿孔石膏板以半穿孔吸声石膏板等）。钉固法安装，螺钉与板边距离应不小于 15mm，螺钉间距以 150～170mm 为宜，均匀布置，并与板面垂直。钉头嵌入石膏板深度以 0.5～1mm 为宜，钉帽应涂刷防锈涂料，并用石膏腻子抹平。b. 粘结法安装，胶黏剂应涂抹均匀，不得漏涂，粘实粘牢。

② 深浮雕嵌装式装修石膏板的安装。板材与龙骨应系列配套；板材安装应确保企口的相互咬接及图案花纹的吻合；板与龙骨嵌装时，应防止相互挤压过紧或脱挂。

③ 纸面石膏板的安装。板材应在自由状态下进行固定，防止出现弯棱、凸鼓现象。纸面石膏板的长边（即包封边）应沿纵向次龙骨铺设。自攻螺钉与纸面石膏板边距离。应距面纸包封的板边以 10～15mm，距切割的板边以 15～20mm。固定石膏。板的次龙骨间距不应大于 600mm。在南方潮湿地区，间距应适当减小，以 300mm 为宜。钉距以 150～170mm 为宜，螺钉应与板面垂直。不可用弯曲、变形的螺钉，在相隔 50mm 的部位另安螺钉。安装双层石膏板时，面层板与基层板的接缝应错开，接缝不在同一条龙骨上。石膏板的接缝，应按设计要求进行板缝处理。纸面石膏板与龙骨固定，应从板的中间向板的四边推进，不得同时作业。螺钉头应略埋入板面，并不使纸面破损。钉眼应做除锈处理并用石膏腻子抹平。配制石膏腻子，必须用清洁水在清洁容器里拌和。

④ PVC 面材的安装。固定时，钉距不能大于 200mm，扣板应做到无色差，无变形，无污迹，安装时应做到拼接整齐、平直。墙角应用塑料钉角线扣实，对缝严密，与墙四周连接严密，缝隙均匀。

（6）质量标准

① 吊顶木龙骨的安装，应符合现行《木结构工程施工及验收规范》。

② 吊顶饰面板工程质量允许偏差见表 6-7。

表 6-7 吊顶饰面板工程质量允许偏差

项次	项目	允许偏差/mm											检查方法
		石膏板			无机纤维板		木质板		塑料板		纤维水泥加压板	金属装修板	
		石膏装修板	深浮雕式嵌式装修石膏板	纸面石膏板	矿棉装修吸音板	超细玻璃棉板	胶合板	纤维板	钙塑装修板	聚氯乙烯塑料板			
1	表面平整	3	3	3	2		2	3	3	2		2	用 2m 靠尺和楔形塞尺检查观感、平感
2	接缝平直	3	3	3	3		3		4	3		＜1.5	拉 5m 线检查，不足 5m 拉通线检查
3	压条平直	3	3	3	3		3		3		3	3	
4	接缝高低	1	1	1	1		0.5		1		1	1	用直尺和楔形塞尺检查
5	压条间距	2	2	2	2		2		2		2	2	用尺检查

6.3 隔断

隔断是用来分隔房间和建筑物内部空间的。应力求自身重量轻，厚度薄。以增加建筑的使用面积；并根据具体环境要求具有隔声、耐水、耐火等。考虑到房间的分隔随着使用要求的变化而变更，因此隔墙应尽量便于拆装。隔断工程种类很多，有家具隔断、立板隔断、软装修隔断和内墙隔断。主要为 75 型轻钢龙骨石膏板割断、木龙骨夹板割断、铝合金和不锈钢玻璃割断、金属板割断及一些砌筑隔墙（黏土砖隔墙、玻璃砖隔墙）等。

（1）轻钢龙骨石膏板隔墙（图 6-2）

① 施工流程 在地面上弹隔墙控制线→技术复核→安装沿地、沿顶的固定龙骨→安装竖向加强龙骨（横贯龙骨）→封石膏板→隐蔽验收→填塞岩棉→安墙的另一面石膏板→钉眼防锈处理→接缝处理→产品保护

② 轻钢龙骨安装

a. 材料的品种、规格和质量必须符合建设、设计单位要求和施工质量要求。

b. 施工前必须根据设计要求，标出墙体，门洞位置，门档与地坪应有可靠连

c. 检查与墙体有关的所有管线位置，确定方可后才能施工。

d. 安装沿地、沿顶龙骨前，应在周边安放 5mm 厚橡胶垫，宽度同龙骨。

e. 沿地、沿顶龙骨用射钉固定，间距≤600mm。

f. 主龙骨根据面板的宽度，以不大于 5mm 的间距将面板上下两端固定在龙骨上。靠墙或靠柱子的竖向主龙骨用射钉固定在结构基层上，钉距不大于 900mm。

g. 竖向龙骨间距 400mm，从墙的一端开始排列，当最后一根大于设计间距时应增设一根，在门洞上及两侧相应增设一道加强龙骨。

h. 轻钢龙骨隔墙的施工，必须以地面上所划的隔墙中心线用线锤引至顶棚，确定隔墙上部的中心线与地面中心线吻合，并保持在同一垂直中心线，以确安装墙面垂直平整。隔墙面层封闭等必须检查地面线及门窗预留洞口与设计无误后，方可进行。在封第二块侧板时应

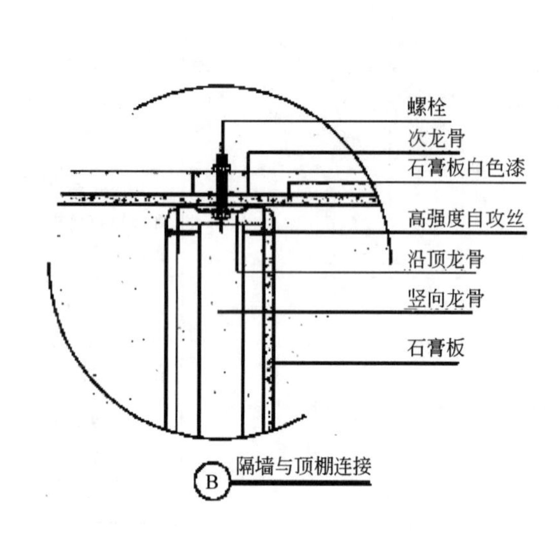

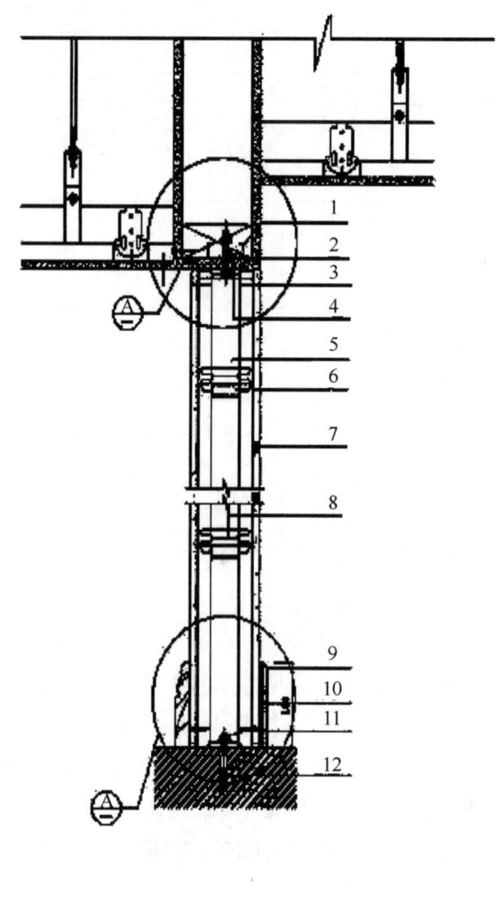

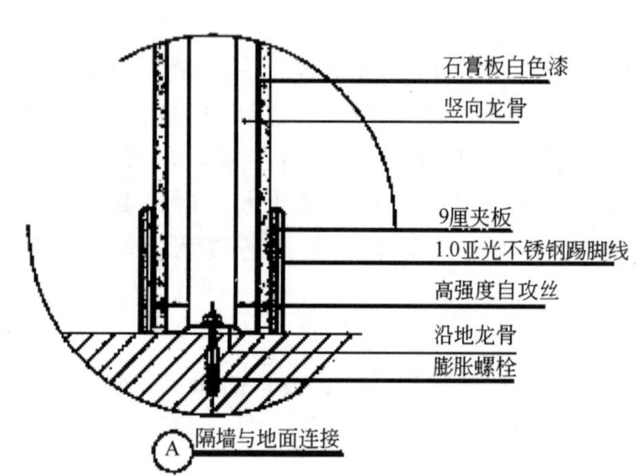

图 6-2 轻钢龙骨石膏板隔墙

1—次龙骨；2—石膏板；3—高强度自攻螺丝；4—沿顶龙骨；5—竖向龙骨；6—加强龙骨；7—20mm×10mm 铝条；8—支撑卡；9—踢脚线；10—9 厘板；11—沿地龙骨；12—膨胀螺栓

待安装管线就位后方可施工。

③ 石膏板安装

a. 横向接缝处如不在沿边龙骨上，应加横龙骨固定面板。

b. 隔墙中设置配电箱、插座，穿墙管等装置时，应对其周围缝隙进行密封处理。

c. 门口两侧的上部面部不得通缝而采取 L 形板使之错缝安装。

d. 隔墙的暗缝处理应在接缝处留 5mm 缝隙，并嵌缝，外粘贴玻璃纤维带或穿孔纸带等，并用配套接缝腻子找平。

e. 用自攻螺钉固定面板时离边缘的距离不得小于 15mm，沿面板周边螺钉间距不应大于 200mm，中间部分螺钉间距不应大于 300mm，钉子应略埋入板内，但不得损坏板面，在用防锈漆涂刷后应用腻子抹平。

f. 龙骨一侧的内外两层面板应错缝排列，接缝不得排在同一根龙骨上。

g. 有隔声要求的隔墙板间应留有 5mm 缝隙，并用腻子嵌填密实后，在按暗缝处理顺序操作，四周也应留有 5mm 缝隙，并用密封膏嵌实。

h. 隔墙龙骨与基体结构的连接牢固，无松动现象。

i. 粘贴和用钉子、螺钉固定面板，表面应平整，粘贴的面板不得脱层，钉子应略凹入板面。

j. 成板表面不得污染、折裂、缺棱、掉角、碰伤等缺陷。

(2) 木质隔断

a. 施工顺序。先按图纸尺寸在墙上标明垂线，并在地面及顶棚上标明隔墙的位置线；用凹枋（成品）作为墙筋，用膨胀螺栓或水泥钢钉等将其加以固定；用线垂检查垂直度，用水平尺检查平整度；在墙筋与胶合板接合处涂抹乳胶漆；用气钉枪将夹板固定在墙筋上；批刮腻子、打磨；做饰面处理。

b. 施工要点。不得使用未经防水处理的胶合板；当木质隔断设置木踢脚板时，胶合板应铺至离地面 150～200mm；如用大理石、水磨石等作为踢脚板，胶合板应与踢脚板上口齐平，接缝严密；铺钉胶合板前应先把经墙体隔断内的管道安装完毕；在阳角处应加装硬木护角线。

c. 胶合板和纤维板面材安装。安装胶合板的基层表面，用油毡、油纸防潮时，应铺设平整，搭接严密，不得有皱折、裂缝和透孔等；胶合板如用钉子固定，钉距为 80～150mm，钉帽应打扁并进入板面 0.5～1mm，钉眼用油性腻子抹平；胶合板面如涂刷清漆时，相邻板面的木纹和颜色应近似；如用纤维板替代胶合板，纤维板用钉子固定时，钉距为 80～120mm，钉长为 20～30mm，钉帽宜进入板面 0.5mm，钉眼用油性腻子抹平。硬质纤维板应用水浸透，自然阴干后安装；木质隔断用胶合板、纤维板装修，在阳角处应做护角；胶合板、纤维板用木压条固定时，钉距不应大于 200mm，钉帽应打扁，并进入木压条 0.5～1mm，钉眼用油性腻子抹平。

(3) 泰柏板隔墙

a. 泰柏板的特点。泰柏板是由钢丝笼和阻燃泡沫塑料芯组成的，优点是自重轻、强度高、耐火和抗潮湿，抗冰冻、防震、隔声性能好、易于剪裁和拼接，适合装配化施工，而且可以预先设置导管、开关盒、门框、窗框等。泰柏板的构造见图 6-3。

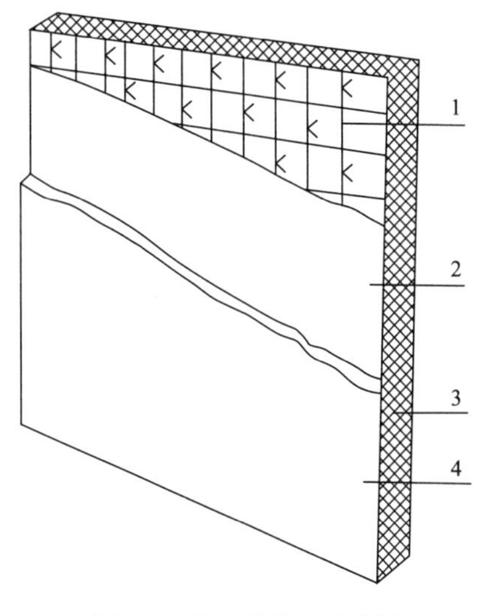

图 6-3　泰柏板构造示意图

1—14 号镀锌钢丝制成的网架；2—水泥砂浆层；3—厚 57mm 聚苯乙烯泡沫塑料；4—饰面层

b. 泰柏板的规格。泰柏板出厂规格（mm）：短板：2140mm × 1220mm × 76mm；标准板：2440mm × 1220mm×76mm；长板：2740mm×1220mm×76mm。

c. 施工要点。泰柏板与其他墙体、楼面、顶棚、门窗框的连接必须紧密牢固；泰柏板之间所有拼接缝必须用平结网或之字网条复盖补强。泰柏板与外墙、楼板及顶棚的连接拼缝必须用小于 306mm 宽的方格网复盖补强；泰柏板隔墙的阳角必须用不少于 306mm 宽的角网补强；为了便于安装踢脚线，应在泰柏板隔墙下部先砌 3～5 砖厚的墙基；板面抹灰：

首先应对泰柏板的安装进行全面的检查认可。

水泥砂浆要求：水泥应采用425号以上普通硅酸盐水泥；砂应为淡水中砂，配比为1∶3，如用于外墙及有防水要求的房间应加入适量的防水剂。

泰柏板墙的抹灰分两层进行，第一层厚度约10mm，第二层厚度约8～12mm。

泰柏板墙的抹灰操作程序：

第一面第一层抹灰→湿养护48h后抹另一面第一层→湿养护48h后方可各抹第二层。

抹灰完成后3d内，严禁任何撞击。

泰柏板隔墙与其他墙体或柱的接缝，抹灰时应设置补强钢板网，以免出现收缩裂缝。

6.4 木地板

6.4.1 木地板的种类

木地板是近几年装修中最常见的一种地面装修材料。其施工速度快，但缺点是对工艺要求比较高，如果施工水平较差，往往造成一系列如起拱、变形等问题。

(1) 实木地板

实木地板，脚感比较舒服，稳定性好，特别适合于卧室使用。实木地板的铺贴按接边处理方式主要分为平口、企口、双企口三种。平口做法已被淘汰。双企口做法由于技术不成熟尚，较难推广。目前多数铺设的木地板都采用单企做法，一般所说的企口地板也是指单企口地板。

实木地板依漆面的处理，可分为漆板和素板两种。漆板是指在出厂前已经上好面漆的，而素板则指尚未上漆的。漆板施工工期短、但表面平整度不如素板，会有稍微的不平。素板施工工期长，施工工期一般要比漆板长1～2倍，但表面平整。

(2) 实木复合地板

实木复合地板是由多层实木薄板依木纹横纵压制而成，又称为多层实木地板，目前市场上有种三层板，也属于实木复合板。实木复合地板不仅各种性能较好，而且价格比实木地板低，在使用中得到广大消费者的欢迎。

(3) 强化复合木地板

强化复合木地板，一般是由底层、基材层、装修层和耐磨层四层材料复合组成。其中耐磨层的耐磨性能决定了复合地板的寿命。

① 强化复合木地板的构造

a. 底层。由聚酯材料制成，起防潮作用。

b. 基层。一般由密度板制成，根据密度板密度的不同，也分低密度板、中密度板和高密度板。

c. 装修层。是将印有特定图案（仿真实纹理为主）的特殊纸放入三聚氢氨溶液中浸泡后，经过化学处理，利用三聚氢氨加热反应后化学性质稳定，不再发生化学反应的特性，使这种纸成为一种美观耐用的装修层。

d. 耐磨层。是在强化复合木地板的表层上均匀压制一层三氧化二铝组成的耐磨剂。三氧化二铝的含量和薄膜的厚度决定了耐磨性能。

强化复合木地板的缺点是铺设大面积时，易出现有整体起拱变形的现象。由于其为复合而成，板与板之间的边角容易折断或磨损。

② 强化复合木地板的选择

a. 防火、防磨面层是否均匀无瑕疵。

b. 饰面层木纹是否逼真、清晰，与基材的压合是否紧密。

c. 基材材质是否细密、坚实。建议购买品牌强化板。

6.4.2 木地板的施工

（1）材料要求

纹理清晰、软硬适中、耐磨、有光泽、无节疤、不易开裂霉变、经过烘干和脱脂处理或自然干燥1年以上。

（2）施工准备

① 地板施工前应先完成吊顶、墙身的湿作业，并完成门窗、水电灯具等安装。

② 对基层面要清理干净，对垫木等进行防腐处理。

③ 对木地板进行挑选，将纹理、颜色类同的集中使用。

（3）施工流程（以素板为例）

预埋及做防潮层→弹线→装木龙骨及垫块→填保温及隔声材料→钉毛板（硬地板）→钉面层板→刨平刨光→油漆→打蜡

（4）施工要点

① 清扫基层，并用水泥砂浆找平，预埋镀锌铁丝或马蹄形铁码。

② 对木格栅进行防腐、防火处理。

③ 梯形截面木龙骨规格为30mm×40mm或40mm×50mm，木隔栅间距为400mm，横撑间距为1200～1500mm，横直交接用铁钉固定。

④ 木格栅上面每隔1m，开深不大于10mm，宽20mm的通风槽。

⑤ 木格栅之间空隙应填充干焦渣、蛭石、矿棉毡、石灰炉渣等保湿吸声材料。

⑥ 条形木地板用铁钉固定，可采用明钉或暗钉，暗钉是从板边凹角斜钉入，硬木地板要先钻孔，孔径为钉径的0.7～0.8，接驳口应在木格栅中线位并间隔错开。

⑦ 铺钉时木板的心材应朝上，缝隙不大于0.5～1mm，与墙面之间应留10～20mm缝隙。

⑧ 清理磨光　地板铺定并清扫干净后，先顺垂直木纹方向粗刨一遍找平，再顺木纹方向精刨，最后磨光、油漆、打蜡保护。

6.5 楼梯栏杆扶手

6.5.1 楼梯木装修施工

（1）施工准备

① 勘察现场，确定楼梯各部位尺寸、形状、数量及安装要点。

② 材料准备：25mm厚原木板或厚夹板。

③ 工具。

（2）施工步骤

① 安装预埋件，用冲击钻在每级两侧各钻2个ϕ10mm、深40～50mm孔，分别打入木楔并修平。

② 按实际要求将木板加工成木踏脚板及企口板，结合木栏杆，开出燕尾榫孔，栏杆上端开出与扶手接合的直角斜肩（斜度同梯坡度）榫头。

③ 安装木踏板及立板。

④ 安装木栏杆。

⑤ 安装木扶手，安装时敲打栏杆及扶手要用木方垫，以免损伤表面。

⑥ 封边收口。

6.5.2 木扶手施工

(1) 施工准备

① 检查扶手各支撑部位的锚固点，牢固与否。

② 检查支撑柱上部扁铁平直情况及尺寸、厚度。

(2) 木扶手及弯头制作

① 木扶手制作　扶手底槽深 3～4mm，宽度配合扁铁，扁铁上隔 300mm 钻孔，用木螺丝固定，木扶手应按设计要求做出扶手的横断面样板，将木扶手刨平，划出中心线，在两端对样板划出断面，然后用木铣床，加工成型，再用线刨细加工。

② 弯头制作　先用较少结节硬度适中的木料作弯头材料，用弯锯按划好的样板线先锯出毛料粗坯，把底面刨平，然后在顶头画线，用钢弯刨粗加工，再用木弯刨精加工。当楼梯栏杆之间距离小于 200mm 可整个弯头一次成型，大于 2000mm 应分段做，弯头伸出为半个踏步宽度。

③ 扶手、弯头安装　安装扶手应由下往上依次安装，扶手与弯头的接头要在扶手下面做暗榫，或用铁件锚固，用胶水黏结。

④ 安装收尾　全部安装完毕，要修接头，用扁铲作较大幅度的修整，再用小刨刨光，或用木锉锉平，使其坡度合适，弯曲自然。最后用砂纸磨光，刷一遍干性油，保护成品，防止受潮变形。

6.6 木作装修表面涂层的施工工艺

6.6.1 清漆施工

(1) 施工顺序

清理木器表面→砂纸打磨→上润泊粉→砂纸打磨→满刮第一遍腻子，砂纸磨光→满刮第二遍腻子，细砂纸磨光→涂刷油色→刷第一遍清漆→拼找颜色，复补腻子→细砂纸磨光→刷第二遍清漆→细砂纸磨光→刷第三遍清漆、→细砂纸磨光→水砂纸打磨退光→打蜡→擦亮

(2) 施工要点

① 首先应将木材饰面的表面灰尘、油污等杂质清除干净。

② 用棉丝蘸油粉涂抹在木材饰面的表面上，用手来回揉擦，将油粉擦入到木材的槽眼内。

③ 涂刷清油时，手握油刷要轻松自然，手指轻轻用力，以移动时不松动、不掉刷为准。

④ 涂刷时要按照蘸次要多、每次少蘸油、操作时勤，顺刷的要求，依照先上后下、先难后易、先左后右、先里后外的顺序和横刷竖顺的操作方法施工。

6.6.2 混色油漆施工

(1) 施工顺序

清扫基层表面的灰尘，修补基层→用砂纸打磨→节疤处打漆片→打底刮腻子→涂干性油

→第一遍满刮腻子→细砂纸磨光→涂刷底层涂料→底层涂料干硬→涂刷面层→复补腻子进行修补→砂纸磨光擦净→第二遍面漆涂刷→细砂纸磨光→第三遍面漆→细砂纸磨光→抛光打蜡

（2）施工要点

① 基层处理时，除清理基层的杂物外，还应进行局部的腻子嵌补，打砂纸时应顺着木纹打磨。

② 在涂刷面层前，应用漆片（虫胶漆）对有较大色差和木脂的节疤处进行封底。并在基层涂干性油，干性油层的涂刷应均匀，各部位刷遍，不能漏刷。

③ 底子油干透后，满刮第一遍腻子，干后以手工砂纸打磨，然后补高强度腻子，腻子以挑丝不倒为准。涂刷面层油漆时，应先用细砂纸打磨。

（3）注意事项

① 基层处理要按要求施工，以避免表面油漆涂刷失败。

② 清理周围环境，防止尘土飞扬，影响油漆面层的质量。

③ 由于油漆都有一定毒性，对呼吸道有较强的刺激作用，所以施工中一定要注意做好通风。

6.7 整体橱柜的加工与安装工艺

6.7.1 橱柜的三种组装方式

（1）组装橱柜

这类橱柜相似于曾经流行的组合式家具，部件相对独立，且已预先批量生产好。它的好处是通常较为便宜，组装过程简单，只要根据说明书便可一手包办。可依据厨房的尺寸及内部情况，提供最适当的组装组合。此类橱柜目前市面上已难找到。

（2）半组装橱柜

假如不想亲自组装，或者厨房的形状较为独特，只要提供厨房面积及喜欢的质料、款式及颜色，厂商将组件制成并负责装嵌即可。它的搭配十分灵活，可以将有限的空间周全地应用。这类橱柜厂家有上百个标准单元可供选配，也可临时制作非标件。

（3）定制橱柜

定制橱柜是三类橱柜中选择最具弹性的一种，通常由设计师包办，质料、款式、设计各方面的自由度最大。设计师依据顾客的喜好及要求，量身定造最合乎需要的橱柜。由于搭配灵活，涉及工序多，所花财力及时间都较多。目前大多数橱柜商都沿用此方式。

6.7.2 厨房设备施工工艺流程

（1）施工工艺流程

墙、地面基层处理→安装产品检验→安装吊柜→安装底底柜→接通调试给、排水→安装配套电器→测试调整→清理

（2）施工要领

① 厨房设备安装前的检验。

② 吊柜的安装应根据不同的墙体采用不同的固定方法。

③ 底柜安装应先调整水平旋钮，保证各柜体台面、前脸均在一个水平面上，两柜连接使用木螺丝钉，后背板通管线、表、阀门等应在背板划线打孔。

④ 安装洗物柜底板下水孔处要加塑料圆垫，下水管连接处应保证不漏水、不渗水，不

得使用各类胶黏剂连接接口部分。

⑤ 安装不锈钢水槽时，保证水槽与台面连接缝隙均匀，不渗水。

⑥ 安装水龙头，要求安装牢固，上水连接不能出现渗水现象。

⑦ 抽油烟机的安装，注意吊柜与抽油烟机罩的尺寸配合，应达到协调统一。

⑧ 安装灶台，不得出现漏气现象，安装后用肥皂沫检验是否安装完好。

(3) 家居煤气管道的安装原则

家居煤气管道应以明敷为主。煤气管道应沿非燃材料墙面敷设，当与其他管道相遇时，应符合下列要求。

① 水平平行敷设时，净距不宜小于 150mm。

② 竖向平行敷设时，净距不宜小于 100mm，并应位于其他管道的外侧。

③ 交叉敷设时，净距不宜小于 50mm。

④ 煤气管道与电线、电气设备的间距，应符合表 6-8 规定。

表 6-8　煤气管道与电线、电气设备的间距

电线或电气设备名称	煤气管道与电线、电气设备的间距/mm
煤气管道电线明敷(无保护管)	100
电线(有保护管)	50
熔丝盒、电插座、电源开关	150
电表、配电器	300
电线交叉	20

⑤ 特殊情况家居煤气管道必须穿越浴室、厕所、吊平顶（垂直穿）和客厅时，管道应无接口。

⑥ 家居煤气管不宜穿越水斗下方，当必须穿越时应加设套管，套管管径应比煤气管管径大两挡，煤气管与套管均应无接口，管套两端应伸出水斗侧边 20～20mm。

⑦ 煤气管道安装完成后应做严密性试验，试验压力为 300mm 水柱（1mm 水柱＝9.80665Pa），3min 内压力不下降为合格。

⑧ 燃具与是表、电气设备应错位设置，其水平净距不得小于 500mm；当无法错位时，应有隔热防护措施。

⑨ 燃具设置部位的墙面为木质或其他易燃材料时，必须采取防火措施。

⑩ 各类燃具的侧边应与墙、水斗、门框等相隔的距离及燃具与燃具间的距离均不得小于 200mm；当两台燃具或一台燃具及水斗成直角布置时，其两侧距离墙之和不得小于 1.2m。

⑪ 燃具靠窗口设置时，燃具面应低于窗口，且不小于 200mm。

(4) 煤气热水器安装

煤气快速热水器应设置在通风良好的厨房、单独的房间或通风良好的过道里。房间的高度应大于 2.5m 并满足下列要求。

① 直接排气式热水器严禁安装在浴室或卫生间内；烟道式（强制式）和平衡式热水器可安装在浴家居，但安装烟道式热水器的浴室，其容积不应小于热水器每小时额定耗气量的 3.5 倍。

② 热水器应设置在操作、检修方便双不易被碰撞的部位。热水器前的空间宽度宜大于

800mm，侧边离墙的距离应大于100mm。

③ 热水器应安装在坚固耐火的墙面上，当设置在非耐火墙面时应在热水器的后背衬垫隔热耐火材料，其厚度不小于10mm，每边超出热水器的外壳在100mm以上。热水器的供气管道宜采用金属管道（包括金属软管）连接。热水器的上部不得有明敷电线、电气设备，热水器的其他侧边与电气设备的水平净距应大于300mm。当无法做到时应采取隔热措施。

④ 热水器与木质门、窗等可燃物的间距应大于200mm。当无法做到时应采取隔热阻燃措施。

⑤ 热水器的安装高度宜满足观火孔离地1500mm的要求。

（5）热水器的排烟方式

热水器的排烟方式应根据热水器的排烟特性正确选用。

①直接排气式热水器　装有直接排气式热水器的房间，上部应有净面积不小于$10cm^2$/MJ的排气窗，门的下部应有$2.5m^2$/MJ的进风口；宜采用排风扇排风，风量不应小于$10m^3$/MJ。

② 烟道式热水器　装有烟道式热水器的房间，上部及下部进风口的设置要求同直接排气式热水器。

③ 平衡式热水器　平衡式热水器的进、排风口应完全露出墙外。穿越墙壁时，在进、排气口的外壁与墙的间隙用非燃材料填塞。

6.7.3 如何挑选橱柜

橱柜因其所使用的材料不同、功能多少不同、五金配件档次不同价格也有所不同，高、中档橱柜和低档橱柜差别较大原因就在此。如果要挑选性价比高、称心如意的橱柜可以从以下几方面入手。

（1）认清柜体材质

橱柜的材质由基材和面材两部分组成，基材主要有实木板、不锈钢板、刨花板和中密度板。

① 实木板因其造价昂贵，一般高档橱柜用此材料。

② 不锈钢板，因其冷冰冰的面孔已退出家用橱柜的用材。

③ 刨花板和中密度板现在是橱柜的主流材料。

因此，在购买时要问清楚是哪种材质的。不管是哪种材质，其表面均应有防火涂层，这部分称为面材。主要有防火板、三聚氰胺和喷漆等工艺，前两者的造价差异不大，喷漆要求工艺精良，造价相对高一些。因材质不同，价格也不同，在购买时要以同材质的价格对比，同材质也要分清是国产还是进口的，它们之间的价格有时相差3～5倍。

（2）台面用材有别

① 过去高档橱柜有用花岗岩、大理石等天然石材作台面，但由于天然石材的长度有限，作台面有接缝，又由于它的渗透性强，现在不主张用天然石材作台面。

② 目前作台面最好的材料就是高分子人造板，俗称人造大理石。它是由天然矿石粉经加工而成，质地均匀，无毛细孔，抗渗透性好，可塑性强，任何形状的台面都可以制作；目前它已占据了主导地位，中、高档橱柜的台面几乎都用它，每平方米价格在1000～2000元左右。其中美国杜邦公司的“可丽耐”、富美家的“色丽石”是较高档次的产品，而“雅丽耐”、“蒙特利”等中档品牌，因其品质不错，价格又比高档品牌便宜近1/2，因而受到一般消费群体的喜爱。

（3）五金配件是关键

辨别橱柜好坏的一个重要条件就是要看它的五金配件。高档橱柜之所以好，主要在于它的用材好，工艺性强，而它的收纳功能的齐全全凭五金件的配置。除主材因素外，五金件的配置是区别中、高档橱柜和低档橱柜的重要区别，例如“芬尼尔”、“海蒂诗”、“海富乐”等品牌是五金件中的高档品，用于高档橱柜的配置。

6.7.4 厨房橱柜选择的四项准则

（1）外观

人们都希望选一个美观漂亮的橱柜，其中颜色也很重要，颜色要和家居装修配套。

（2）材料

材料很重要，如果所用的材料不好，橱柜的使用寿命就短，既影响正常的生活又破坏了厨房的美观。

（3）做工

表面看过以后，一定不要忘记看看里面的做工，需要包边的要仔细看一下包得是否严紧，若有不齐或不紧的那就需慎重选择。

（4）选服务

服务可能大家不去关心它，选择了价位合理又自己喜欢的橱柜就忽略了其售后服务了。也许今年买的橱柜，明年坏了却找不到厂家维修，那肯定会给生活带来许多不便。因此服务就是售后的保障，购买的时候一定要询问及了解售后服务的情况。

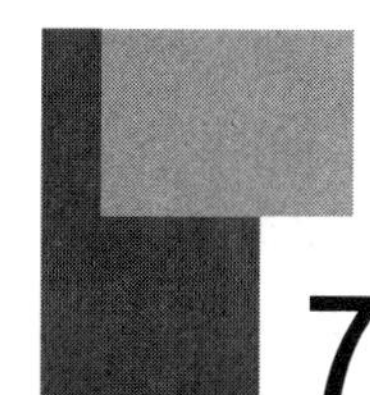

7. 家居装修施工的涂料作业

7.1 涂料的施工

7.1.1 涂料的特性

油漆是一种具有流展性的液体物质，涂于物体表面形成具有保护、装修或特殊性能、具有连续性的固态涂膜。早期的涂料大多以植物油为主要原料，故有油漆之称。从广义上讲，油漆是属于涂料的一种。

(1) 涂料的主要成分

涂料由主要成膜物质、次要成膜物质和辅助成膜物质三大部分组成，如图 7-1 所示。

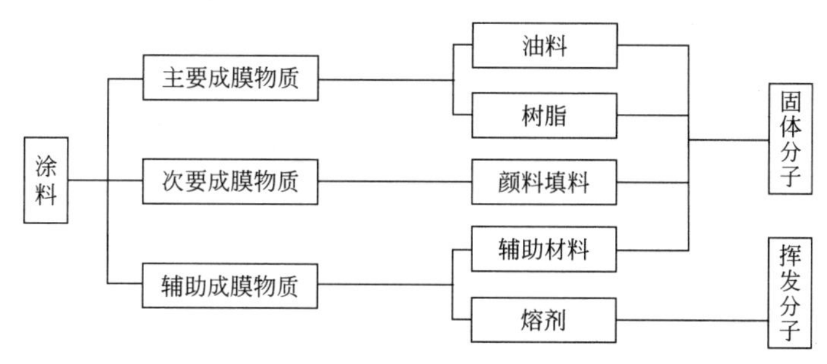

图 7-1 涂料组成

① 主要成膜物质 成膜物质是组成涂料的基础，它对涂料的性能起着决定性的作用。其功用是把其他物质黏结成一个整体，固化成膜，并能附着于被涂材料的表面，起到保护和美化被涂材料的作用。可作为涂料成膜的品种很多，主要成膜物质有干性油和半干性油、双组分氨基树脂、聚氨酯树脂、醇酸树脂、热固性丙烯树脂、酚醛树脂、硝化棉、氯化橡胶、沥青、改性松香树脂、热塑型丙烯酸树脂、乙酸乙烯树脂等。按其主要性能分为油料成膜物质和树脂成膜物质两大类。

a. 油料成膜物质。油料是制造油性涂料和油基涂料的主要原料。按涂料能否干结成膜，及成膜速度的快慢，分为干性油、半干性油和不干性油三种。

ⓐ 干性油具有快干性能，受到空气中的氧化和自身的聚合作用，在一定时间内能形成坚韧的涂膜，不软化、不熔化、也不溶于有机溶剂，涂膜耐水、有弹性。如亚麻仁油、桐油、菜籽油等。

ⓑ 半干性油干燥速度较慢，需要较长的时间干燥，而且形成的涂膜较软、有发黏的现象。易溶于有机溶剂。如大豆油、葵花籽油等。

ⓒ 不干性油本身不自干，不适合于单独使用，常与干性油或树脂混合使用。如蓖麻籽油等。

b. 树脂成膜物质。树脂成膜物质分天然与合成树脂两种。天然树脂能溶于有机溶剂。待溶剂挥发后，能形成一层连续的保护膜附于被涂材料表面。从硬度、光泽度、抗水性、耐化学腐蚀性、绝缘性、耐高温性来说都比油性成膜物质好。合成树脂是根据各种树脂自身的特点，通过几种或多种树脂与油的混合而成。采用合成树脂制成的涂料性能优异，光泽度、坚硬度、耐水性和耐高温性都很好，是目前应用最广的一种。

② 次要成膜物质　次要成膜物质主要是颜料和填充料。

a. 颜料。用以使涂料具有一定的遮盖力和色彩，并且具有增强涂膜机械性能和密度的作用，还可减少收缩避免开裂，改善质量，提高艺术效果。

b. 填充料。填充料称填充颜料或体质颜料，是一些白色粉末颜料，能增强涂膜的厚度，加强涂膜的体质，提高涂膜耐磨性和耐久性，防止涂膜流淌，改善施工性能。常用填充料品种有滑石粉、碳酸钙、硫酸钡、二氧化硅等。

③ 辅助成膜物质　辅助成膜物质在涂料组成中对成膜物质产生物理和化学作用，起着辅助形成优质的涂膜材料，和改善涂膜性能的作用。

a. 溶剂。溶剂又称稀释剂，是涂料的一个重要的组成部分。它是溶解和稀释成膜物质，使涂料在施工时易于形成比较完美的漆膜。常用的溶剂有松节油、松香油、香蕉水、酒精、笨、丙酮、乙醚、汽油等。一般溶剂在施工结束后，都挥发到大气中，很少残留在漆膜里。施工时对环境造成很大的污染。因此，现代涂料行业正在努力减少涂料中溶剂的使用量，开发高固体成分涂料、水性涂料、乳胶漆、无溶剂涂料等环保性涂料。

b. 辅助材料。为了改善涂料的性能，提高涂料的特性，有些涂料在制造或施工中掺入了适量的辅助材料。辅助材料有如下几种。

ⓐ 催干剂。催干剂又称干料、燥料。把它掺入到某些涂料中，能促进涂料中油或树脂产生氧化、聚合作用，缩短涂膜的干燥时间。

ⓑ 增塑剂 。增塑剂又称增韧剂、软化剂。可增强涂膜的塑性和柔韧性，提高附着力，具有克服涂膜硬脆易裂的特点。

ⓒ 防潮剂。主要用作防止涂膜在干固过程中泛白和出现针孔，它由高沸点酯类、酮类溶剂配制而成。

ⓓ 固化剂。用以促进涂料中胶黏剂固结成膜。

(2) 涂料的作用

① 保护作用　涂料能阻止或延迟空气中的氧气、水气、紫外线及有害物质对被涂材料表面的破坏。为此，要求其涂膜应具有较好的附着力和光泽度、一定的耐热、耐冲击、耐温变、耐磨性能。

② 装修作用　经涂的材料应有无透明感、沉重感、触摸感、豪华感等，还能与周围环境协调配合。起到装修作用，给予人们美好的享受。

③ 赋予机能　部分材料经涂饰后有时还能具备某些特殊的机能，如识别、导电、绝缘、防火、阻燃、防酶、防虫、防蚁、隔声、抗菌等。

(3) 涂料的分类

在市场经济快速发展的今天，建材行业也是日新月异，国内涂料品种繁多，在家居装修中涂料其实就是墙面乳胶漆和家具油漆的总称。通常可分为如下几种。

① 按涂料的分散介质可分为溶剂性涂料和水性涂料两种。

a. 溶剂性涂料。以有机溶剂为分散介质（稀释剂）的涂料，俗称油漆类。如聚氨酯漆、聚酯漆、硝基漆等。溶剂性的涂料形成的涂膜细腻，光洁而坚韧，有较好的硬度、光泽和耐久性。但主要缺点是易燃，溶剂挥发对人体有害，施工时要求基层干燥，涂膜透气性差，而且价格较贵，它是家居装修中木质家具表面涂饰常用的油漆。

b. 水性涂料。以水为分散介质的涂料。水性涂料按其分散状态又分为溶液型涂料和水乳型涂料（乳胶漆）。乳胶漆学名叫合成树脂乳胶涂料，跟油漆相比，它省去有机溶剂，以水为稀释剂，属环保产品。它安全无毒、不污染环境、阻燃、施工简便、价格便宜。

② 按使用部位主要分为内墙涂料、外墙涂料、地面涂料、木器及家具漆等。

③ 按功能可分为防火涂料、防水涂料、防虫涂料、防霉涂料、吸声涂料、耐磨涂料、保温隔热涂料和防锈漆等。

④ 按涂料质感可分为平面涂料（如多彩涂料、云彩涂料）和立体涂料（如真石漆）。

⑤ 按主要成膜物质的不同，可分为聚氨酯漆、聚酯漆、硝基漆等。

⑥ 按涂膜能否显示木纹纹理分为清漆和混水漆（调和漆、磁漆）。

⑦ 按涂膜亮度高低分为高光、亚光和珠光（丝光）涂料。

总之，在家居进行涂饰时，我们首先要考虑涂料的装修效果、耐久性及经济性，要根据不同涂料的性能特点和特性，做到最佳效果。

7.1.2 涂料的品种

(1) 内墙乳胶漆

乳胶漆是以石油化工产品为原料合成的乳液为黏合剂，以水作为分散介质的一类涂料。具有不污染环境、安全无毒、施工方便、附着力强、涂膜干燥快、保光保色好、透气性好等优点。

① 内墙乳胶漆的种类　目前，我国建筑涂料市场十分活跃，较为流行的是乳胶涂料。常用内墙涂料有聚醋酸乙烯-乙烯乳胶漆、聚醋酸乙烯酸乳胶漆、苯乙烯-丙烯酸乳胶漆、纯丙烯酸乳胶漆、有机硅丙烯酸乳胶漆等5类。

a. 聚醋酸乙烯-乙烯乳胶漆（EVA乳胶漆）。由聚醋酸乙烯和单体乙烯共聚的乳液制成。其主要特性为：抗水解性、耐水性、耐候性优于聚醋酸乙烯乳胶漆；其流动性耐擦洗性接近聚醋酸乙烯酸乳胶漆；但涂膜性能偏软、耐污染性差，性能不及苯-丙乳胶漆和纯丙烯酸乳胶漆。

b. 聚醋酸乙烯酸乳胶漆（乙-丙乳乳胶漆）。聚醋酸乙烯酸乳胶漆是以醋酸乙烯-丙烯酸共聚物乳液为主要成膜物质，掺入一定量的粗集料组成的一种厚质外墙涂料。该涂料的装修效果较好，属于中档建筑外墙涂料，使用年限为8～10年。

聚醋酸乙烯酸乳胶漆具有涂膜厚实、质感好、耐候、耐水、冻融稳定性好、保色性好、附着力强以及施工速度快、操作简便等优点。

c. 苯乙烯-丙烯酸乳胶漆。苯乙烯-丙烯酸乳胶漆是以苯乙烯-丙烯酸酯共聚乳液（简称苯-丙乳胶漆）为主要成膜物质，加入颜料、填充料及助剂等，经分散、混合配制而成的乳液型外墙涂料。具有良好的抗水解性、耐水性、耐碱性、抗粉化、抗玷污性，固体成分高，耐一般酸腐蚀，是目前家居装修中较为广泛使用的一种乳胶漆。

d. 纯丙烯酸乳胶漆。纯丙烯酸乳胶漆是由甲基丙烯酸甲酯和丙烯酸酯共聚乳胶，不使用保护胶，而用甲基丙烯盐等作稳定剂而制成。性能优异，有较高的光泽度，具有优良的耐候性和保光、保色性，良好的耐污染性、耐酸碱性和耐擦洗性。

e. 有机硅丙烯酸乳胶漆（硅丙乳胶漆）。有机硅丙烯酸乳胶漆是以有机硅改性丙烯酸乳液、高耐候颜色填充料、纳米助剂和各种专用助剂等材料组成的。专门用于水泥混凝土建筑物表面的高档涂饰，具有无有机溶剂、无毒物质释放、无环境污染、保光保色性良好，不容易沾染灰尘、色泽鲜艳，固体成分高，施工方便、干燥迅速，附着力强，抗化、不变黄等优点。

② 内墙乳胶漆性能

a. 耐刷洗性。耐刷洗性表示墙漆在使用中能经受反复擦洗的能力。国家标准规定合格品不小于100次，优质的乳胶漆产品耐洗刷次数都能达到2000次以上

b. 遮盖力。遮盖力表示一定量油漆能够遮盖底材上的颜色及色彩差异。遮盖力越强即固体含量越高，表示涂饰效果好、用量省。

c. 附着力。附着力反映漆膜附在墙体上的牢固程度。具有强附着力的乳胶漆将很少出现墙面起皮、剥落的现象。

d. 耐碱性。因为墙体材料多为碱性，对漆膜有破坏作用，耐碱性的优劣决定了涂料的耐久性。因此耐碱性是内墙漆的稳定性的指标。

③ 内墙乳胶漆环保指标

并不是所有的乳胶漆都是百分之百的无毒无害，乳胶漆中可能含有的有害物质包括以下几种。

a. 甲醛。甲醛可刺激眼睛、喉部及造成皮肤过敏，甚至引发哮喘。

b. 其他有机溶剂。包括二氯甲烷、三氯甲烷、苯、甲苯等，都会对人体产生危害。

c. 重金属，包括铅、镉、铬、汞等，对神经系统、心血管及遗传有害。

因此，在选购乳胶漆的时候，应尽可能地选择环保型的乳胶漆。其指标应达到表7-1的要求。

表7-1　家居装修材料内墙涂料中有害物质限量的各项指标要求

项　目		限量值
挥发性有机化合物(VOCs)/(g/L)		≤200
流离甲醛/(g/kg)		≤0.1
重金属/(mg/L)	可溶性铅	≤90
	可溶性镉	≤75
	可溶性铬	≤60
	可溶性汞	≤60

(2) 木器漆

在家居装修中，木器漆主要用作木作造型及木质家具的涂饰，起着保护和装修的作用。木器漆的种类繁多，在家居装修中主要常用的品种有油脂漆、酚醛树脂漆、醇酸漆、硝基漆、丙烯酸漆、聚酯漆、聚氨酯漆、光敏漆、亚光漆、防锈漆。

油脂漆是以具有干燥能力的油类为主要成膜物质的漆种。它具有装修方便、渗透性好、价格低，气味与毒性小，干固后的涂层柔韧性好等优点。但其涂层的干燥慢，涂层较软，强度差，不耐打磨抛光，耐温性和耐化学性差。常用的油脂漆有清油、厚漆、油性调和漆。

① 清油　又称熟油。常用的清油是熟桐油，以桐油为主要原料，加热聚合到适当稠度，再加入催干剂制成的。

② 厚漆　又称铅油。是由颜料和干性油调制成的膏状物，使用时必须加适量的熟桐油和松香水，调稀至可使用的稠度。通常只用作打底或调配腻子。

③ 油性调和漆　是由干性油、颜料，加上溶剂、催干剂及其他辅助材料配制而成的。它具有较高的弹性、抗水性、耐久性以及不易粉化、脱落、龟裂，附着力好等特点。

7.1.3　涂料的施工工艺

(1) 清油涂饰

清油涂饰是家居装修中对门窗、护墙裙、暖气罩、配套家具等进行装修的基本方法之一。清油涂饰能够在改变木材颜色的基础上，保持木材原有的花纹，装修风格自然、纯朴、典雅，虽然工期较长，但应用却十分普遍。

① 施工顺序　木器表面清油涂饰是技术性极强的施工项目，其规范的施工顺序为：清理木器表面→磨砂纸打光→上润泊粉→打磨砂纸→满刮第一遍腻子，砂纸磨光→满刮第二遍腻子，细砂纸磨光→涂刷油色→刷第一遍清漆→拼补颜色，复补腻子，细砂纸磨光→刷第二遍清漆，细砂纸磨光→刷第三遍清漆、磨光→效果满意后，水砂纸打磨退光，打蜡，擦亮。

木器表面清油施工的质量差异很大，极能反映操作人员的专业技术水平，必须严格按照规范的程序操作，才能保证涂刷后的装修效果和工程质量。

② 注意事项　主要包括：

a. 基层处理要按要求施工，以保证表面油漆涂刷不会失败。

b. 清理周围环境，防止尘土飞扬。

c. 因为油漆都有一定毒性，对呼吸道有较强的刺激作用，施工中一定要注意做好通风。

③ 清油涂刷的施工要点

a. 涂刷清油时，手握油刷要轻松自然，以利于灵活方便地移动，一般用三个手指握住刷子柄，手指轻轻用力，以移动时不松动、不掉刷为准。涂刷时要按照蘸次要多、每次少蘸油、操作时勤顺刷的要求，依照先上后下、先难后易、先左后右、先里后外的顺序和横刷竖顺的操作方法施工。

b. 刷第一遍清漆时，应加入一定量的稀料稀释漆液，以便于漆膜快干。操作时顺术纹涂刷，垂直盘匀，再沿木纹方向顺直。要求涂刷漆膜均匀，不漏刷，不流不坠，待清油完全干透硬化后，用砂纸打磨。打磨时要求将漆膜上的光亮全部打磨掉，以增加与后遍漆的黏结程度。磨后用潮布或棉丝擦净。

c. 第一遍清漆刷完后，应对饰面进行整理和修补，对漆面有；明显的不平处，可用颜色与漆面相同的油性腻子修补，若木材表面上节疤、黑斑与大的漆面不一致时，应配制所需颜色的油色，对其进行覆盖修色，以保证饰面无大的色差。

d. 刷第二遍清漆时，不要加任何稀释剂，涂刷时要刷得饱满，漆膜可略厚一些，操作时要横竖方向多刷几遍，使其光亮均匀，如果有流坠现象，应趁不干时用刷子马上按原刷纹方向刷第二遍，漆干透后按第一遍漆的处理方法进行磨光擦净，涂刷第三遍清漆。

e. 面层抛光打蜡，是对饰面的进一步修饰，也是高档次油漆工程与一般油漆工程的重要区别。抛光时先用水砂纸蘸肥皂水进行研磨，开始用 320 号水砂纸，最后用 600 号水砂纸。研磨时用力要均匀，并保证整个漆膜都要磨到。然后用砂蜡（抛光膏）蘸在软布上，在漆膜表面反复揉擦。软布上砂蜡液不宜过多，揉擦时动作要快速。当表面十分光滑、平整时上光蜡，用棉花蘸光蜡，在漆膜表面薄薄地擦一层即可。

④ 清油涂饰施工的环境要求　木器表面进行清漆涂刷时，对环境的要求较高，当环境不能达到要求的标准时，将影响工程的质量。

a. 涂刷现场要求清洁、无灰尘，在涂刷前应进行彻底清扫，涂刷时要加强空气流通，操作时地面经常泼洒清水，不得和产生灰尘的工种交叉作业。

b. 涂刷应在略微干燥的气候条件下进行，温度必须在5℃以上方能施工，以保证漆膜的干固正常，缩短施工周期，提高漆膜质量。

c. 涂刷清漆的施工现场应有较好的采光照明条件，以保证调色准确、施工时不漏刷，并能及时发现漆膜的变化，便于采取解决措施。因此，在较暗的环境中，应加作业面的照明灯。

（2）混油涂饰的施工

① 木质表面混油的施工　混油涂刷木器表面是家庭装修中常使用的饰面装修手段之一。混油是指用调和漆、磁漆等涂料，对木器表面进行涂刷装修，使术器表面失去原来的术色及术纹花纹，特别适于树种较差、材料饰面有缺陷但不影响使用的情况下选用，可以达到较完美的装修效果。在现代风格的装修中，由于混油可改变木材的本色，色彩就更为丰富，又可节省材料费用，受到青年人的更多偏爱，应用十分广泛，逐渐成为家庭装修中饰面涂刷的重要组成部分。

② 施工顺序

a. 清扫基层表面的灰尘，修补基层，用磨砂纸打平，节疤处打漆片。

b. 打底刮腻子，涂干性油。ⓐ第一遍满刮腻子，ⓑ磨光后涂刷底层涂料，ⓒ底层涂料干硬后，涂刷面层，面层干后复补腻子进行修补，干后磨光擦净，ⓓ涂刷第二遍涂料，磨光，至达到预期效果后抛光打蜡。

混油涂刷是工艺性、技术性很强的施工项目，质量差别很大，必须严格按规范程序进行操作，才能保证质量。

③ 混油涂饰木质表面应注意的几个问题。

a. 基层处理时，除清理基层的杂物外，还应进行局部的腻子嵌补，修补基层的平整度，对木材表面的洞眼、节疤、掀岔等缺陷部分，应用腻子找平，然后再满刮腻子，满打砂纸，打砂纸时应顺着木纹打磨。

b. 在涂刷面层前，应用漆片（虫胶漆）对有较大色差和木脂的节疤处进行封底。为提高基层与面层的黏接能力，应在基层涂干性油或清泊，涂刷干性油层要所有部位均匀刷遍，不能漏刷，俗称刷底子泊，它对保证涂刷质量有很关键的作用。

c. 底子油干透后，满刮第一遍腻子，腻子调成糊状，配比为调和漆∶松节油∶滑石粉＝6∶4∶适量（重量比）。第一遍腻子干后以手工砂纸打磨，然后补高强度腻子，高强度腻子配比为光油∶石膏粉∶水＝3∶6∶1（质量比），腻子以挑丝不倒为准。

d. 涂刷面层油漆时，应先用细砂纸打磨，如发现有缺陷可用腻子复补后再用细砂纸打磨。最后一遍油漆涂刷前，应对前一遍的漆膜用水砂纸进行研磨，使表面光滑平整后涂刷。如果木器（门窗）有暴露室外部分，应使用耐候性和耐水性较好的外用漆涂刷，但要注意与前一遍漆匹配。

（3）乳胶漆涂饰的施工

① 顶棚乳胶漆的施工

a. 顶部乳胶漆涂刷多用于藻井式吊顶及原顶面饰时使用，其施工分为底层处理、涂刷封固底漆和涂刷面漆三个阶段。

b. 施工顺序为：清扫基层→填补腻子，局部刮腻子，磨平→第一遍满刮腻子，磨平→第二遍满刮腻子，磨平→涂刷封固底漆→涂刷第一遍涂料→复补腻子，磨平→涂刷第二遍涂料→磨光交活。

由于藻井吊顶的饰面板为石膏板或木材，在基层处理时，应着重处理安装修面板时的钉帽及钉孔，石膏板饰面的接缝处，必须加玻璃纤维网带。顶部乳胶漆面层涂刷最少两遍，每遍干后，应复补腻子并用砂纸轻轻磨光，用干布清理面层浮粉后涂刷下一遍。顶面乳胶漆涂刷虽然技术性不很强，但必须遵守规范程序，才能获得满意的效果。

② 墙面乳胶漆的施工

a. 施工顺序。墙面乳胶漆涂刷的规范程序同顶面乳胶漆涂刷一样。它与顶面涂刷的主要区别在于基层处理与施工方法存在差别。请参照顶面乳胶漆规范程序执行。

b. 技术要领。墙面乳胶漆涂刷是家庭装修中油漆施工最常使用的方法，其施工中应注意的问题：

ⓐ 基层处理是保证施工质量的关键环节，其中保证墙体完全干透是最基本条件，因为水泥做粘结材料的砂浆，未硬化前呈强碱性，此时涂刷乳胶漆必然反碱。当水泥砂浆硬化后，碱性值大幅度下降，此时方可进行乳胶漆涂刷。干透时间因气候条件而异，一般应放置10d以上。墙面必须平整，最少应满刮两遍腻子，如仍达不到标准，应加刮至满足标准要求。

ⓑ 乳胶漆涂饰的施工方法可以采用手刷、滚涂和喷涂。其中手刷材料的损耗较少，质量也比较有保证，是家庭装修中使用较多的方法。但手刷的工期较长，所以可与滚涂相结合，具体方法是：大面积是使用滚涂，边角部分使用手刷，这样既提高涂刷效率，又保证了涂刷质量。施工时乳胶漆必须充分搅拌后方能使用，自己配色时，要选择耐碱、耐晒的色浆掺入漆液，禁止用干的颜色粉掺入漆液。配完色浆的乳胶漆，至少要搅拌5min以上，使颜色機匀后方可施工。

ⓒ 手刷乳胶漆使用排笔，排笔应先用清水泡湿，清理脱落的笔毛后再使用。第一遍乳胶漆应加水稀释后涂刷，涂刷是先上后下，一排笔一排笔地顺刷，后一排笔必须紧接前一排笔，不得漏刷，涂刷时排笔蘸得涂料不能太多。第二遍涂刷时，应比第一遍少加水，以增加涂料的稠度，提高漆膜的遮盖力，具体加水量应根据不同品牌乳胶漆的稠度确定。漆膜未干时，不要用手清理墙面上的排笔掉毛，应等干燥后用细砂纸打磨掉。无论涂刷几遍，最后一遍应上下顺刷，从墙的一端开始向另一端涂刷，接头部分要接茬涂刷，相互衔接，排笔要理顺，刷纹不能太大。涂刷时应连续迅速操作，一次刷完，中间不得间歇。

ⓓ 滚涂是使用涂料辘进行涂饰，其技术要领为：将涂料搅拌均匀，黏稠度调至适合施工后，倒入平漆盘中一部分，将辘筒在盘中蘸取涂料，滚动辘筒使涂料均匀适量地附于辘筒上。墙面涂饰时，先使毛辊按W式上下移动，将涂料大致涂抹在墙上，然后按住辘筒，使之靠紧墙面，上下左右平稳地来回滚动，使涂料均匀展开，最后用辘筒按一个方向满滚涂一次。滚涂至接茬部位时，应使用不沾涂料的空辊子滚压一遍，以免接茬部位不匀而露出明显痕迹。

ⓔ 喷涂是利用压力或压缩空气，通过喷枪将涂料喷在墙上，其操作技术要领为：首先应调整好空气压缩机的喷涂压力，一般在0.4～0.8MPa范围之内，具体施工时应按涂料产品使用说明书调整。喷涂作业时，手握喷枪要稳，涂料出口应与被涂饰面垂直，喷枪移动时应与涂饰面保持平行，喷枪运动速度适当并且应保持一致，一般每分钟应在400～600mm间匀速运动。

喷涂时，喷枪嘴距被涂饰面的距离应控制在400～600mm之间，喷枪应直线平行或垂直于地面运动，移动范围不能太大，一般直线喷涂700～800mm后，拐弯180°反向喷涂下一行，两行重叠宽度应控制在喷涂宽度的1/3左右。

7.2 环氧自流平地面的施工

7.2.1 环氧自流平涂料的特性

环氧自流平涂料是以环氧树脂为涂料成膜物，再通过添加固化剂、无挥发性的活性稀释剂、助剂和颜料、填料配制成的一种无溶剂型的高性能涂料。环氧自流平涂料的成膜过程是一种化学成膜方法，首先将可溶性的低分子量环氧树脂涂覆在基材表面后，分子间发生反应而使分子量进一步增加或发生交联而形成坚韧的漆膜。其中选用的环氧树脂要求树脂能够在常温下成膜，并且涂膜要求具有高粘接力、较强的机械强度、良好的抗化学药品性和可靠的气密性。

7.2.2 环氧自流平地面特点

① 涂料自流平性好，一次成膜在 1mm 以上，施工简便。

② 涂膜具有坚韧、耐磨、抗化学药品性好、无毒不助燃的特点。

③ 表面平整光洁，具有很好的装修性，可以满足高要求的洁净度。

④ 随着现代工业技术和生产的发展，对于清洁生产的要求越来越高，要求车间地面耐腐蚀、洁净和耐磨，家居空气含尘量尽量的低，如食品、烟草、电子、精密仪器仪表、医药、医疗手术室、汽车和机场等生产制作场所，均为洁净车间。这就要求采用耐腐蚀、洁净和耐磨的地面面层，以确保现代化产品的质量。

7.2.3 环氧自流平地面的施工

（1）基层表面的处理方法

① 酸洗法适用于油污较多的地面。可采用质量分数为 10％～15％的盐酸清洗混凝土表面，待反应完全后（不再产生气泡），再用清水冲洗，并配合毛刷刷洗，以清除泥浆层，并还可得到较细的粗糙度。

② 机械方法适用于大面积场地。此法采用喷砂或电磨机，可以清除表面突出物、松动颗粒、破坏毛细孔、增加附着面积，以吸尘器吸除砂粒、杂质、灰尘。对于有较多凹陷、坑洞的地面，应采用环氧树脂砂浆或环氧腻子填平修补。

（2）涂刷底漆

用刷涂或滚涂方式涂底漆 1～2 道，每道间隔时间为 8h 以上。如为陈旧基层上需再增 1 道底漆。

（3）腻子修补

对水泥类面层上存在的凹坑，应进行填平修补，自然养护干后打磨平整。

（4）刮涂面层

采用刮板将已熟化的混合料轻刮，使其分布均匀。按不同要求进行多道刮涂，厚度可达 1～3mm。

（5）打蜡养护

待自流平层施工完 24h 后，对其表面采用蜡封养护，2 周后方可使用。

（6）施工验收

表面平整光洁、色彩一致、无明显色差。

7.3 裱糊的施工

7.3.1 基层处理

（1）材料

① 腻子　用作修补填平基层表面孔、隙。

② 底层涂料　裱贴前应在基层面上刷一遍底层涂料封闭处理，对于吸水性特别强的基层（纸面、石膏板）需涂刷两遍。

(2) 基层表面处理

① 混凝土和抹灰面基层　墙面要基本干燥，不得潮湿发霉；墙面必须平整光滑，较大孔洞用砂浆修补，再用腻子涂刷1～2遍，修平后用砂纸磨平，最后满刮腻子，再用0～1#砂纸磨平。

② 木基层　表面钉头要稍凹，且要涂防锈油；板材基层要干燥；板材接缝隙要贴牛皮纸条；满刮腻子后，用砂纸磨平。

(3) 石膏板基层

除(3)与上述基层相同外，应特别注意拼缝必须加贴纱布或牛皮纸，并用石膏腻子修补。

7.3.2　墙纸墙布裱贴

(1) 材料

① 墙纸、墙布规格　大卷：宽920～1200mm，长50m；中卷：宽760～900mm，长25～50m；小卷：宽530～600mm，长10～12m。

② 黏结剂　主要有聚乙烯醇胶黏剂、107胶、801胶、白乳胶、SG8104墙纸胶黏剂、BJ8504墙纸粉、BJ8505墙纸粉、777牌墙纸粉等。

(2) 施工要点及注意事项

① 施工要点　a. 按照墙的高度、上下两端多留5cm纸位，以第一幅墙纸（墙布）长度再对上花位，剪出第二幅墙纸（墙布）；b. 涂上黏结剂，然后将墙纸（墙布）对折、搁置约10min，待其均衡吸收胶液后即可裱贴；c. 依照铅锤线在墙上划一条垂直线；d. 将墙纸（布）边与垂直线平衡，并在上下两端各留纸位；e. 将排笔或软胶滚筒由中间向四周扫平皱纹和气泡，令墙纸紧贴墙壁，再对准花位，照贴第二幅墙纸（布）；f. 在两幅墙纸（布）之接缝处，用硬胶片或硬滚筒将多余的浆糊压出，并将边压平；g. 用裁纸刀将多余墙纸（布）割去；h. 将贴在纸（布）面的浆糊用干净的湿毛巾或海绵抹去。

② 注意事项　裱糊作业时，相对湿度不能过高；墙纸（布）上的汽泡一定要扫平，较大汽泡可用针刺穿，再用注射针挤进黏结剂后用刮板刮平实；阳角处不允许拼接缝，应包角压实，阴角拼接缝不要正好在阴角处；放墙（布）时，切忌垂直放置，以免损伤两侧边沿部分；当两幅墙纸（布）对接不整齐时，可将后贴的一幅轻轻揭下，再重新贴上即可；筒灯位置要先挖好，再贴上墙纸（布）；施工者要保持手部洁净，以免弄污墙纸（布）表面。

7.3.3　质量要求

(1) 一般规定

① 墙面铺装应在墙面隐蔽及抹灰工程、吊顶工程已完成并经验收后进行。当墙体有防水要求时，应对防水工程进行验收。

② 墙面面层应有足够的强度，其表面质量应符合国家现行标准的有关规定。

(2) 主要材料质量要求

① 基层表面应平整、不得有粉化、起皮、裂缝和突出物，色泽应一致。有防潮要求的应进行防潮处理。墙面涂刷108胶一遍，刮303腻子两遍并打磨平滑，刷清油一遍，然后铺贴。

② 裱糊前应按壁纸、墙布的品种、花色、规格进行选配、拼花、裁切、编号，裱糊时

应按编号顺序粘贴。

③ 墙面应采用整幅裱糊，先垂直面后水平面 ，先细部后大面，先保证垂直后对花接缝，垂直面是先上后下，先长墙面后短墙面，水平面是先高后低．阴角处接缝应搭接，阳角处应包角不得有缝

④ 聚氯乙烯塑料壁纸裱糊前应先将壁纸用水润湿数分钟，墙面裱糊时应在基层表面涂刷胶黏剂，顶棚裱糊时，基层和壁纸背面均应涂刷胶黏剂。

⑤ 复合壁纸不得浸水，裱糊前应先在壁纸背面涂刷胶黏剂，放置数分钟，裱糊时，基层表面应涂刷胶黏剂。

⑥ 纺织纤维壁纸不宜在水中浸泡，裱糊前宜用湿布清洁背面。

⑦ 带背胶的壁纸裱糊前应在水中浸泡数分钟，裱糊顶棚时应涂刷一层稀释的胶黏剂。

⑧ 金属壁纸裱糊前应浸水 1～2min，阴干 5～8min 后在其背面刷胶。刷胶应使用专用的壁纸粉胶，以便刷胶，以便将刷过胶的部分，向上卷在发泡壁纸卷上，必须使用专业软性刮板，以防损坏壁纸。

⑨ 玻璃纤维基材壁纸、无纺墙布无需进行浸润。应选用黏结强度较高的胶黏剂，裱糊前应在基层表面涂胶，墙布背面不涂胶。玻璃纤维抢步裱糊对花时不得横拉斜扯，避免变形脱落。

⑩ 开关、插座等突出墙面的电气盒，裱糊前先卸去盒盖。

7.4 常见问题及处理措施

涂料工程常见问题及处理措施如下。

（1）乳液型涂料（俗称乳胶漆）施工常见问题及处理措施

乳胶型涂料常用于大面积的墙面和顶面的饰面装修，是使用最广泛的装修方式，由于施工不当涂层很容易出现质量问题。

① 颜色不均匀　处理措施：基层颜色不一且未进行处理，会导致颜色不匀，必须通过满刮腻子或刷一遍底漆予以覆盖。选用遮盖力强的涂料，按规定比例稀释、涂刷，也可以避免出现颜色不匀的现象；选购涂料时要选择同一厂家、同一品种、同一批号的产品，否则将会出现色差。

② 表面粗糙、有疙瘩　产生此类问题的原因有多种：例如基层未处理平整、洁净，使用的刷具的黏有砂粒、杂物或操作环境不清洁，尘土以及污物飘落在刚涂刷的涂料上等。

处理措施：基层要处理干净、平整，必须按要求满刮腻子，并用砂纸打磨平整，使用后的刷具须及时清洗，仔细检查，施工时涂料和环境应做好防尘保护。

③ 面涂层开裂　一般原因是墙体开裂。常用的处理措施是用网格带和 108 胶粘裂缝，它能够迅速方便地缝合石膏板的接缝和墙壁及天棚出现的裂缝。网格带的网眼不藏空气，所以粉刷时不会引起气泡或不平，省时省工，能有效地保证质量。其具体施工步骤为：首先，将网格带由上而下贴在裂缝上；然后，透过网格带的网眼刮第一遍腻子，等干燥后再刮第二遍腻子并打磨平，即可作进一步的装修。

④ 涂层渍纹　其主要原因是基层干燥不够，里外干燥不一致。

⑤ 涂层脱落　一方面基层自身强度不够，基层表面不太干净；另一方面涂料自身的老化过期。

⑥ 涂层起皮　引起涂层起皮的原因也是基层自身强度不够，表面不洁和涂料自身的老

化、过期。

（2）溶剂型涂料（俗称油漆）施工常见问题及处理措施

油漆施工主要是对木质表面的饰面处理，如木吊顶、木墙裙、木家具、木门窗、木地板等表面涂饰。油漆分透明涂饰和不透明涂饰，因操作不当使漆膜产生缺陷的现象是常有的事。油漆的种类很多，在家装中常用的有硝基漆和醇酸漆两类，使用时选用同一名称种类的油漆用稀释剂，不能混用。目前溶剂型的涂料都含苯等有毒成分，还没有很好的绿色产品来替代它。所以选购时应选用正规大厂的产品，正规大厂对有害成分控制要比无名小厂要好一些，一般会控制在国家允许的范围之内。

① 漆膜泛白（俗称发白） 在阴雨潮湿季节涂饰硝基清漆时，时常会发生泛白现象。涂层泛白后就形成一种不透明或半透明的乳白色雾层；如果是色漆涂层泛白会使色漆失去鲜艳的色彩。

处理措施：家居必须保持适当的干燥，雨天应关上门窗施工，若温度无法控制，可是在油漆中加适量防潮剂，一般在香蕉水中加入10%～20%丁醇防潮剂。另外可用烤灯，烘烤发白处，待泛白漆膜水分完全蒸发掉后，再涂一层加防潮剂的涂料。

② 色花 由两种或两种以上不同色漆调合成的色漆，在刷漆前一定要用木棒将漆搅匀，否则涂饰漆膜可能会产生颜色不均匀的现象，即色花。

处理措施：刷时如发现漆膜还有不均匀的颜色，可先将漆刷蘸取一些均匀油漆再对漆膜不均匀进行涂刷，随刷随改，要适当地多顺理刷涂几次。

③ 斑点（俗称发笑） 涂刷头道漆的，如果漆膜太光滑，或上面有水气、灰尘、油腻等，使后道刷漆膜在局部地方无法黏附，形成斑斑点点的现象。

处理措施：等头道漆干燥后，先用肥皂擦去表面的油污，再用细木砂纸轻轻打磨并擦净表面，待干后再刷涂油漆。

④ 咬底（咬起） 处理措施：油漆最好配套使用，如面漆、底漆的配套。若用不配套油漆时，可在两种油漆之间用两种油漆都能相容的漆作隔离封闭层，同时刷后一道漆时必须等前一道漆膜干透后进行，注意不要在某一处反复涂刷。否则就会发生咬底现象。咬底影响涂层间附着力，使漆膜移位，厚度不均，甚至在漆饰表面出现凹痕的现象，主要是因为前道漆膜承受不了后道涂料中所用溶剂的浸蚀。

⑤ 起皱（皱皮） 由于涂层太厚、漆膜黏度太大，以及在阳光下暴晒都可能造成漆膜表干内不干，而使漆膜产生许多曲折、高低不平的现象。

处理措施：是让涂料黏度适当，每层漆膜不宜过厚，刷子硬度要适当，刷毛不要太长，同时避免阳光直射和强风吹拂。

⑥ 流挂 由于漆衡释过度和一次刷漆量过多，在垂直面或垂直面与水平面相接（棱角）处，形成流挂。

处理措施：涂刷迅速、均匀，若发现局部流挂，立即用刷子理匀，去掉多余油漆，刷子硬度要适当，刷毛不要太长。

⑦ 表面颗粒 处理措施：a. 油漆工序特别要保持家居洁净、无灰尘；盛漆的漆桶、刷子也要干净。如果施工环境不干净，表面及基层清理不好，灰尘落于未固化的油漆表面；b. 油漆未经过滤，自身有沉淀和杂质，就会出现漆膜表面颗粒。若出现表面颗粒可用砂纸打磨后再刷一遍油漆。

8. 家居装修的材料和五金

8.1 家居装修材料概述

8.1.1 家居装修的定义

家居装饰或装潢、家居装修、家居装修设计，是几个通常为人们所认同的，但内在含义实际上是有所区别的词义。

① 家居装饰或装潢　装饰和装潢原义是指“器物或商品外表”的“修饰”，是着重从外表的、视觉艺术的角度来探讨和研究问题。例如对家居地面、墙面、顶棚等各界面的处理，装修材料的选用，也可能包括对家具、灯具、陈设和小品的选用、配置和设计。

② 家居装修　Finishing 一词有最终完成的含义，家居装修着重于工程技术、施工工艺和构造做法等方面，顾名思义主要是指土建施工完成之后，对家居各个界面、门窗、隔断等最终的装修工程。

③ 家居装修设计　现代家居装修设计是综合的家居环境设计，它既包括视觉环境和工程技术方面的问题，也包括声、光、热等物理环境以及氛围、意境等心理环境和文化内涵等内容。

现代家居装修设计，以满足人和人际活动的需要为核心。在满足现代功能需要的前提下，应努力弘扬优秀传统家居文化，并符合时代精神的要求。

①“以人为善，这正是家居装修设计社会功能的基石。”家居装修设计的目的是通过创造家居空间环境为人服务，设计者始终需要把人对家居环境的要求，包括物质使用和精神两方面，放在设计的首位。由于设计的过程中矛盾错综复杂，问题千头万绪，设计者需要清醒地认识到以人为本，为人服务，为确保人们的安全和身心健康，为满足人和人际活动的需要作为设计的核心。以人为善，这一平凡的真理，在设计时往往会有意无意地因从多项局部因素考虑而被忽视。

② 现代家居装修设计需要满足人们的生理、心理等要求，需要综合地处理人与环境、人际交往等多项关系，需要在为人服务的前提下，综合解决使用功能、经济效益、舒适美观、环境氛围等种种要求。设计及实施的过程中还会涉及材料、设备、定额法规以及与施工管理的协调等诸多问题。可以认为现代家居装修设计是一项综合性极强的系统工程，但是现代家居装修设计的出发点和归宿只能是为人和人际活动服务。

③ 从为人服务这一“功能的基石”出发，需要设计者细致入微、设身处地地为人们创造美好的家居环境。因此，现代家居装修设计特别重视人体工程、环境心理学、审美心理学等方面的研究，用以科学地、深入地了解人们的生理特点、行为心理和视觉感受等方面对家居环境的设计要求。

④ 针对不同的人，不同的使用对象，相应地应该考虑有不同的要求。例如：幼儿园家

居的窗台，考虑到适应幼儿的尺度，窗台高度常由通常的 900～1000cm 降至 450～550cm，楼梯踏步的高度也在 12cm 左右，并设置适应儿童和成人尺度的二档扶手；一些公共建筑顾及残疾人的通行和活动，在室内外高差、垂直交通、厕所盥洗等许多方面应作无障碍设计；近年来地下空间的疏散设计，如上海的地铁车站，考虑到老年人和活动反应较迟缓的人们的安全疏散时间的计算公式中，引入了为这些人安全疏散多留 1min 的疏散时间余地。上面的三个例子，着重是从儿童、老年人、残疾人等人们的行为生理的特点来考虑。在家居空间的组织、色彩和照明的选用方面，以及对相应使用性质家居环境氛围的烘托等方面，更需要研究人们的行为心理、视觉感受方面的要求。例如：教堂高耸的家居空间具有神秘感，会议厅规整的家居空间具有庄严感，而娱乐场所绚丽的色彩和缤纷闪烁的照明给人以兴奋、愉悦的心理感受。我们应该充分运用现时可行的物质技术手段和相应的经济条件，创造出首先是为了满足人和人际活动所需的家居人工环境。

因此，现代家居装修也应遵循家居装修设计的方向，努力在装修的过程中体现安全、环保、人性化的特点。

8.1.2 家居装修材料的基本用途

(1) 装修材料的选择

选择装修材料需要多方面考虑，其中以下几方面不能忽略：a. 应符合家居环境保护的要求，家居装修材料都要用在家居，所以材料的放射性、挥发性要格外注意，以免对人体造成伤害；b. 应符合装饰功能的要求；c. 应符合整体设计思想；d. 应符合经济条件。

(2) 装修材料的发展趋势

趋向于无害化；趋向于复合型材料；趋向于制成品与半成品。

8.1.3 家居装修材料的基本种类

由于市场上的装修材料成千上万，在这琳琅满目的材料市场让许多的需要装修的业主甚至从事装修工程的相关人员，都无法正确、理性地选则装修材料，因此装修材料的选择成为了家居装修的重要组成部分。

装修材料分为两大部分：一部分是室外材料，另一部分是室内材料。

室内材料又分为实材、板材、片材、型材、线材五个类型。

实材也就是原材，主要是指原木及原木制成的规方。常用的原木有杉木、红松、榆木、水曲柳、香樟、椴木，比较贵重的有花梨木、榉木、橡木等。在装饰中所用的木方主要由杉木制成，其他木材主要用于配套家具和雕花配件。在装饰预算中，实材以 m^3 为单位。

板材主要是把由各种木材或石膏加工成块的产品，统一规格为 1220mm×240mm。常见的有防火石膏板（厚薄不一）、三夹板（3mm 厚）、五夹板（5mm 厚）、九夹板（9mm 厚）、刨花板（厚薄不一）、复合板（20mm 厚），然后是花色板，有水曲柳、花梨板、白桦板、白杉王、宝丽板等，其厚度均为 3mm，还有是比较贵重的红榉板、白榉板、橡木板、柚木板等。在装饰预算中，板材以块为单位。

片材主要是把石材及陶瓷、木材、竹材加工成块的产品。石材以大理石、花岗岩为主，其厚度基本上为 15～20mm，品种繁多，花色不一。陶瓷加工的产品，也就是我们常见的地砖及墙砖，可分为六种：一是釉面砖，面滑有光泽，花色繁多；二是耐磨砖，也称玻化砖，防滑无釉；三是仿大理石镜面砖，也称抛光砖，面滑有光泽；四是防滑砖，也称通体砖，暗红色带格子；五是马赛克；六是墙面砖，基本上为白色或带浅花。

木材加工成块的地面材料品种也很多，价格以材质而定。其材质主要为：梨木、樟木、柞木、樱桃木、椴木、榉木、橡木、柚木等，在装饰预算中，片材以 m^2 为单位。

型材主要是钢、铝合金和塑料制品。其统一长度为 4m 或 6m。钢材用于装饰方面主要为角钢，然后是圆条，最后是扁铁，还有扁管、方管等，适用于防盗门窗的制作和栅栏、铁花的造型。铝材主要为扣板，宽度为 100mm，表面处理均为烤漆，颜色分红、黄、蓝、绿、白等。铝合金材主要有两色，一为银白、另一为茶色，不过现在也出现了彩色铝合金，它的主要用途为门窗料。铝合金扣板宽度为 110mm，在家居装饰中，也有用于卫生间、厨房吊顶的。塑料扣板宽度为 160mm、180mm、200mm，花色很多，有木纹、浅花，底色均为浅色。现在塑料开发出的装修材料有配套墙板、墙裙板、门片、门套、窗套、角线、踢脚线等，品种齐全，在修预算中型材以根为单位。

线材主要是指木材、石膏或金属加工而成的产品。木线种类很多，长度不一，主要由松木、梧桐木、椴木、榉木、柚木、黑胡桃木等天然实木加工而成。其品种有：指甲线（半圆带边）、半圆线、外角线、内角线、墙裙线、踢脚线、收边线、装饰角线等。宽度小至 10mm（指甲线），大至 120mm 不等（踢脚线、墙角线）。石膏线分平线、角线两种，铸模生产，一般都有欧式花纹。平线配角花，宽度为 5cm 左右，角花大小不一；角线一般用于墙角和吊顶级差，大小不一，种类繁多。除此之外，还有不锈钢、钛金板制成的槽条、包角线等，长度为 2.4m。在装饰预算中，线材以 m 为单位。

接下来是墙面或顶面处理材料，它们有 308 涂料、888 涂料、乳胶漆等。然后软包材料，各种装饰布、绒布、窗帘布、海绵等，还有各色墙纸，宽度为 540mm，每卷长度为 10m，花色品种多。

再就是油漆类。油漆分为有色漆、无色漆两大类。有色漆有各色酚醛油漆、聚安酯漆等；无色漆包括酚醛清漆、聚氨酯清漆、哑光清漆等。在家居装饰预算中，涂料、软包、墙纸和漆类均以 m^2 为单位，漆类也有以桶为单位的。

按照家居装修的部位划分，家居装修材料可分为以下几个部分：陶瓷类装修材料；木材类装修材料；石材类装修材料；织物类装修材料；塑料类装修材料；门窗类装修材料；玻璃类装修材料；吊顶类装修材料；油漆、涂料类装修材料；紧固件、连接件；无机胶结材料及有机胶结材料等 11 类装修材料。

按照装修工程的作业流程可以分为水电类装修材料、土建类装修材料、木作类装修材料、油涂类装修材料。

8.1.4 家居装修材料的基本特性

（1）家居装修材料是一种个人消费品

随着市场经济的发展，极大地提升了房产市场的急剧发展，从而带动了整个家居装修市场的发展速度。目前家居装修已从简单的饰面装饰提升到一定的人性艺术氛围。在“衣”、“食”、“住”、“行”，中也是等同与“食”一样的消费品，因此它属于一种个人消费行为，随着家居装修的发展，这种行为已经从盲目地跟从发展到现如今理性地消费。每个人在对待家居装修时同购买普通商品一样，不仅要“物美价廉”且还必须“货比三家”，方才选择适合自已的装饰方案、选择适合自己的装饰公司等。而家居装修材料作为达到家居装修效果的主要媒介已成为一种个人必不可少的消费品

（2）家居装修材料具有自我参与的特点

家居装修材料不等同于普通的消费品，它必须与家居空间使用的业主密切地联系在一

起，需要根据业主的实际情况，例如业主自身的素质、个人的喜好、色调的喜好、家庭成员的结构以及个人所能承受的经济能力的支出等作为家居装修材料中所必须考虑的主要问题。因此它有很强的自我参与性。

（3）家居装修材料有明显的差异性

在家居装修材料选用过程中因其受自身的素质、个人的喜好、色调的喜好、家庭成员的结构以及个人所能承受的经济能力的支出等因素的影响，因此其装饰的效果也就不相同。不同的空间使用主体，不同的设计师、不同的经济投入、不同的地域文化、不同的风俗习惯。决定了家居装修的装饰有千差万别的差异性。但家居装修发展到今天，大家在家居装修中所崇尚的大多是简约不失品味，豪华不失流畅，个性不失温馨的装饰效果。

（4）家居装修材料虽有标准但监督管理不足

家居装修在中国属于新兴行业。就家居装修的行业标准而言，近几年才陆续颁发，目前从事家居装修的施工队伍，大多为农民工；大部分的装修公司，其设计、施工水平参差不齐；而大多数业主都缺乏家居装修的基本知识，不能对设计、施工的质量进行监督、检查。而主管部门又监督不力。因此，在家居装修过程中经常存在偷工减料、以次充好等纠纷。不少业主花了很多的财力及精力，希望能营造一个温馨的家居环境，结果却不尽如人意，还留下许多隐患。因此从整体而言，目前家居装修材料虽有标准但还是不尽如人意，有待于进一步地监督与提高。

（5）家居装修施工的多变性

家居装修材料同社会的任何产物一样，一直不断地更新。新型的设计风格、新型的施工机械的不断更新。从而使家居装修材料也发生着翻天覆地的变化，家居装修材料的效果从20 世纪 80 年代的简陋装饰，到现代的整体厨房、整体卫生间、整体衣柜等。随着社会的发展家居装修施工的技术手段不断更新，材料日新月异。

（6）家居装修材料与装修质量息息相关

随着人民生活水平的提高，家居装修日益成为一个新的消费热点。人们对生活环境要求不断地提高，对家居装修材料要求也不断提高。家居装修的项目也不断增多，其施工的各道工序联系也越紧密。如水电的施工一直延续到施工完成，一些木作项目必须在工程基本完工后才可安装。木作工程的一些不足可以用油漆来进一步修饰。在装饰过程中还必须同设备提供商相互配合。如液晶电视入墙，必须同电视销售服务中心配合，了解安装尺寸，避免无法安装等。因此家居装修过程相对复杂，要想能够按时、保质、保量地完成施工任务，塑造属于自己的家居空间，必须选择好装修材料，做好各个工序的工作才能营造一个温馨、舒适的家居环境。

8.2 水电装修材料

8.2.1 给水常用材料

给水管材及配件，目前业内家居装修工程中所用的给水管主要有：聚氯乙烯管（PVC管）、铝塑复合管（冷热）、铜管、三型聚丙烯（PPR）冷热管等。

（1）PVC 管的主要特点

具有施工简便，成本低廉，耐化学腐蚀性强等特点。

常用品牌有武峰牌、南亚牌、台塑牌、台亚牌等。表 8-1 是 PVC 管材标准尺寸及公差允许值。

表 8-1 PVC 管材标准尺寸及公差

外径(DE)		壁厚/mm			
		公称压力 0.63MPa		公称压力 1.0MPa	
基本尺寸	公差	基本尺寸	公差	基本尺寸	公差
20	+0.30 0.00	1.6	+0.40 0.00	1.9	+0.40 0.00
25	+0.30 0.00	1.6	+0.40 0.00	1.9	+0.40 0.00
32	+0.30 0.00	1.6	+0.40 0.00	1.9	+0.40 0.00
40	+0.30 0.00	1.6	+0.40 0.00	1.9	+0.40 0.00
50	+0.30 0.00	1.6	+0.40 0.00	2.4	+0.50 0.00
63	+0.30 0.00	2.0	+0.40 0.00	3.0	+0.50 0.00
75	+0.30 0.00	2.3	+0.50 0.00	3.6	+0.60 0.00
90	+0.30 0.00	2.8	+0.50 0.00	4.3	+0.70 0.00
110	+0.40 0.00	3.4	+0.60 0.00	5.3	+0.80 0.00

(2) 铝塑复合管（冷热）（图 8-1）的主要特点

质量较轻，施工方便，用钢锯可直接裁剪，专用铜配件连接简易（见图 8-2）；管本身坚硬又具柔软性，用手可直接弯曲；耐温－40～＋110℃，耐压＞1MPa。

保温性好，抗酸碱盐腐蚀，不氧化，抗紫外线；安全卫生，符合 GB 9687—88 卫生标准，适用于饮用水的管道输送；使用寿命可达 30 年；也可做弱电布线套管，有极好的屏蔽作用。可用金属探测轻易测出位置。家居装修常用铝塑管型号为 1418、1620 等；成本适中，但铜连接件成本稍高，另日丰煤气管可作为燃气灶与管道煤气连接的预埋管一般的铝塑管热水为红色，冷水为白色，热水管可做冷水管用。常用铝塑管品牌：“日丰”、“金德”、“四维” 等。

图 8-1 铝塑管

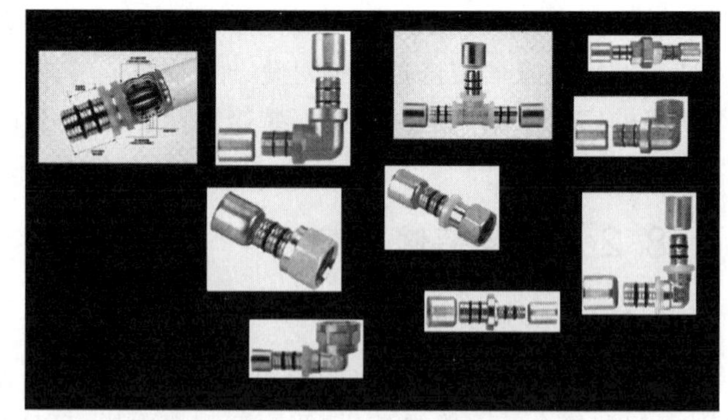

图 8-2 铝塑管常用配件

(3) 铜管的主要特点

① 使用寿命长 铜水管的使用寿命可以说与建筑物是同寿命的，在热水管道方面，铜水管使用性能更加突出（图 8-3、图 8-4）。

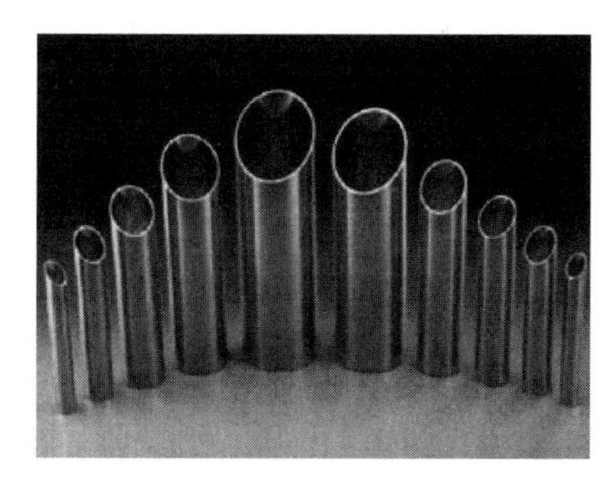

图 8-3　铜管

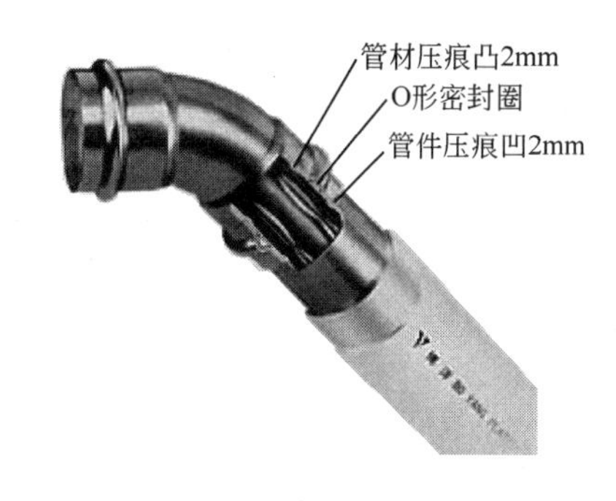

图 8-4　铜管配件

②卫生健康　铜管不像镀锌管或化学管材那样易造成饮用水的二次污染。生物学研究表明，99%以上的水中细菌在进入铜管道 5h 后自行消失，这是由于微量的铜溶于水中而形成的。

③ 不可渗透性　铜管与管件牢固密实，无论是油脂、细菌和病毒、废气、有害液体或紫外线都不能穿过它，这是塑料管道所不能做到的。

④耐热、耐腐蚀、耐压和耐火　像铜管这样集耐热、耐腐蚀、耐压和耐火于一身的材料是绝无仅有的。

⑤ 优质廉价　居民住宅一卫一厨冷热水全部采用铜管的费用为 800～1000 元。

⑥ 节能增流　铜的热传导快，铜管壁薄，外面包有保温层，热水在管道时可减少热量的损失，铜管内壁光滑，流阻小，热水管即使长时间使用也不会像铁管那样因生锈和结垢而降低流率。

⑦ 安装方便　LT 铜管接头可提供配套服务，连接时，只需将铜管插入接头，配上铜管接头专用焊料，用氧、乙炔火焰一烧即可连接，安全可靠，节工省时，一次施工，终生受益，免受维修之苦，可谓一劳永逸。

(4) 聚丙烯（PPR）冷热管的要特点

耐热达 95℃，寿命达 50 年；耐腐蚀，不会生锈、腐蚀；长期使用不结垢；良好的抗震性，抗冲击性；利用热溶机可令接头完好地连接，防止接头因各种因素松动导致的漏水等隐患（见图 8-5）；成本较低，可广泛用于家居冷热水系统。

8.2.2　排水常用材料

(1) PVC（见给水管材标准）

(2) 铝合金 UPVC 复合排水管

管道系统的经济性并不是单一的管材、管件的单价。而是有许多的施工、安装、维护、管理、管道系统的使用寿命等综合因素构成。主要体现在长寿命的建筑物中其寿命同期成本效益和适用范围上。从上述有关铝合金 UPVC 复合排水管的技术特性中得知，其经济适用性明显地优于 UPVC 排水管和铸铁管，几种排水管的性价比见表 8-2。目前铝合金 UPVC 复合排水管相对于 UPVC 排水管来说价格相对较高。主要是增加了铝合金及特殊防腐材料层，

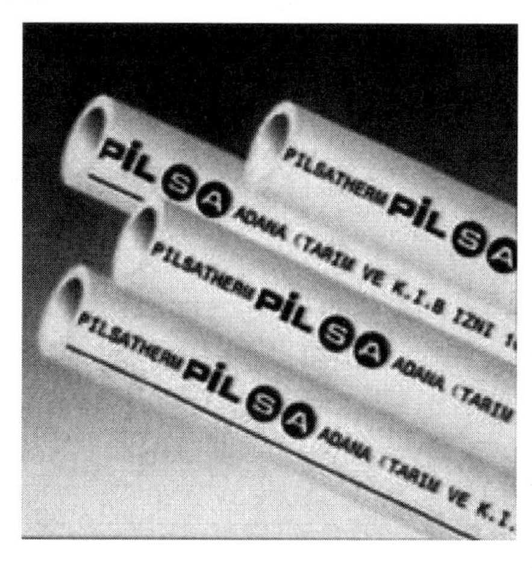

图 8-5　PPR 管材

通过企业控制成本，降低各种费用，寻找更合适又更经济的复合材料来代替，从而达到经济适用的目的。

表 8-2　几种排水管的性价比

性　　能	铝合金 UPVC 复合排水管	UPVC 排水管	铸铁管	镀锌衬塑管
防紫外线	好	差	好	好
耐候性	好	差	好	好
抗冲击性	好	差	好	好
耐腐蚀性	好	好	差	一般
防火性	好	差	好	好
外观色彩	好	差	差	差
连接可靠性	好	好	好	好
使用寿命	长	低	一般	一般
维护性	好	差	差	差
管材、管件价格	较低	低	高	高
系统经济适用性	好	差	差	差

（3）PVC-U 排水管

一流的产品源自于一流的设备、先进的工艺、优质的原料、科学的管理以及严格的质量控制。采用高品质的聚氯乙烯、进口的加工助剂及环保纳米材料为原料，经科学的配混，生产高品质的新型复合排水管，该 PVC-U 新型复合排水管具有以下特点。

① PVC-U 新型复合排水管与实壁 PVC-U 管及其他排水管相比，具有质量轻（密度为 0.9～1.2g/cm^3）、价格低、便于运输、安装、维护和保养。

② PVC-U 新型复合排水管外表美观大方，适合现代大型建筑，内壁光滑，摩擦系数小，而且管道内壁抗腐蚀、抗磨损、不结垢，减少流体的摩擦阻力，提高流体输送效率及降低噪声。

③ PVC-U 新型复合排水管与实壁管比抗冲击强度高，其环衬度为普通 PVC-U 的 8 倍。特别适合于机场、道路和铁路的排水管。金德 PVC-U 新型复合排水管力学性能好，复合多层结构使管材内壁抗压强度大大提高，这种管材的截面力学特性更趋于合理，因此具有力学性能高、韧性好、抗折能力强等优点，减少了施工和使用中的破碎问题。根据测试结果，PVC-U 新型复合排水管的冲击能量为实壁 PVC-U 管（国家标准）的 2～4 倍，因此可大大减少施工应用中管材的意外损坏。

④ PVC-U 新型复合排水管使用温度范围宽广，耐候性良好，可在-30～70℃下使用，并且温度变化时尺寸稳定性好。

⑤ PVC-U 新型复合管材以其特殊的复合多层结构，大大提高了管材的隔音性能，复合多层结构有效地阻隔了噪声的传播，水流噪声大为降低，更适用于高层建筑物排水系统。

⑥ PVC-U 新型复合排水管隔热性能优异。使用温度范围宽，表面不结露，用于冷热流体保温输送时，可节约保温费用。

⑦ PVC-U 新型复合排水管由于聚氯乙烯基体与碳酸盐片层的良好结合，通过控制纳米

碳酸盐片层的平面取向，纳米管材表现出良好的尺寸稳定性和气体（包括水蒸气）阻隔性，并具有阻燃自熄性能。

⑧ PVC-U 新型复合排水管由于采用了纳米技术，聚氯乙烯分子结构接近饱和，故化学稳定性极高，在一定温度下和各种酸、碱、盐以及有机溶剂接触条件下，管材具有极好的耐腐蚀性能。

⑨ PVC-U 新型复合排水管由于采用了纳米技术，聚氯乙烯基体与碳酸盐片层的良好结合，管材的耐磨性大大提高，是普通聚氯乙烯管材的 4～7 倍，在幅度提高了管道的使用寿命。

⑩ PVC-U 新型复合排水管具有优越的电器绝缘性能，适合用于电线、电缆套管。

⑪ PVC-U 新型复合排水管在弯折状态下比普通 PVC-U 排水管的使用寿命要长 10 年。

⑫ PVC-U 新型复合排水管的生产原料中加入了进口光稳定剂，有效防止因光老化而使管材使用寿命减少。

⑬ PVC-U 新型复合排水管的生产采用先进的纳米技术，耐腐蚀性强，抗老化性能优异，使用寿命达 50 年以上，管材的综合性能更加优良。

⑭ PVC-U 新型复合排水管不容易分解，对环境不会造成危害。欧洲乙烯制品委员会的实验研究证明难分解的 PVC-U 制品在使用时不会对人体产生不利影响，废弃后也完全可以和其他固体垃圾一起进行埋藏处理而无害于环境。

⑮ PVC-U 新型复合排水管材配件配套齐全，可配合各种设计及安装要求。

⑯ PVC-U 新型复合排水管的安装费用比一般的管材低，加上其耐腐蚀、耐磨损、耐候性等诸多因素综合对比，经济效益比普通聚氯乙烯管材高 1 倍左右。

8.2.3 常用电气用线

电气工程的主要材料为导线及套管。

（1）导线的选择和用法

导线俗称“电线”，担负输送电能的作用，住宅电气线路电压为 220V 单相，分别有相线（L）、零线（N）和保护接地线（PE）三根导线引入。家居装修中使用的导线的额定工作电压应大于实际工作电压，一般都选用铜芯聚氯乙烯绝缘电线（简称“铜芯线”）、铜芯聚氯乙烯绝缘电线（简称“护套线”）等，常用的铜芯线品牌有南平“太阳牌”。家居电气装修工程中“强电”部分标准的用线（以铜芯线为标准按截面积计算）：a. 普通插座用线为 2.5mm^2；b. 照明用线为 1.5mm^2；c. 大功率电器（如空调、热水器等）用线为 4mm^2；d. 厨房空间的插座用线为 4mm^2；e. 护套线常用于无法用套管时使用。

（2）家居装修电气工程中“弱电”部分标准的用线

该类用线主要有：a. 电话线（4 芯）；b. 电视线（单屏蔽、双屏蔽）；c. 网络线(8 芯)；d. 音响线（50 芯以上）；e. 音频、视频线。

（3）电线套管

常用的套管有两大类：一类是 PVC 阻燃套管；另一类是金属套管。家居地面及墙面常用的电线套为 PVC 阻燃套管居多，型号有 Φ16、Φ20、Φ25 等。吊顶上的电线套管常用金属套管。

常用 PVC 阻燃管的品牌有“南亚”、“武峰”等（图 8-6）。家居装修常用导线及铺设方法的安全载流量见表 8-3。

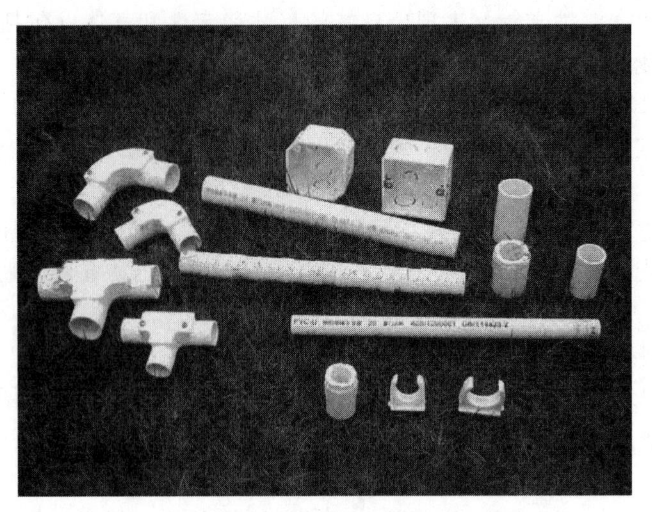

图 8-6　常用的套管及配件

表 8-3　常用导线及铺设方法的安全载流量表

导线种类	截面(mm^2)	金属管布线			PVC 管布线			护套线	
		二根	三根	四根	二根	三根	四根	二芯	三芯
铜芯聚氯乙烯绝缘电线	1.5	17	15	14	14	13	11	17	10
	2.5	23	21	19	21	18	17	23	17
	4.0	30	27	24	27	24	22	30	23
	6.0	41	36	32	36	31	28	37	28

（4）导线铺设

配电线路分明敷和暗敷两种。

导线明敷和暗敷是将配电有绝缘导线沿墙、顶棚等的表面，以墙、顶棚等作为支持物明敷，明敷导线常采用塑料护套线敷设。这种敷设方法虽然导线明露在墙面上不够美观，但具有施工简便、可靠的优点，在广大农村住宅和对装饰标准不高的住宅仍不失为一种首选方案。

暗管敷设是将绝缘导线穿在电线保护管内埋入墙体、吊顶、地板内部的施工方法。这种施工方法使墙体表面没有导线的痕迹，导线不易受外界机械力损伤，便于更换导线，使供电安全、可靠，并能使居室整洁美观，在居室装饰工程中被广泛采用。暗管敷设根据其保护管的材料不同又有钢管暗敷和塑料管暗敷之分。

钢管暗敷时应选用薄壁电线钢管；塑料管暗敷时应选用以塑料绝缘材料制成的建筑用电工套管，所用电线管直径根据所穿导线的数量和截面来选择，具体管径选择见表 8-4。

表 8-4　聚氯乙烯绝缘导线允许穿窗根数的最小管径

截面/mm	2 根单芯		3 根单芯		4 根单芯		5 根单芯		6 根单芯	
	VG	DG	VG	DG	VG	DG	VG	DG	VG	DG
	最小管径/mm									
1.5	15	15	15	15	15	15	20	20	20	20
2.5	15	15	15	15	15	20	20	20	20	25
4.0	15	15	15	15	20	20	20	25	25	25
6.0	15	15	20	20	20	25	25	25	25	25

注：表中 VG 为硬聚氯乙烯管；DG 为薄壁电线钢管。

8.2.4 开关及插座面板等电气元器件

(1) 开关面板

开关面板分为照明控制开关和插座两类（见图 8-7）。

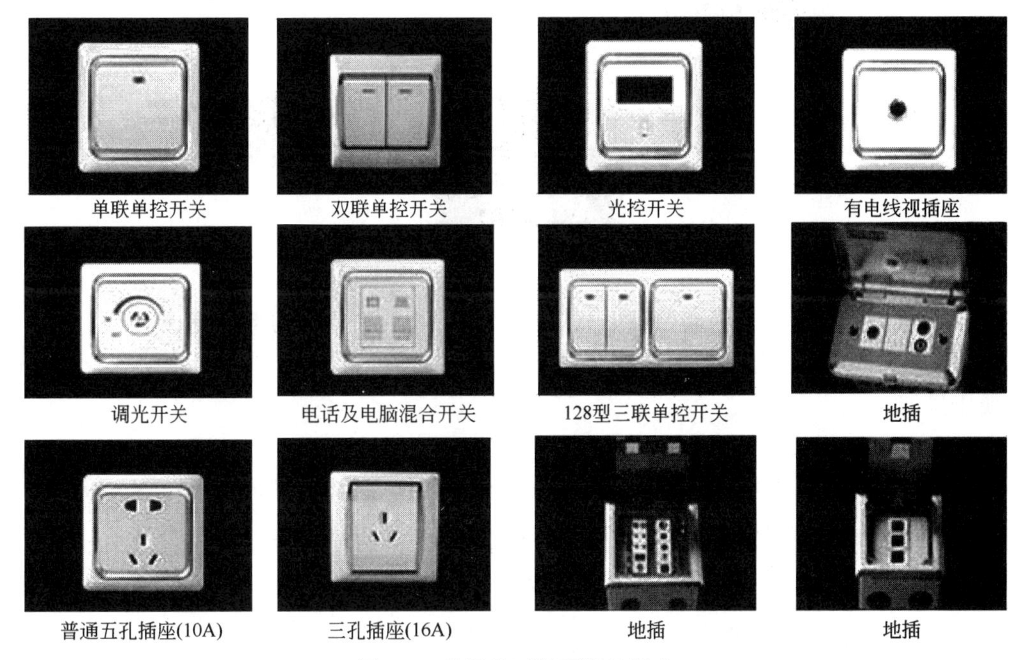

图 8-7 常用的开关面板及插座

照明控制开关最常用的照明控制元件之一，是控制灯具启闭的最近一级开关。

插座是移动式用电器具，家用电器等电器的电源连接点。分为强电和弱电两种。开关、插座的安装方式有暗装式和明装式。开关的启闭形式可分为扳把开关、拉线开关、翘板开关等多种。按额定电流来分可分为 6（5）A、10A、16（15）A 等多种。单相插座又有二极和三极两种：二极有相线（L）、零线（N）；三极除了以上二杉外还有保护地零线（PE）。弱电系统有电话插座、电视插座、电脑（网络）插座、音频插座等。

在现代家居装修中，常用的照明控制开关一般都采用翘板开关，最常用的有 86 系列、120 系列等，一般都是暗装式安装。翘板开关的品牌和款式非常多，例如常用的品牌有“松下”、“TCL”“奇胜”、“朗能”等。按使用功能常用的大致有：单联单控；双联单控；三联单控；四联单控；单联双控；双联双控；开关带插座。各个型号的使用根据各个区域使用的功能及实用安排，安装使用。

家居装修中常用的插座最常用的有 86 系列、120 系列等，一般都是暗装式安装。插座按使用功能常用的大致有：（10A）五孔插座；（10A）四孔插座；（16A）三孔插座；（10A）插座带一位开关；（16A）四孔插座；电话插座；电视插座；电脑插座；音频插座；一般插座的使用方式有以下几种：普通插座均安装（10A）五孔插座或（10）A 四孔插座，大功率电器（如空调、热水器、冰箱、抽油烟机、消毒柜等）均需安装（16A）三孔插座。

(2) 配电箱

配电箱是居室配电的中心，它将室外引入的电源分配至室内的照明灯具。配电箱是由金属或塑料制成的箱体。配电箱有挂墙式明装配电箱和嵌入式暗装配电箱。箱内装有总开关、分路开关、熔断器、漏电断路器等元器件（见图 8-8）。

图 8-8 常用的空气开关

在家居中使用的配电箱以暗装嵌入式配电箱为主，其主要结构部件有透明罩、上盖、箱体、安装轨道（支架）、电排、护线罩和电器开关元器等，箱体周围及背面设有进出线敲落孔，便于接线。

（3）自动空气开关

配电箱内常装有一组标准自动空气开关和分路开关。总开关可选用两极（单极）自动空气开关，分路开关选用单极自动空气开关。自动空气开关技术数据见表 8-5。

表 8-5 自动空气技术数据

型　号	额定电流/A	过流脱扣器额定电流范围/A	电压/V
DZ18-60/1	60	6～60	220
DZ18-60/2	60	15～60	380
C45N	60	1～60	240/415
C45AD	40	1～40	240/415

高质量的自动空气开关应具备以下特点：a. 获得 CCEE 质量认可证书，达到 ICE898 标准并符合多项国际标准；b. 分断能力高；c. 具有限流特性；d. 脱扣迅速；e. 电流精确稳定；f. 组合式设计可与其他如漏电、过压、零线保护等性能开关组合；g. 高阻燃及耐冲击塑料壳及部件；h. 寿命长；i. 体积小，重量轻；j. 导轨安装方便妥当。

（4）漏电断路器

漏电断路器又称漏电保护器、漏电开关。它在规定条件下，被保护电路中的漏电值达到或超过预定值时，能自动断开电路或发出报警信号，其功能主要是为在低压电网发生接地故障时，对有危险的以及可能致命的触电事故和电气火灾事故的发生提供保护。漏电断路器只有在负荷或带电壳体与大地触及进才有保护作用，对同时触及两线的触电不能保护。因此，使用了漏电断路还应当可靠连接保护接地（零）线（PE）。为了确保漏电断路器的动作可靠灵敏，在安装前后或使用一段时间后（一般 1 个月），应通电检查试验：按下漏电断路器上的试验按钮，此时断路应分断，表示漏电断路器工作正常，否则就查找原因或送有关单位检修或调整。

8.2.5 灯具及灯饰

（1）光源

目前家居室内照明光源主要以白炽灯、荧光灯为主。

白炽灯俗称“灯泡”，在较长的一段时间内由于其成本低廉，而受到业主的青睐，但由于其发光效率低，且使用寿命较短，在中高档住宅室内装饰中已慢慢被可发暖色光的荧光灯所取带。

荧光灯主要分为普通荧光灯、三基色荧光灯、节能荧光灯（简称“节能灯”）等。普通荧光灯又称日光灯，最早的荧光灯配有电感式镇流器和启辉器，其会受电压的影响从而降低其发光效率和寿命，电子镇流器的出现使荧光灯的性能进一步提高，称之为“电子灯”。三基色荧光灯是普通荧光灯的改进型产品，灯管内壁涂有三基色荧光粉，除可发白色光还可发出粉红、桔橘、海蓝、草绿等各式常用颜色。其新型产品有 T5、T4 等。常用于起居厅灯带的制作，一些背景暗藏灯的使用等。

节能荧光灯俗称节能灯，它将电子镇流器做成内藏式，结构紧凑，发光效率高。且体积仅相当于普通白炽灯一般大小，因此大部分的灯具都采用了这种光源。常用的质量较好的品牌有：通士达、欧普、飞利浦、TCL 等。

（2）灯具

灯具的主体是由造型各异的金属、塑胶、原木、玻璃、纸盒等材料制成，配以相应的附件。灯具的结构、形状是根据光源的种类、形状、功率、使用场合及灯具的形体美化要求来设计的。灯具的主要功能是固定光源，并将光流量重新分配，达到合理利用和避免眩光的目的，以使光源能够适合各种不同环境，合理地发挥照明功能的同时起至照明的艺术效果。灯具的分类方式很多，在住宅装饰中灯具主要按空间区域来分类可以分为吊灯、吸顶灯、防油灯、防雾灯、镜前灯、筒灯、射灯等。

8.3 土建装修材料

8.3.1 常用的胶结材料（水泥砂浆）

（1）水泥

水泥英文名称 cement，是粉状水硬性无机胶凝材料。加水搅拌后成浆体，能在空气中或水中硬化，并能把砂、石等材料牢固地胶结在一起。水泥是重要的建筑材料，用水泥制成的砂浆或混凝土，坚固耐久，广泛应用于土木建筑、水利、国防等工程。

cement 一词由拉丁文 caementum 发展而来，是碎石及片石的意思。水泥的历史可追溯到古罗马人在建筑工程中使用的石灰和火山灰的混合物。1796 年英国人 J. 帕克用泥灰岩烧制一种棕色水泥，称罗马水泥或天然水泥。1824 年英国人 J. 阿斯普丁用石灰石和黏土烧制成水泥，硬化后的颜色与英格兰岛上波特兰地方用于建筑的石头相似，被命名为波特兰水泥，并取得了专利权。20 世纪初，随着人民生活水平的提高，对建筑工程的要求日益提高，在不断改进波特兰水泥的同时，研制成功一批适用于特殊建筑工程的水泥，如高铝水泥，特种水泥等，水泥品种已发展到 100 多种。

水泥的生产工艺，以石灰石和黏土为主要原料，经破碎、配料、磨细制成生料，喂入水泥窑中煅烧成熟料，加入适量石膏（有时还掺加混合材料或外加剂）磨细而成。

① 水泥分类

a. 水泥按用途及性能分为通用水泥、专用水泥、特性水泥等。通用水泥：一般土木建筑工程通常采用的水泥，通用水泥主要是指 GB 175—1999、GB 1344—1999 和 GB 12958—1999 规定的六大类水泥，即硅酸盐水泥、普通硅酸盐水泥、矿渣硅酸盐水泥、火山灰质硅酸盐水泥、粉煤灰硅酸盐水泥和复合硅酸盐水泥。专用水泥：专门用途的水泥，如 G 级油井水泥、道路硅酸盐水泥。特性水泥：某种性能比较突出的水泥，如快硬硅酸盐水泥、低热矿渣硅酸盐水泥、膨胀硫铝酸盐水泥。

b. 水泥按其主要水硬性物质名称分为：硅酸盐水泥，即国外通称的波特兰水泥；铝酸盐水泥；硫铝酸盐水泥；铁铝酸盐水泥；氟铝酸盐水泥；以火山灰或潜在水硬性材料及其他活性材料为主要组分的水泥。

c. 按主要技术特性分类。按水泥的快硬性分为快硬和特快硬两类；按水泥的水化热分为中热和低热两类；按水泥的抗硫酸盐性分中抗硫酸盐腐蚀和高抗硫酸盐腐蚀两类；按水泥的膨胀性分为膨胀和自应力两类；按水泥的耐高温性分类铝酸盐水泥的耐高温性以水泥中氧化铝含量分级。

② 水泥命名的原则

水泥的命名按不同类别分别以水泥的主要水硬性矿物、混合材料、用途和主要特性进行，并力求简明准确，名称过长时，允许有简称。

通用水泥以水泥的主要水硬性矿物名称冠以混合材料名称或其他适当名称命名。

专用水泥以其专门用途命名，并可冠以不同型号。

特性水泥以水泥的主要水硬性矿物名称冠以水泥的主要特性命名，并可冠以不同型号或混合材料名称。

以火山灰性或潜在水硬性材料以及其他活性材料为主要组分的水泥是以主要组分的名称冠以活性材料的名称进行命名，也可再冠以特性名称，如石膏矿渣水泥、石灰火山灰水泥等。

③ 水泥类型的定义

a. 水泥：加水拌和成塑性浆体，能胶结砂、石等材料既能在空气中硬化又能在水中硬化的粉末状水硬性胶凝材料。

b. 硅酸盐水泥：由硅酸盐水泥熟料、0～5%石灰石或粒化高炉矿渣、适量石膏磨细制成的水硬性胶凝材料，称为硅酸盐水泥，分 P. Ⅰ和 P. Ⅱ，即国外通称的波特兰水泥。

c. 普通硅酸盐水泥：由硅酸盐水泥熟料、6%～15%混合材料，适量石膏磨细制成的水硬性胶凝材料，称为普通硅酸盐水泥（简称普通水泥），代号 P. O。

d. 矿渣硅酸盐水泥：由硅酸盐水泥熟料、粒化高炉矿渣和适量石膏磨细制成的水硬性胶凝材料，称为矿渣硅酸盐水泥，代号 P. S。

e. 火山灰质硅酸盐水泥：由硅酸盐水泥熟料、火山灰质混合材料和适量石膏磨细制成的水硬性胶凝材料。称为火山灰质硅酸盐水泥，代号 P. P。

f. 粉煤灰硅酸盐水泥：由硅酸盐水泥熟料、粉煤灰和适量石膏磨细制成的水硬性胶凝材料，称为粉煤灰硅酸盐水泥，代号 P. F。

g. 复合硅酸盐水泥：由硅酸盐水泥熟料、两种或两种以上规定的混合材料和适量石膏磨细制成的水硬性胶凝材料，称为复合硅酸盐水泥（简称复合水泥），代号 P. C。

h. 中热硅酸盐水泥：以适当成分的硅酸盐水泥熟料、加入适量石膏磨细制成的具有中等水化热的水硬性胶凝材料。

i. 低热矿渣硅酸盐水泥：以适当成分的硅酸盐水泥熟料、加入适量石膏磨细制成的具有低水化热的水硬性胶凝材料。

j. 快硬硅酸盐水泥：由硅酸盐水泥熟料加入适量石膏，磨细制成早强度高的以 3 天抗压强度表示标号的水泥。

k. 抗硫酸盐硅酸盐水泥：由硅酸盐水泥熟料，加入适量石膏磨细制成的抗硫酸盐腐蚀性能良好的水泥。

l. 白色硅酸盐水泥：由氧化铁含量少的硅酸盐水泥熟料加入适量石膏，磨细制成的白色水泥。

m. 道路硅酸盐水泥：由道路硅酸盐水泥熟练，0～10%活性混合材料和适量石膏磨细制成的水硬性胶凝材料，称为道路硅酸盐水泥（简称道路水泥）。

n. 砌筑水泥：由活性混合材料，加入适量硅酸盐水泥熟料和石膏，磨细制成主要用于砌筑砂浆的低标号水泥。

o. 油井水泥：由适当矿物组成的硅酸盐水泥熟料、适量石膏和混合材料等磨细制成的适用于一定井温条件下油、气井固井工程用的水泥。

p. 石膏矿渣水泥：以粒化高炉矿渣为主要组分材料，加入适量石膏、硅酸盐水泥熟料或石灰磨细制成的水泥。

④ 水泥生产工艺

a. 生产方法。硅酸盐类水泥的生产工艺在水泥生产中具有代表性，是以石灰石和黏土为主要原料，经破碎、配料、磨细制成生料，然后喂入水泥窑中煅烧成熟料，再将熟料加适量石膏（有时还掺加混合材料或外加剂）磨细而成。

水泥生产随生料制备方法不同，可分为干法（包括半干法）与湿法（包括半湿法）两种。

（a）干法生产。将原料同时烘干并粉磨，或先烘干经粉磨成生料粉后喂入干法窑内煅烧成熟料的方法。但也有将生料粉加入适量水制成生料球，送入立波尔窑内煅烧成熟料的方法，称之为半干法，仍属干法生产之一种。

（b）湿法生产。将原料加水粉磨成生料浆后，喂入湿法窑煅烧成熟料的方法。也有将湿法制备的生料浆脱水后，制成生料块入窑煅烧成熟料的方法，称为半湿法，仍属湿法生产之一种。

干法生产的主要优点是热耗低（如带有预热器的干法窑熟料热耗为3140～3768J/kg），缺点是生料成分不易均匀，车间扬尘大，电耗较高。湿法生产具有操作简单，生料成分容易控制，产品质量好，料浆输送方便，车间扬尘少等优点，缺点是热耗高（熟料热耗通常为5234～6490J/kg）。

b. 生产工序。水泥的生产，一般可分生料磨制、煅烧和粉磨等三个工序。

（a）生料磨制。分干法和湿法两种。干法一般采用闭路操作系统，即原料经磨机磨细后，进入选粉机分选，粗粉回流入磨再行粉磨的操作，并且多数采用物料在磨机内同时烘干并粉磨的工艺，所用设备有管磨、中卸磨及辊式磨等。湿法通常采用管磨、棒球磨等一次通过磨机不再回流的开路系统，但也有采用带分级机或弧形筛的闭路系统的。

（b）煅烧。煅烧熟料的设备主要有立窑和回转窑两类，立窑适用于生产规模较小的工厂，大、中型厂宜采用回转窑。

ⓐ 立窑。窑筒体立置不转动的称为立窑。分普通立窑和机械化立窑。普通立窑是人工加料和人工卸料或机械加料，人工卸料；机械立窑是机械加料和机械卸料。机械立窑是连续操作的，它的产、质量及劳动生产率都比普通立窑高。近年来，国外大多数立窑已被回转窑所取代，但在当前中国水泥工业中，立窑仍占有重要地位。根据建材技术政策要求，小型水泥厂应用机械化立窑，逐步取代普通立窑。

ⓑ 回转窑。窑筒体卧置（略带斜度），并能做回转运动的称为回转窑。分为煅烧生料粉

的干法窑和煅烧料浆（含水量通常为35%左右）的湿法窑。

ⓒ 干法窑。干法窑又可分为中空式窑、余热锅炉窑、悬浮预热器窑和悬浮分解炉窑。20世纪70年代前后，发展了一种可大幅度提高回转窑产量的煅烧工艺——窑外分解技术，其特点是采用了预分解窑，它以悬浮预热器窑为基础，在预热器与窑之间增设了分解炉。在分解炉中加入占总燃料用量50%～60%的燃料，使燃料燃烧过程与生料的预热和碳酸盐分解过程，从窑内传热效率较低的地带移到分解炉中进行，生料在悬浮状态或沸腾状态下与热气流进行热交换，从而提高传热效率，使生料在入窑前的碳酸钙分解率达80%以上，达到减轻窑的热负荷，延长窑衬使用寿命和窑的运转周期，在保持窑的发热能力的情况下，大幅度提高产量的目的。

ⓓ 湿法窑。用于湿法生产中的水泥窑称湿法窑，湿法生产是将生料制成含水为32%～40%的料浆。由于制备成具有流动性的泥浆，所以各原料之间混合好，生料成分均匀，使烧成的熟料质量高，这是湿法生产的主要优点。

湿法窑可分为湿法长窑和带料浆蒸发机的湿法短窑，长窑使用广泛，短窑目前已很少采用。为了降低湿法长窑热耗，窑内装设有各种型式的热交换器，如链条、料浆过滤预热器、金属或陶瓷热交换器。

(c) 粉磨。水泥熟料的细磨通常采用圈流粉磨工艺（即闭路操作系统）。为了防止生产中的粉尘飞扬，水泥厂均装有收尘设备。电收尘器、袋式收尘器和旋风收尘器等是水泥厂常用的收尘设备。

近年来，由于在原料预均化、生料粉的均化输送和收尘等方面采用了新技术和新设备，尤其是窑外分解技术的出现，一种干法生产新工艺随之产生。采用这种新工艺使干法生产的熟料质量不亚于湿法生产，电耗也有所降低，已成为各国水泥工业发展的趋势。

(d) 性能指标。水泥主要技术指标如下。

相对密度与容重：普通水泥相对密度约为3.1，容重通常采用1300kg/m^3。

细度：指水泥颗粒的粗细程度。颗粒越细，硬化得越快，早期强度也越高。

凝结时间：水泥加水搅拌到开始凝结所需的时间称初凝时间。从加水搅拌到凝结完成所需的时间称终凝时间。硅酸盐水泥初凝时间不早于45min，终凝时间不迟于12h。

强度：水泥强度应符合国家标准。

体积安定性：指水泥在硬化过程中体积变化的均匀性能。水泥中含杂质较多，会产生不均匀变形。

水化热：水泥与水作用会产生放热反应，在水泥硬化过程中，不断放出的热量称为水化热。

⑤ 水泥标准的修订

我国水泥新标准与老标准相比主要有两个方面的变化：一是采用GB/T 17671—1999《水泥胶砂强度检验方法（ISO法）》代替现行GB 177—85《水泥胶砂强度检验方法》；二是以ISO强度为基础修订了我国六大通用水泥标准。

a. GB/T 17671—1999《水泥胶砂强度检验方法（ISO法）》标准制订。GB/T 17671—1999是我国等同采用国际标准ISO 679—1989制定的，于1999年2月8日发布，1999年5月1日起生效。

GB/T 17671—1999与GB 177—85同属检验水泥胶砂强度的“软练法”，即采用塑胶砂，4m×4m×160m棱柱试体，将试体先进行抗折强度试验，折断后的两个半截试体再进行抗压强度试验。两者的核心差别在于胶砂组成不同，ISO 方法采用的水灰比适中，灰砂比适中，特别是采用了级配标准砂，因而 ISO 方法检验得到的强度数值比 GB 177—85 方法更接近于水泥在混凝土中的使用效果。

b. 六大水泥标准修订的主要内容　水泥胶砂强度检验方法改为 GB/T 17671—1999 方法。六大水泥产品标准均引用 GB/T 17671—1999 方法作为水泥胶砂的强度检验方法，不再采用 GB 177—85 方法。因此 GB/T 17671—1999 方法上升为强制性方法，而 GB 177—85 方法下降为推荐性方法。

水泥标号改为强度等级。六大水泥老标准实行以 kgf/cm^2 表示的水泥标号，如 32.5、42.5、42.5R、52.5、52.5R 等。

六大水泥新标准实行以 MPa 表示的强度等级，如 32.5、32.5R、42.5、42.5R、52.5、52.5R 等，使强度等级的数值与水泥 28d 抗压强度指标的最低值相同。

新标准还统一规划了我国水泥的强度等级，硅酸盐水泥分为 3 个等级 6 个类型，42.5、42.5R、52.5、52.5R、62.5、62.5R，其他五大水泥也分 3 个等级 6 个类型即 32.5、32.5R、42.5、42.5R、52.5、52.5R

强度龄期与各龄期强度指标设置。

六大水泥新标准规定的水泥强度龄期均为 3d、28d 两个龄期，每个龄期均有抗折与抗压强度指标要求。

⑥ 装修水泥选购与使用

a. 装修水泥品种。装修水泥常用于装修建筑物的表层，施工简单，造型方便，容易维修，价格有如下几种：

ⓐ 白色硅酸盐水泥：以硅酸钙为主要成分，加少量铁质熟料及适量石膏磨细而成。

ⓑ 彩色硅酸盐水泥：以白色硅酸盐水泥熟料和优质白色石膏，掺入颜料、外加剂共同磨细而成。常用的彩色掺加颜料有氧化铁（红、黄、褐、黑），二氧化锰（褐、黑），氧化铬（绿），钴蓝（蓝），群青蓝（靛蓝），孔雀蓝（海蓝）、炭黑（黑）等。

装修水泥与硅酸盐水泥相似，施工及养护相同，但比较容易污染，器械工具必须干净。

b. 应用与选购。在家居装修中，地砖、墙砖黏贴以及砌筑等都要用到水泥砂浆，它不仅可以增强面材与基层的吸附能力，而且还能保护内部结构，同时可以作为建筑毛面的找平层，所以在装修工程中，水泥砂浆是必不可少的材料。

许多业主认为，水泥占整个砂浆的比例越大，其粘接性就越强，因此往往在水泥使用的多少上与装修公司产生分歧。其实不然，以粘贴瓷砖为例，如果水泥标号过大，当水泥砂浆凝结时，水泥大量吸收水分，这时面层的瓷砖水分被过分吸收就容易拉裂，缩短使用寿命。水泥砂浆一般应按水泥∶砂＝1∶2（体积比）的比例来搅拌。

目前市场上水泥的品种很多，有硅酸盐水泥、普通硅酸盐水泥、矿渣硅酸盐水泥等等，家居装修常用的是硅酸盐水泥。

c. 使用水泥的八忌。

ⓐ 忌受潮结硬。受潮结硬的水泥会降低甚至丧失原有强度，所以规范规定，出厂超过 3 个月的水泥应复查试验，按试验结果使用。对已受潮成团或结硬的水泥，需过筛后使用，筛出的团块搓细或碾细后一般用于次要工程的砌筑砂浆或抹灰砂浆。对一触或一捏即粉的水泥团块，可适当降低强度等级使用。

ⓑ 忌暴晒速干。混凝土或抹灰如操作后便遭暴晒，随着水分的迅速蒸发，其强度会有

所降低，甚至完全丧失。因此，施工前必须严格清扫并充分湿润基层；施工后应严加覆盖，并按规范规定浇水养护。

ⓒ 忌负温受冻。混凝土或砂浆拌成后，如果受冻，其水泥不能进行水化，兼之水分结冰膨胀，则混凝土或砂浆就会遭到由表及里逐渐加深的粉酥破坏，因此应严格遵照《建筑工程冬期施工规程》(JGJ104—97) 进行施工。

ⓓ 忌高温酷热。凝固后的砂浆层或混凝土构件，如经常处于高温酷热条件下，会有强度损失，这是由于高温条件下，水泥石中的氢氧化钙会分解；另外，某些骨料在高温条件下也会分解或体积膨胀。

对于长期处于较高温度的场合，可以使用耐火砖对普通砂浆或混凝土进行隔离防护。遇到更高的温度，应采用特制的耐热混凝土浇筑，也可在不泥中掺入一定数量的磨细耐热材料。

ⓔ 忌基层脏软。水泥能与坚硬、洁净的基层牢固地黏结或握裹在一起，但其黏结握裹强度与基层面部的光洁程度有关。在光滑的基层上施工，必须预先凿毛砸麻刷净，方能使水泥与基层牢固粘结。

基层上的尘垢、油腻、酸碱等物质，都会起隔离作用，必须认真清除洗净，之后先刷一道素水泥浆，再抹砂浆或浇筑混凝土。

水泥在凝固过程中要产生收缩，且在干湿、冷热变化过程中，它与松散、软弱基层的体积变化极不适应，必然发生空鼓或出现裂缝，从而难以牢固黏结。因此，木材、炉渣垫层和灰土垫层等都不能与砂浆或混凝土牢固黏结。

ⓕ 忌骨料不纯。作为混凝土或水泥砂浆骨料的砂石，如果有尘土、黏土或其他有机杂质，都会影响水泥与砂、石之间的黏结握裹强度，因而最终会降低抗压强度。所以，如果杂质含量超过标准规定，必须经过清洗后方可使用。

ⓖ 忌水多灰稠。人们常常忽视用水量对混凝土强度的影响，施工中为便于浇捣，有时不认真执行配合比，而把混凝土拌得很稀。由于水化所需要的水分仅为水泥重量的20%左右，多余的水分蒸发后便会在混凝土中留下很多孔隙，这些孔隙会使混凝土强度降低。因此在保障浇筑密实的前提下，应最大限度地减少拌和用水。

许多人认为抹灰所用的水泥，其用量越多抹灰层就越坚固。其实，水泥用量越多，砂浆越稠，抹灰层体积的收缩量就越大，从而产生的裂缝就越多。一般情况下，抹灰时应先用1∶(3～5) 的粗砂浆抹找平层，再用1∶(1.5～2.5) 的水泥砂浆抹很薄的面层，切忌使用过多的水泥。

ⓗ 忌受酸腐蚀。酸性物质与水泥中的氢氧化钙会发生中和反应，生成物体积松散、膨胀，遇水后极易水解粉化。致使混凝土或抹灰层逐渐被腐蚀解体，所以水泥忌受酸腐蚀。

在接触酸性物质的场合或容器中，应使用耐酸砂浆和耐酸混凝土。矿渣水泥、火山灰水泥和粉煤灰水泥均有较好耐酸性能，应优先选用这三种水泥配制耐酸砂浆和混凝土。严格要求耐酸腐蚀的工程不允许使用普通水泥。

(2) 砂

砂是水泥砂浆里面的必须材料。如果水泥砂浆里面没有砂，那么水泥砂浆的凝固强度将几乎是零。

从规格上砂可分为细砂、中砂和粗砂。砂子粒径0.25～0.35mm为细砂，粒径0.35～0.5mm为中砂，大于0.5mm的由称为粗砂。一般家装中推荐使用中砂。

从来源上砂可分为海砂、河砂和山砂。在建筑装修中，国家是严禁使用海砂的。海砂虽然洁净，但盐分高，对工程质量造成很大的影响。要分辨是否是海砂，主要是看沙里面是否含有海洋细小贝壳。山砂由于表面粗糙，所以水泥附着效果好，但山砂成分复杂，多数含有泥土和其他有机杂质。所以，一般装修工程中，都推荐使用河砂。河砂表面粗糙度适中，而且较为干净，含有杂质较少。一般从市面上购买回来的砂都得用网子进行筛选后方可使用。

（3）添加剂

水泥砂浆添加剂目的是加强其黏力和弹性，主要的品种如下。

① 107 胶（聚乙烯醇缩甲醛），由于 107 胶含毒，污染环境，目前国内一些城市已经开始禁止 107 的继续使用。

② 白乳胶（聚醋酸乙烯乳液），性能要比 107 要好，但价格也相对较高。

（4）水泥砂浆的调配

一般来说，家装中的水泥砂浆比例约为 1∶3（水泥∶砂），水的用量应以现场视感为主，不宜太干，亦不能太稀。其中添加剂的比例不宜超过 40％。

8.3.2 陶瓷类装修材料

（1）陶瓷基本知识

陶瓷面砖是常用的家居装修材料之一。生产陶瓷的原材料广泛，工艺简单，而生产出的产品性能优良，经济、耐用、美观。其品种有釉面砖、陶瓷锦砖、瓷质砖、麻面砖、陶瓷劈离砖、大型陶瓷艺术饰面板、彩胎砖等，见图 8-9。

（2）陶瓷装修材料的分类

凡以黏土为主要原料，经配料、制坯、干燥、焙烧制成的产品都称属于陶瓷类。家居装修工程中常用的陶瓷制品种类繁多，按不同的方法和标准，可以分为不同的类型。

按原料成分和制品结构特点可分为以下几种。

① 陶质制品　以陶土为主要原料，掺加部分瓷土或石粉，一般经素烧和釉烧两次烧制而成，焙烧温度较低，表面施釉，断面呈白色或象牙色，结构较疏松，吸水率较高，一般在 10％～18％，常见于档次较低的内墙釉面砖。

② 瓷质制品　以瓷土或磨细的岩石粉为主要原料，烧制温度较高，表面洁白晶莹，结构紧密，基本不吸水，常见于同质砖、抛光砖、陶瓷锦砖等。

③ 炻质制品　材质特性介于陶质和瓷质之间的半陶瓷制品称为炻质制品，俗称半瓷。炻质制品的结构较紧密，按坯体的细密度又可为为粗炻制品和细炻制品两类。炻质制品的断面洁白不透明，吸水率较低。粗炻制品的吸水率一般在 4％～8％之间，细炻制品一般不高于 2％。

按用途分类可分为外墙面砖、内墙面砖、地面砖、广场砖等。

按生产工艺和表面效果可分为彩釉砖、无釉砖、陶瓷锦砖、抛光砖、金属面陶瓷、劈离砖、同质砖艺术砖（文化石、仿石砖）、烧结装修砖等。

图 8-9　简约的陶瓷肌理打造心灵放松的港湾

（3）陶瓷装修材料主要品种

① 釉面砖　釉面砖俗称瓷砖，以陶土、瓷土

和石粉按比例混合为主要原料，经研磨、拌和、制坯、烘干、素烧、施釉、烧釉等工序加制成，一般为陶质或粗炻质制品。釉面砖色彩丰富，图案美观，装修效果好，但吸水率较大，强度不高，对气候环境的适应性较差，因此一般用于室内墙面和地面的装修。在家居室内装修中一般用于厨房、卫生间及阳台的墙面及地面装修。

a. 釉面砖的表面装修。表面装修是釉面砖生产流程中重要的一道工序，它不仅改善和提高了釉面砖的表面强度、耐磨、抗渗和耐腐蚀的性能，而且赋予了釉面砖丰富的色彩和优美的装修图案，使釉面砖达到良好的装修效果。

釉面砖的表面装修的工艺方法很多，主要有釉面装修、彩绘装修、光泽装修、贵金属装修、特种釉饰（结晶釉、砂金釉、裂纹釉、无光釉等）。

b. 釉面砖的分类与规格。釉面砖按形状分为通用砖和异形砖。通用砖一般为方形（正方形或长方形），有平边和圆边两种，用于大面积墙、地面的铺贴。异形砖多用于阴阳角、收口部位及地砖拼花，常用的有阴角条、阳角条、压顶条、压顶阴角、压顶阳角、腰线等。

釉面砖按表面装修效果又可分为有光釉面砖、无光釉面砖、素色釉面砖、装修彩釉砖、图案砖、字画砖、壁画砖等。

随着装修材料的不断更新，目前市场上的釉面砖的规格趋向于大而薄。市场上常见的墙面砖规格有 200mm×300mm×5mm、250mm×330mm×5mm、300mm×480mm×6mm 等。常用的地面砖规格有 300mm×300mm×8mm、330mm×330mm×8mm、400mm×400mm×8mm 等。

c. 釉面砖的技术质量标准及检验方法。釉面砖的技术质量指标主要有以下几部分组成：物理性能、几何尺寸公差、变形允许值和外观质量。其标准见表 8-6～表 8-9。

表 8-6 釉面砖的物理力学性能

项目	指标
密度/(g·cm^3)	2.3～2.4
吸水率/%	＜18
抗冲击强度	用 30g 铜球，从 30cm 高度落下，三次不碎
热稳定性(自 140℃至常温剧变次数)	三次无裂缝
硬度/(N/mm^2)	85～87
白度/%	＞78

表 8-7 釉面砖的尺寸允许偏差 单位：mm

项目	尺寸	允许偏差值
长度或宽度	≤152	+0.5
	＞152	0.8
	≤250	0.8
	＞250	1.0
厚度	≤5+	0.4
		−0.3
	＞5	厚度的±8

表 8-8 釉面砖的变形允许值 单位：mm

名　　称	一　　级	二　　级	三　　级
上凸	≤0.5	≤1.7	≤2.0
下凹	≤0.5	≤1.0	≤1.5
扭斜	≤0.5	≤1.0	≤1.2

表 8-9 釉面砖的外观质量要求

缺陷名称	优　等　品	一　等　品	合　格　品
开裂、夹层、釉裂	不允许		
背面磕碰	深度为砖厚的 1/2	不影响使用	
剥边、落脏、釉泡、斑点、坯粉釉缕、桔釉、波纹、缺釉、棕眼裂纹、图案缺陷、正面磕碰	距离砖面 1m 处目测，无可见缺陷	距离砖面 2m 处目测，缺陷不明显	距离砖面 3m 处目测，缺陷不明显

d. 釉面砖的使用要点。釉面砖具有表面光滑，易清洁；图案色彩丰富，装修性好；防火、防潮、耐久性好等特点，家居装修中，常用于厨房、卫生间以及阳台等部位的墙面和地面（图 8-10）。

图 8-10 温馨简约的卫生间

釉面砖的表面是光的滑隔水的玻璃质釉层，背面为带凸凹纹的陶瓷多孔坯体，有较大的吸水率。在潮湿的环境中，陶质坯体会吸收大量的水分产生膨胀。由于坯体和釉层的膨胀系数不同，当坯体因吸水膨胀而产生的拉应力超过釉层的抗拉强度时，釉层就会开裂。家居装修中的厨房和卫生间，都是比较潮湿的环境。因而在使用时应注意选择吸水率较小的产品，一般来说吸水率应控制在 10%以内。

釉面砖在生产过程中颜料的配制是采用电脑完成的，同批次的产品颜色能够保证一致，但不同批次产品的颜色可能会略有差异。因而在购买釉面砖时，最好按照需要一次买够，并略留余量，以防止再次购买时因批次不同而产生色差。

釉面砖既可用于家居的内墙装修，也可用于地面装修。如同一区域的墙与地均采用釉面砖装修时，应注意选用同一系列的配套产品。这样才能保证铺贴墙地砖缝对齐，取得理想的装修效果。

② 陶瓷锦砖　陶瓷锦砖是选用优质瓷经高温土烧制成形状、颜色各异、边长不大于 40mm 的单体小砖块，再将小砖块按照事先设计好的图案排列反贴在牛皮纸上。每张牛皮纸为一块，正方形，边长为 300mm，面积约为 0.093m^2。

陶瓷锦砖为瓷制制品，有挂釉和不挂釉两种。吸水率较低，一般为 1%以下。

陶瓷锦砖质地坚硬、耐磨、耐火、耐腐蚀，不易吸水抗冻融性能好，色彩鲜艳、图案丰富，在住室内装修中常用于厨房、卫生间、阳台的墙地面局部装修。

陶瓷锦砖的技术性能指标见表 8-10，陶瓷锦砖的质量允许误差值见表 8-11。

表 8-10　陶瓷锦砖的技术性能指标

项　　目	单　　位	指　　标
密度	g/cm³	2.3～2.4
抗压强度	MPa	15～25
吸水率	%	≤0.2
使用温度	℃	－20～100
耐酸度	%	>95
耐碱度	%	>84
莫氏硬度	%	6～7

表 8-11　陶瓷锦砖的质量允许误差　　单位：mm

<table>
<tr><th colspan="2" rowspan="2">项　　目</th><th rowspan="2">规　　格</th><th colspan="2">允许公差</th><th rowspan="2">主要技术要求</th></tr>
<tr><th>一级品</th><th>二级品</th></tr>
<tr><td rowspan="2">单块锦砖</td><td>边长</td><td>≤25.0
>25.0</td><td>0.5
1</td><td>0.5
1.0</td><td rowspan="4">锦砖脱纸时间
不大于 40min</td></tr>
<tr><td>厚度</td><td>4.0
4.5</td><td>±0.2</td><td>±0.2</td></tr>
<tr><td rowspan="2">每联锦砖</td><td>线路</td><td>2.0</td><td>±0.5</td><td>±1.0</td></tr>
<tr><td>联长</td><td>305.5</td><td>+2.5
−0.5</td><td>+3.5
−1.0</td></tr>
</table>

③ 瓷质砖　瓷质砖是以优质瓷土和石粉为主要原料，经高温烧制而成的完全瓷化的次质或精炻质制品，砖体内外质地相同。又称通体砖。

瓷质砖按不同的加工处理工艺又分为不同的品种：按表面处理方式可分为磨光砖和抛光砖（镜面砖），按烧结温度不同可分为石化砖和玻化砖，玻化砖是指将坯料在 1230℃ 以上的高温进行焙烧，使坯中的熔融成分分成玻璃态，形成玻璃般亮丽质感的一种新型的高级陶瓷制品。按表面装修效果可分为单色砖、仿古砖、渗花砖等。

图 8-11　利用瓷质砖营造富有诗情画意的灵性空间

瓷质砖的密度好，吸水性低，长年使用不留水迹，不变色；强度高、抗酸碱腐蚀性强和耐磨性好，且原材料中不含对人体有害的放射性元素，是高品质的环保型装修材料。

在家居装修中常用于起居厅、餐厅公用空间的地面材料（图 8-11），也可用于厨房、卫生间的地面材料。

瓷质砖的规格主要有 300mm×300mm、400mm×400mm、300mm×500mm、500mm×500mm、600mm×600mm、800mm×800mm，厚度一般为 10mm 左右。目前市场上有出现了边长大于 800mm 的大规格瓷质砖。主要用于大户型的家居装修、商业空间、公用工程。

④ 麻面砖　麻面砖也称之为广场砖，是选用仿天然岩石色彩的原料进行配料，经压制形成表面有凹凸不平的麻点的坯体，然后进行一次焙烧而成的炻质面砖。这种砖的表面像似人工修凿过的天然岩石面，粗犷古朴，纹理自然，颜色有黄、白、红、灰和黑多种。

产品的主要规格有 200mm×100mm、200mm×75mm 和 100mm×100mm 等。

麻面砖质地密实、吸水率低、强度高、防滑和耐磨性能好。薄型麻面砖用于建筑物的外墙装修；厚型麻面砖可用于广场、停车场、人行道、码头等地面铺设。麻面砖的外形尚有梯形和三角形等多种，可以在饰面层拼贴成各种图案，取得较好的装修艺术效果。

⑤ 陶瓷劈离砖　劈离砖又称劈裂砖，它是将一定配比的原料经过粉碎、炼泥、密实挤压成型，再经干燥、高温焙烧而成。由于这种砖成型时双砖背联坯体，烧成后再劈离成两块砖，故称劈离砖。

劈离砖的种类很多，色泽丰富，自然柔和。砖的表面有上釉和不上釉和不上釉的两种，施了釉层的砖，光泽晶莹，不上釉的砖显得质朴典雅、大方，无反射的眩光。劈离砖质地密实、吸水率低、强度高、抗冻性好、耐磨耐压、防潮防腐、耐酸碱和防滑的性能好。

劈离砖主要规格有 240mm×52mm×11mm、240mm×115mm×11mm、194mm×94mm×11mm、190mm×19mm×13mm、240mm×115/52mm×13mm、194mm×94/52mm×13mm 等。

在家居装修中劈离砖适用于阳台墙面、露台地面及墙面装修。劈离砖的技术指标见表 8-12。

表 8-12　劈离砖的技术指标

项　　目	设 计 指 标
抗折强度	20MPa
抗冻性	－150～200℃冻融循环 15 次，无破坏现象
耐急冷急热性	－500～200℃6 次交换无开裂
吸水率	深色为 5%，浅色为 3%
耐酸碱性能	分别在 70%浓硫酸和 20%氢氧化钾溶液中浸泡 28d 无侵蚀，表面无变化

⑥ 金属釉面砖　金属釉面砖是利用进口和国产的金属釉料（钛的化合物）等特种原料，经高温焙烧，真空离子溅射法处理釉面砖表面而成。

金属釉面砖面层有红色和黑色两大系列，包括金灰色、古铜色，墨绿色和宝石蓝等多个品种。这种新型墙地砖具有光泽灿烂而耐久、质地坚韧、网纹朴实、坚固豪华，给出墙地面以静态美的优点，同时，砖还耐酸碱腐蚀、热稳定性好、抗污染性好、污染易清洁、装修效果好，适合高档商店、酒店门面和柱面装修。

⑦ 彩胎砖金　彩胎砖是一种本色无釉的瓷质饰面，原材料为彩色颗粒经混合配料，压制成多彩的坯体后，再经高温焙烧而成的，呈多彩细花纹表面的砖，采胎砖富有天然花岗石的纹点且纹点细腻、质朴高雅，多为浅色调，有红、黄、绿、棕和灰等多种基色。

彩胎砖的主要规格有 200mm×200mm、300mm×300mm、400mm×400mm、500mm×500mm、600mm×600mm 等，最大规格为 600mm×900mm，最小规格产品为 95mm×95mm。

彩胎砖的表面有平面型和浮雕型两种，又有无光与磨光、抛光之分，这种砖具有强度高（抗折强度大于 27MPa）吸水率小于 1%和耐磨性好等优点，可用于住宅厅堂的地面装修。

⑧ 大型陶瓷艺术饰面板　大型陶瓷艺术饰面板单块面积大、平整度好、厚度薄、吸水

图 8-12　利用艺术板创造大家风范的居住空间

率低、抗冻性好、耐急冷急热和抗酸碱腐蚀性能好，板面不被占领土有绘画艺术、壁画、书法和条幅等多种功能，适合用于建筑内、廊厅立柱面、背景墙等部位的装修（图 8-12）。

此外家居装修陶瓷类装修材还有一些其他的新型品种，但它们都基本属于相应类型陶瓷材料的亚品种，其性能、特点、技术指标、质量标准可参见相关产品的质量检验报告等。

⑨ 烧结装修砖　烧结装修砖是以黏土、页岩、煤矸石等原料经配料、破碎、搅拌、成型、干燥、焙烧等主要工序生产，包括不同规格颜色的承重装修砖、薄型贴面砖和广场道路砖等。主要技术指标，抗压强度一般都在 MU30 以上，最高可达到 MU100～170（道路、广场砖在 MU50 以上），吸水率＜7%，抗冻性、耐久性、耐候性好，根据用户要求可生产光面、拉毛、滚花、喷砂等装修砖产品。

我国生产烧结砖有三千多年的历史，也是世界上最早生产烧结砖的国家之一。早在一千多年前就生产出青色高质量砖产品，用于很多重点工程，包括雄伟的万里长城和壮丽的北京故宫博物院等古代建筑。

（4）家居装修中瓷砖的选购

① 家居装修中瓷砖的分类　瓷砖按照功能分为地砖、墙砖及腰线砖等。

a. 地砖：按花色分为仿西班牙砖、玻化抛光砖、釉面砖、防滑砖及渗花抛光砖等。

b. 墙砖：按花色可分为玻化墙砖、印花墙砖。

c. 腰线砖：多为印花砖。为了配合墙砖的规格，腰线砖一般定为 60mm×200mm 的幅面。

② 挑选瓷砖的要点　在选择地砖的时候，可根据个人的爱好和居室的功能要求，根据实地布局，从地砖的规格、色调、质地等方面进行筛选。

质量好的地砖规格大小统一、厚度均匀，地砖表面平整光滑、无气泡、无污点、无麻面、色彩鲜明、均匀有光泽、边角无缺陷、90°直角、不变形，花纹图案清晰，抗压性能好，不易坏损。

购买时您应根据自己的资金状况、喜好来决定砖的品种、颜色或图案，根据房间大小来决定尺寸。

先从包装箱中任意取出一块，看表面是否平整、完好，釉面应均匀、光亮、无斑点、缺釉、磕碰现象，四周边缘规整。釉面不光亮、发涩、或有气泡都属质量问题。

其次，再取出一块砖，两片对齐，中间缝隙越小越好。如果是图案砖必须用四片才能拼凑出一个完整图案来，还应看好砖的图案是否衔接、清晰。然后将一箱砖全部取出，平摆在一个大平面上，从稍远地方看整个效果，不论白色、其他色或图案，应色泽一致，如有个别砖深点、浅点，这样会很难看，影响整个装修效果。

再就是把这些砖一块挨一块竖起来，比较砖的尺寸是否一致，小砖偏差允许在正负 1mm，大砖允许在正负 2mm。

最后就是拿一块砖去敲另一块，或用其他硬物去敲一下砖，如果砖的声音清脆、响亮，说明砖的质量好、烧的熟；如果声音异常，说明砖内有重皮或裂纹现象：重皮就是砖成形时，料里空气未排出，造成料与料之间结合不好、内裂，从表面上看不出来，只有听声音才能鉴别。

③ 家居装修选购瓷砖的原则　原则是：一看、二听、三滴水、四尺量。

a. 看外观。瓷砖的色泽要均匀，表面光洁度及平整度要好，周边规则，图案完整，从一箱中抽出四五块察看有无色差、变形、缺棱少角等缺陷。

b. 听声音。用硬物轻击，声音越清脆，则瓷化程度越高，质量越好。也可以左手拇指、食指和中指夹瓷砖一角，轻松垂下，用右手食指轻击瓷砖中下部，如声音清亮、悦耳为上品，如声音沉闷、滞浊为下品。

c. 滴水试验。可将水滴在瓷砖背面，看水散开后浸润的快慢，一般来说，吸水越慢，说明该瓷砖密度越大；反之，吸水越快，说明密度稀疏，其内在品质以前者为优。

d. 尺量。瓷砖边长的精确度越高，铺贴后的效果越好，买优质瓷砖不但容易施工，而且能节约工时和辅料。用卷尺测量每片瓷砖的大小周边有无差异，精确度高的为上品。

另外，观察其硬度，瓷砖以硬度良好、韧性强、不易碎烂为上品。以瓷砖的残片棱角互相划痕，察看破损的碎片断裂处是细密还是疏松，是硬、脆还是较软，是留下划痕，还是散落的粉末，如属前者即为上品，后者即质差。

8.3.3　石材类装修材料

(1) 石材概况

中国石材资源丰富，就储量而言，据有关资料估计，可作装修大理石使用的碳酸盐类岩石出露面积有 100 万平方千米，总储量超过 500 亿立方米，1993 年上国家储量平衡表的总储量有 79295 万立方米。可作为装修花岗石使用的硅酸盐类岩石，遍及中国沿海各省，北至黑龙江、吉林、辽宁，中部是胶东半岛，南至福建、广东、广西。中国内地的四川、内蒙古、山西更是蕴藏着名优高档品种，总出露面积约 85 万平方千米，远景储量数千亿立方米。

中国的石材开发历史悠久，但大规模开发及其高速成发展是 1978 年至今的 30 多年间，中国从南到北、从东到西，几乎各省、市、区都在大力开发石材资源，尤以山东、福建、广东、四川、广西、浙江等省（区）利用得天独厚的资源条件，发展更为迅速，取得了较好的经济效益和社会效益。

就品种而论，据不完全统计，截止到 1998 年，中国各地已开采矿山（点）4000 多处，建设机械化开采矿山几十座，其总体特征是分布范围广，石材品种丰富，花色齐全，有红、黑、白、绿、蓝、灰、多彩等系列品种，可以满足各式各样的装修、装修及石刻、石雕的需求。其市场价值很大，开发潜力和前景很好。

(2) 石材基本特性

石材颜色的成因很复杂，但主要是由自身矿物中的金属离子引起的。同一种金属离子在不同石材中的含量大小不同，所形成的颜色也不同；同一种金属离子的价态不同，其颜色也不一样；不同带色离子的混合物，同样会形成不同的颜色。此外，石材的干湿程度不同也会引起颜色的变化。就是因为如此，才形成石材颜色的千差万别。

① 石材的颜色　常见的色素离子及其颜色 Ca^{2+}……蓝、绿；Ni^{2+}……绿；Fe^{2+}、Fe^{3+}……暗绿、黑、褐、红；Mn^{2+}、Mn^{3+}……黑、玫瑰；Cr^{2+}……红、绿；Ti^{4+}……褐、红褐。

② 石材的组成成分　众所周知，石材是取自矿山的岩石经人工加工而成。岩石是由各

种矿物组成。所谓矿物，就是地壳中的各种化学元素经过各种地质作用所形成相对稳定的自然产物。石材种类繁多，但家居装修用石材主要为花岗岩、大理石两种。我国是一个产石大国，石材品种已定名的约千余种。从成分上来看，花岗岩主要由石英、长石、云母组成，而大理石主要由方解石或白云石组成；从外观上看，花岗岩花色、品种较多，外表颗粒较大，而大理石花色、品种较花岗岩少，纹理细密；从物理化学性能来看，花岗岩耐酸、碱性能好，硬度大，而大理石耐酸、碱性能差。因此，若用稀盐酸滴加在石材表面，并发生化学反应，基本可以确定为大理石。当然，最科学的办法还是要做矿相分析。

石材中的矿物见表8-13所列。

表8-13　石材中的矿物成分

矿物名称	化学分子式	矿物名称	化学分子式
石英	SiO_2	黑云母	$K(Mg,Fe)_2[AlSiO_3O_{10}](OH_2,F)_2$
斜长石	$Ca\cdot Na[Al\times SiyO_2]$	褐铁矿	$Fe_2O_3.12H_2O$
钾长石K	$[AlSi_3O_8]$	黄铁矿	FeS_2
方解石	$CaCO_3$	普通辉石	$Ca(Mg,Fe,Al)_2[(Si,Al)_2]O_6$
白云石	$CaMg(CO_3)_2$	绿帘石	$Ca_2[FeAl]_3[SiO_4][Si_2O_3]O(OH)$
绿泥石	复杂的硅酸盐	磁铁矿	$FeFe_2O_4$
蛇纹石	$Mg_6[Si_4O_{10}](OH)_8$	菱铁矿	$Fe(CO_3)$
橄榄石	$(Mg,Fe)_2(SiO_4)$	白云母	复杂的硅酸盐
变通角闪石	复杂的硅酸盐	菱镁矿	$Mg[CO_3]$
普通角闪石	复杂的硅酸盐		

(3) 石材的放射性

① 石材产品中放射性来源　石材产品的放射性来源于地壳岩石中所含的天然放射性核素。自然界的岩石中广泛存在的天然放射性核素主要有铀系、钍系的衰变产物和钾-40等。这些放射性核素在不同种类岩石中的平均含量有很大差异，在碳酸盐岩石中含量较低；在岩浆岩中，随岩石中SiO_2含量的增加，岩石酸性增加，其放射性核素的平均值含量有规律地增加。

石材中产生的γ射线的辐射体主要是铀系、钍系衰变子体和40K，而对人体产生内照射的主要是铀系、钍系中的氡的同位素及其短寿命子体。

② 关于放射性　放射现象早于人类诞生之前，人类生活在地球上，周围物质几乎都含有放射性元素，其中包括我们人体本身。通俗地讲，石材的放射性与大自然的放射性相比没有太大的区别，只是少量品种同其他材料相比要高一些。我们所说的放射性对人体的危害来自两方面：一个是体外辐射（外照射）；另一个是人类体内放射性元素所导致的内照射。在通常情况下。我们人类所受到的辐射属低剂量辐射。放射性对人体危害最大的主要是放射性元素在衰变过程中所产生的“氡”，也就是我们所说的内照射。氡是一种放射性元素，且是气体。如果人长期生活在氡浓度过高的环境中，氡经过人的呼吸道沉积在肺部，尤其是支气管及上皮组织内，并大量放出射线，从而危害人体健康。铀矿是氡浓度较高的地区，欧洲早在1937年发现铀矿工的肺病的发病率是普通人的28.7倍，后来采取通风措施，人为控制了矿井的氡浓度，矿工发病率明显降低。因此，若居室已铺装上放射性较高的石材，最好每天定时开启门窗，以便降低居室内的氡浓度。

以前，人类并不关注低剂量辐射对人体健康影响的问题，但随着经济的发展，各种新型建筑材料（有些材料掺入大量高放射性的废渣）构筑人类生存的环境，导致居住环境放射性水平普遍提高，人们有理由怀疑放射性较高的作为居室装修材料的石材放射性问题。

石材因其庄严、古典、耐久的特性在装修装修工程中占有很大的比重。在家居装修中，大理石、花岗岩这些天然石材固有的严肃庄严和恢宏的品质，使它较多地应用于室内墙面、地面、柱面、甚至灶台，洗衣池等。但是，石材产品中有一定的放射性。石材产品的放射性是天然形成的，而非后天加工所致，其放射性水平相差很大，如广西岑溪红花岗岩，花色和颜色都很好，它的放射性比较大。要限制放射性比活度的天然石材产品的使用范围，避免对家居环境造成不必要过高的附加照射。为了合理开发，使用这些天然资源，国家对这些材料进行了分类管理，根据使用的场所不同，选用不同的材料。

国家为此颁布了标准，标准根据装修材料放射性水平大小划分为 A 类、B 类、C 类三类。

a. A 类装修材料中放射性核素^{226}Ra、^{232}Th、^{40}K 的放射性比活度同时满足 IRa≤1.00 和 Ir≤1.30 要求（注：Ir 指外照射指数，IRa 内照射指数）。

b. B 类装修材料为不满足 A 类装修材料要求但满足 IRa≤1.30 和 Ir≤1.90 要求，B 类装修材料不可用于 I 类民用建筑的内饰面，但可用于 I 类民用建筑的外饰面及其他一切建筑物的内、外饰面。

c. C 类装修材料不满足 A、B 类装修材料要求而满足 Ir≤2.8 要求，C 类装修材料只可用于建筑物的外饰面及室外其他用途。

对于天然石材也分为 A 类、B 类、C 类。A 类材料 C_{Ra}≤200Bq/kg（注：C_{Ra} 为天然石材中^{226}Ra-226 浓度），A 类材料使用范围不限；B 类材料 C_{Ra}≤250Bq/kg，B 类材料不可用于室内饰面，可用于其他一切建筑物的内外饰面；C 类材料 C_{Ra}≤1000Bq/kg，C 类产品可用于一切建筑物的外饰面。放射性比活度大于 C 类的天然石材，只可用于碑石、海堤、桥墩等人类活动很少涉及的地方。因此，实际上要求 I 类建筑只能使用 A 类材料，即 I 类建筑只能使用最好的材料。对于第二类建筑，就可灵活一些，最好采用 A 类材料，但也可使用 B 类材料，但对 B 类材料的数量有一定的限制。实际上，总的效果是按全部使用 A 类材料来掌握，即当使用 A 类、B 类两种材料时，按照全部单一使用 A 类材料时的总放射性比活度限量，扣除实际使用的 A 类材料的放射性比活度值之后，所余留的放射性比活度值，来掌握使用 B 类材料。在实际工程中，如家居装修中花岗岩地面图案拼接时，使用有限的花色华丽的 B 类材料，无须仔细计算，就符合要求。

③ 某研究机构室采用 γ-能谱法测得的有关部分石材放射性数据见表 8-14。

表 8-14　石材放射性数据　　单位：Bq/kg

序号	样品名称	C_{Ra}	C_{Th}	C_K	类别	序号	样品名称	C_{Ra}	C_{Th}	C_K	类别
01	珍珠花	27.5	82.2	1326.0	A	07	将军红	11.4	40.1	1473.0	A
02	芙蓉绿	21.8	23.8	977.8	A	08	牡丹红	54.7	96.0	1136.6	A
03	万山红	28.0	27.7	1018.0	A	09	台湾红	58.6	52.8	1175.6	A
04	孔雀绿	27.5	48.7	1275.2	A	10	万寿红	4.0	3.6	8.2	A
05	新疆红	22.5	30.8	1238.0	A	11	西班牙米黄	4.0	未检出	未检出	A
06	罗源红	80.8	96.4	1446.0	A	12	啡网	25.5	未检出	未检出	A

续表

序号	样品名称	C_{Ra}	C_{Th}	C_K	类别	序号	样品名称	C_{Ra}	C_{Th}	C_K	类别
13	黑白根	14.1	未检出	18.6	A	50	单影红	40.2	109.5	1425	A
14	蓝钻	48.6	50.7	790.7	A	51	虎皮黄	85.0	63.7	1238	A
15	爵士白	7.8	未检出	未检出	A	52	丰镇黑	12.5	10.8	717	A
16	芝麻白	103.9	38.9	800	A	53	泰山花	27.0	54.0	1231.0	A
17	高原红	38.6	108.2	1498.0	A	54	泰山红	90	83.2	1104	A
18	蒙山青	56.9	87.1	1110.1	A	55	太白花	27.8	65.6	1164	A
19	天山翠	105.7	107.3	1082	A	56	闽珍珠红	40.1	117.1	1392	A
20	荥经红	67.3	85.1	1203.8	A	57	菊花黄	12.5	29.2	1455	A
21	元帅红	24.7	43.2	1215	A	58	虎皮花	32.6	63.9	1599	A
22	汉中雪花	4.6	未检出	未检出	A	59	雪花青	25.3	43.2	1145	A
23	瑞雪	32.8	52.8	878	A	60	绿钻	21.2	28.5	266	A
24	艾叶青	1.6	2.2	10.4	A	61	建平黑	7.9	8.3	169	A
25	贵妃红	34.5	57.7	1357	A	62	绥中白	16.1	15.8	988	A
26	双井红	16	16.2	1805	A	63	山峡绿	17.8	30	534	A
27	罗元红	85.3	97.9	1290	A	64	济南青	5.5	4.3	131.1	A
28	狼山红	38.4	55.9	1297	A	65	文登白	40.6	21.1	978	A
29	五莲红	30.2	83.6	1296	A	66	汉白玉	6.5	4.5	15.3	A
30	巨星红	46.5	85.6	1261	A	67	巨青红	26.7	92.4	1439	A
31	中国绿	4.2	5.5	1510	A	68	三宝红	42.1	98.4	1723	A
32	长征红	56.7	76.4	1414	A	69	莲花青	15.0	13.0	652.5	A
33	蓝宝石	79.3	73.8	998	A	70	高粱红	36.3	51.5	1753	A
34	白花岗	107.5	15.9	711.5	A	71	山峡红	57.5	208	1400	B
35	关西红	47.0	95.5	948	A	72	粉红岗	147.5	170.8	1520	B
36	梦幻白	44.2	52.8	1102	A	73	西丽红	92.3	105.6	1362	B
37	映山红	45.5	77.5	1239	A	74	川红	119	184	1395	B
38	樱花红	50.5	80.8	1292	A	75	五莲花	145.5	315.0	1309	B
39	石榴红	59.4	102.9	1285.0	A	76	石岛红	56.6	141.3	1268	B
40	孔雀绿	37.3	44.5	988	A	77	鲁锦花	119.5	157.2	1282	B
41	吉祥绿	5	7.5	105	A	78	樱花红	104.7	104.5	1205.8	B
42	泰山白	62.0	88.9	1158	A	79	马兰红	102.7	189.5	1196	B
43	夜里雪	7.5	9.0	400	A	80	枫叶红	127.1	141.8	1249.3	B
44	西陵红	26	47.5	1132	A	81	南非红	49.8	142.6	1328	B
45	楚天红	43.5	67.5	1862	A	82	印度红	202.6	163.2	1778.7	B
46	佛山红	34.8	55.2	1157	A	83	三宝红	71.8	128	1545	B
47	鄯善红	46.5	67.4	1147	A	84	玫瑰红	143.2	182.5	1310	B
48	雪莲花	21.6	45.4	1149	A	85	台山红	109.1	173.8	1338	B
49	黑冰花	10.7	9.6	273.4	A	86	芩溪红	96.4	109.5	1273	B

续表

序号	样品名称	C_{Ra}	C_{Th}	C_K	类别	序号	样品名称	C_{Ra}	C_{Th}	C_K	类别
87	惠东红	138.5	175	1468	B	93	枫叶红	107.8	108.6	1260.3	B
88	虎贝	71.0	104	1608	B	94	杜鹃红	134.4	191.0	3086.2	B
89	丁香紫	116	110	1619	B	95	桂林红	302	325	1471	C
90	石岛红	63.9	172.5	1442	B	96	印度红	399.1	191.0	1259.4	C
91	丽港红	132.8	91.3	1191	B	97	杜鹃红	146.8	230.7	3208	C
92	五一红	192.6	247.6	1316.3	B	98	杜鹃绿	483.5	792.6	3313	超C类

④ JC 518—93《天然石材产品放射防护分类控制标准》

a. 适用范围：天然石材产品。

b. 产品分类。A类产品应同时满足式（8-1）和式（8-2）

$$C_{Ra}^{e} \leqslant 350Bq/kg \quad (8-1)$$

$$C_{Ra}^{e} \leqslant 200Bq/kg \quad (8-2)$$

其中：$C_{Ra}^{e}=C_{Ra}+1.35C_{Th}+0.088C_K$

A类产品使用范围不受限制。

B类产品应同时满足式（8-3）和式（8-4）

$$C_{Ra}^{e} \leqslant 700Bq/kg \quad (8-3)$$

$$C_{Ra} \leqslant 250Bq/kg \quad (8-4)$$

B类产品不可用于居室内饰面，可用于除居室以外其他一切建筑物的内、外饰面。

C类产品应满足式（8-4）

$$C_{Ra}^{e} \leqslant 1000Bq/kg$$

C类产品可用于一切建筑物的外饰面。

放射性比活度大于C类控制值的天然石材，只可用于海堤、桥墩及碑石等人类活动很少涉及的地方。

⑤ 石材的分类　石材板材是天然岩石经过荒料开采、锯切、磨光等加工过程制成的板状装修面材，石材板材具有构造致密、强度大的特点，因此具有较强的耐潮湿、耐候性。是地面、台面装修的理想材料。

家居装修中常用石材有天然花岗石、天然大理石、板石及人造石材。

a. 天然花岗石。天然花岗石是从天然岩体中开采出来加工而成的一种板材，其特点是硬度大耐压、耐火、耐腐蚀可用于居家中的各种台面，但其价格贵、自重较大。

b. 人造花岗石。人造花岗石是以天然花岗石的石渣为骨料制成的板块，其特点为抗污力、耐久性比天然花岗石强，其价格也较天然花岗石便宜。

c. 天然大理石。天然大理石的特点是组织细密、坚实、耐风化、色彩鲜明，但硬度不大、抗风化能力差、价格昂贵、容易失去表面光泽。

d. 人造大理石。人造大理石的特点是组成方式与人造花岗石相类似，其价格与人造花岗石相仿。

（4）大理石

① 基本概况　我国地域辽阔，大理石资源十分丰富。可加工大理石板材的碳酸盐岩出露面积有100万平方千米以上，总储量达500亿立方米之多。这些资源除上海市、海南省未见有

报道外，其余各省（市、区）均有分布，主要分布在云南、广西、山东、安徽、江苏、四川、贵州、辽宁、山西、陕西、北京、河北、河南、浙江、江西、湖北、湖南、广东、新疆、内蒙古等20多个省市400余县。我国大理石储量和品种数量都居世界前列。已投放市场的约有700种。颜色有纯白、灰白、纯黑、黑白花、浅绿、深绿、淡红、紫红、浅灰、橘黄、米黄等。较为著名的品种有：北京的“汉白玉”、“艾叶青”，辽宁的“丹东绿”、“铁岭红”，云南的“彩花”、“云灰”、“苍白玉”，贵州的“纹脂奶油”、“残雪”、“米黄”，河南的“松香花”，浙江的“杭灰”，江苏的“红奶油”、“白奶油”、“咖啡”，山东的“雪花白”、“莱阳绿”，四川的“宝兴白”，广西的“墨玉”，湖南的“双峰黑”、“邵阳黑”，湖北的“虎皮”、“秋景”等。近年来各地又新添了许多好的品种，如云南的“黄玛瑙”，“翡翠”，新疆哈密的“天山白玉”等稀有珍品。

我国大理石矿山主要有：北京的房山、昌平、顺义，天津的蓟县，河北曲阳、易县、平山、涞水、阜平、怀来，辽宁丹东、铁岭、大连，山东莱州、平度、莱阳，河南淅川，江苏宜兴，浙江杭州，安徽灵璧，湖北大冶、铁山、下陆，云南大理，贵州安顺、关岭，广西桂林，湖南双峰，四川宝兴，甘肃武山、成县、和政、漳县，山西广灵、五台，内蒙古右后旗及乌拉特前旗等。

② 大理石的基本特性　大理石主要由方解石、白云石、菱美石、蛇纹石矿物组成，其化学稳定性较差，不耐酸。空气中所含的酸性物质和盐类对大理石都有腐蚀作用，导致表面失去光泽，因此，在中国，许多人认为，大理石不适合做室外装修。纯大理石常呈雪白色，含有杂质时，呈现黑、红、黄、绿等多种色彩，并形成各种花纹、斑点，形似山水，如花如玉，图案异常美丽，用于室内的墙面、柱身、门窗等装修，高雅华贵，是一种高品位的装修石材。

大理石是商品名称，并非岩石学定义。大理石是天然建筑装修石材的一大门类，一般指具有装修功能，可以加工成建筑石材或工艺品的已变质或未变质的碳酸盐岩经不同蚀变形成的夕卡岩石和大理岩等。

它主要用于加工成各种形材、板材、作建筑物的墙面、地面、台、柱，还常用于纪念性建筑物如碑、塔、雕像等的材料。大理石还可以雕刻成工艺美术品、文具、灯具、器皿等实用艺术品。大理石地板具有纹理，有良好的光洁度，易清洗，且耐磨、耐腐蚀，并能给人富丽庄重之感，但大理石不吸声，不防滑，不适宜用于卫生间及厨房，且价格较昂贵。

大理石是以大理岩为代表的一类岩石，包括碳酸盐岩和有关的变质岩，相对花岗石来说一般质地较软。大理石的质感柔和美观庄重，格调高雅，花色繁多，是装修豪华建筑的理想材料，也是艺术雕刻的传统材料。

③ 大理石的种类及产地见表8-15。

表8-15　大理石的种类及产地

产地	名称	产地	名称
北京市	房山高庄汉白玉	北京市	房山螺丝转
	房山艾叶青		延庆晶白玉
	房山黄山玉		房山芝麻白
	房山白		房山石窝汉白玉
	房山砖渣		房山青白石
	房山次白玉		房山银晶
	房山桃红		

续表

产　地	名　称	产　地	名　称
辽宁省	丹东绿	四川省	宝兴银杉红
	铁岭红		宝兴红
江苏省	宜兴咖啡		蜀金白
	宜兴青奶油		丹巴白
	宜兴红奶油		丹巴水晶白
浙江省	杭灰		丹巴青花
山东	莱州雪花白		宝兴大花绿
湖北省	通山红筋红		彭州大花绿
	通山中米黄	贵州省	贵阳纩脂奶油
	通山荷花绿		贵阳水桃红
	通山黑白根		遵义马蹄花
湖南省	慈利虎皮黄		贵州木纹米黄
	慈利荷花红		贵州平花米黄
	慈利荷花绿		贵州金丝米黄
	隆回山水画		紫云杨柳青
	道县玛瑙红		贵定红
	耒阳白		贞丰木纹石
	芙蓉白		毕节晶墨玉
	邵阳黑		毕节残雪
四川省	宝兴白	云南省	河口雪花白
	石棉白		贡山白玉
	宝兴青花灰		元阳白晶玉河口白玉
	宝兴青花白		云南白海棠
	宝兴波浪花		云南米黄

④ 大理石的选用原则　大理石属于中硬石材。目前市场上的大理石饰面板材，都是经研磨抛光后的镜面板材，表面光亮如镜，晶莹剔透，质感光洁细腻，所以选用时主要考虑其表面的色调花纹与室内其他部位的材料相协调即可。

大理石板材的颜色与成分有关，白色的含碳酸钙、碳酸镁，紫色含锰，黑色含碳或沥青质，黄色含铬化物，红褐色、紫色、棕黄色含锰及氧化铁，多种颜色则含有不同成分的多种杂质。纯白色的大理石成分较为单纯，但多数大理石是两种或两种以上成分混杂在一起。各种颜色的大理石中，暗红色、红色最不稳定，绿色次之。白色成分单一比较稳定，不易风化和变色，如汉白玉。大理石中含有化学性能不稳定的红色、暗红色或表面光滑的金黄色颗粒，则会使大理石的结构疏松，在阳光作用下将产生质的变化。加之大理石一般都含有杂质，主要成分又为碳酸钙，在大气中受二氧化碳、硫化物、水气等作用，易于溶蚀，失去表面光泽而风化，崩裂，所以除少数的，如汉白玉、艾叶青等质纯、杂质少的比较稳定耐久的品种可用于室外，其他品种不宜用于室外，一般只用于室内装修用。又因大理石是中硬石板，板材的硬度较低，如在地面上使用，磨光面易损失，所以尽可能不将大理石板材用于地面。

此外，天然石材单块石材的效果与整个饰面的效果会有差异，所以不能简单地根据单块样品的色泽花纹确定，应想到若大面积铺贴后的整体效果，最好借鉴已用类似石材装修好的建筑饰面，以免因选材不当而造成浪费。

（5）花岗岩

① 基本概况　我国花岗岩类岩石露面积约 85 万平方千米。可作为饰面石材的花岗石，包括其他岩浆岩、变质岩、火山岩及少量沉积岩等则更多，其矿点遍及全国。花岗岩的储量估计达 240 亿立方米，主要集中在东部诸省，最多的要算福建、广东、山东，其次是黑龙江、辽宁、浙江、吉林等省，这七个省的花岗石储量占全国总预测量的 50%以上。

我国花岗岩类型复杂，品种繁多，有岩浆岩型，也有变质岩型，还有少量呈火山岩、沉积岩型其中岩浆岩型占 80%。花色品种较好的有红、黑、白、蓝、绿、灰、彩色等七大系列 700 个品种。七大系列分别是：以济南青、牦山黑为代表的黑色系列 140 多个品种；以芦山红、四川红为代表的红色系列 150～160 个品种；以中花绿为代表的绿色系列 50～60 个品种；以宜春白、华山白为代表的白色系列近 50 个品种；以星星蓝、攀西蓝为代表的蓝色系列近 10 个品种；以 G3503、崂山灰为代表的灰色、灰白色约 160 多个品种；以夜里雪、五彩石、五莲花为代表的幻彩、彩色系列有 100 多个品种。七大系列中以黑色、红色和彩色三大系列的产品为最多，约占总品种的 80%。

我国较有名的花岗石品种：红色系列有：山东的“将军红”、“柳埠红”、“石岛红”、“沂蒙红”、“齐鲁红”；四川的“四川红”、“新庙红”、“芦山红”、“三合红”、“石棉红”、“泸定红”、“巨星红”、“荥经红”、“喜德红”；广西的“岑溪红”；广东的“西丽红”、“揭阳红”；山西的“贵妃红”；河南的“玫瑰红”、“云里梅”；浙江的“东方红”等。黑色系列有：山东“济南青”、“泰山青”；北京的“燕山黑”；河北的“阜平黑”、“万年青”；山西的“太白青”；河南的“菊花青”、“五龙青”；内蒙古的“丰镇黑”；福建的“福鼎星”；浙江的“嵊州墨玉”（剡溪墨玉）。绿色系列有：浙江的“孔雀绿”；四川的“中华绿”；贵州的“罗甸绿”；北京的“豆绿色”；湖北的“靳春绿”；山东的“豆绿”、“泰安绿”。稀有的蓝色品种也有发现：新疆的“天山蓝宝”；四川的“蓝珍珠”；河北的“宝石蓝”。

② 基本特性　花岗岩是应用历史最久、用途最广、用量是多的岩石，也是地壳中最常见的岩石。花岗岩一般为浅色，多为灰、灰白、浅灰、红、肉红等。化学成分特点是含 $SiO_2>65\%$，Fe_2O_3、FeO、MgO 一般$<2\%$，$CaO<3\%$。矿物成分主要为硅铝浅色矿物为主，铁镁暗色矿物较少。硅铝矿物主要为碱性长石（正长石、微斜长石、歪长石）、石英、酸性斜长石约占 85%，其中石英含量大于 20%。铁镁矿物含量 15%以下，一般为 3%～5%，比较常见的为黑云母、角闪石。副矿物有锆英石、榍石、磷灰石、独居石等。当花岗石中斜长石的数量增加时，就逐渐过渡为花岗闪长岩或石英闪长岩；而当石英数量减少时，并保持碱性长石数量不变，则过渡为正长岩。岩石呈细粒、中粒、粗粒等粒状结构，或似斑状结构，一般深色矿物自形程度较好，长石次之，石英自形程度不好。浅成岩多具斑状结构（平均 $2.7g/cm^3$），孔隙度一般为 0.3%～0.7%，吸水率一般为 0.15%～0.46%。压缩强度在 200MPa 左右，细粒花岗岩可高达 300MPa 以上，抗弯曲强度一般在 10～30MPa；花岗岩耐冻性高，成荒率高；板材可拼性好；色率少于 20%，一般为 10%左右，色调以淡的均匀色和美丽的花色为主。花岗岩节理发育往往有规律，如果节理间距符合开采要求，这不但无害而且有利于开采形状规则的石料。

③ 花岗岩的种类及产地见表 8-16。

表 8-16 花岗岩的种类及产地

产地	名称	产地	名称	产地	名称	产地	名称
北京市	白虎涧红	安徽省	天堂玉	福建省	安溪红	湖北省	通山九吕青
	密云桃花		龙舒红		安海白	广西	岑溪红
	延庆青灰	浙江省	安吉红		大洋青		桂林红
	房山灰白		龙川红龙泉红		南平青		三堡红
	房山瑞雪		温州红		东石白		林林浅红
河北省	平山龟板玉		上虞菊花红		漳浦红	江西省	贵溪仙人红
	平山绿		上虞银花		南平黑		济南溥
	平山柏坡黄		嵊州樱花嵊州红玉		长乐、屏南同安白芝麻黑		山东省
	易县黑		仕阳芝麻白		南平闽江红		崂山灰
	涿鹿樱花红		三门雪花		连城花		崂山红
	承德燕山绿		磐安紫檀香		罗源樱花红		五莲豹皮花
山西省	北岳黑		嵊州东方红		罗源紫罗兰罗源红		平邑将军红
	灵丘贵妃红		嵊州云花红		连城红		齐鲁红
	恒山青		嵊州墨玉		古田桃花红		平度白
	广灵象牙黄		司前一品红		宁德丁香紫		莒南红
	灵丘太白青		仕阳青		宁德金沙黄		三元花
	灵丘山杏花		安吉芙蓉花		长乐红		文登白
	代县金梦	甘肃省	陇南芝麻白		华安九龙壁		泽山红
内蒙古自治区	白塔沟丰镇黑		陇南清水红		浦城百丈青		莱州芝麻白
	傲包黑	河南省	淇县森林绿		浦城牡丹红		莱州樱花红
	喀旗黑金刚		辉县金河花		石井锈石		乳山青
	诺尔红	贵州省	罗甸绿		光泽红		荣成靖海红
	阴山红	福建省	晋江巴厝白		光泽高源红		荣成海龙红
	凉城绿		泉州白		光泽铁关红		荣成人和红
辽宁省	凤城杜鹃红		南安雪里梅		漳浦马头花		蒙山花
	建平黑		龙海黄玫瑰		光泽珍珠红		蒙阴海浪花
	绥中芝麻白		康美黑		永定红		蒙阴粉红花
	绥中白		漳浦青		邵武青		招远珍珠花
	青山白		洪塘白	湖北省	麻城彩云花		荣成京润红
	绥中虎皮花绥中浅红		晋江清透白		麻城鸽血红		荣成佳润红
吉林省	吉林白 G2201		肖厝白		麻城龙衣		石岛红
黑龙江省	楚山灰		福鼎黑		麻城平靖红		龙须红
安徽省	岳西黑		海沧白		三峡红		平邑孔雀绿
	岳西绿豹		武夷红		三峡绿	湖南省	衡阳黑白花
	岳西豹眼		武夷蓝冰花		宜昌黑白花		怀化黑白花
	皖西红		晋江陈山白		宜昌芝麻绿		隆回大白花
	金寨星彩蓝		晋江内厝白		西陵红		新邵黑白花

续表

产地	名称	产地	名称	产地	名称	产地	名称
湖南省	郴县金银花	新疆	新托里菊花黄疆红	四川省	二郎山杜鹃红	四川省	石棉彩石花
	华容出水芙蓉		托里雪花青		二郎山冰花红		喜德枣红
	华容黑白花		托里红		二郎山雪花红		喜德玫瑰红
	汨罗芝麻花		天山红梅		二郎山川絮红		冕宁红
	望城芝麻花		鄯善红		雅州红		喜德紫罗蓝
	长沙黑白花		天山冰花		黎州红		攀西蓝
	桃江黑白花		天山绿		黎州冰花红		航天青
	平江黑白花		双井红		汉源三星红		牦山黑冕宁黑冰花
	宜章莽山红		双井花		石棉樱花红		夹金花
广东省	信宜星云黑		天山红		宝兴红		甘孜樱花白
	信宜童子黑		和硕红		宝兴珍珠花		甘孜芝麻黑
	信宜海浪花	四川省	芦山红		芦山樱桃红		丹巴芝麻旺
	信宜细麻花		芦山忠华红		芦山珍珠红		南江玛瑙红
	广宁墨蓝星		石棉红三合红		宝兴翡翠绿		天府红
	广宁红彩麻		天全玫瑰红		天全邮政绿		泸定长征红
	广宁东方白麻		汉源巨星红		二郎山菊花绿		加郡红
	普宁大白花		芦山樱花红		宝兴绿		二郎山孔雀绿
新疆	天山蓝		二郎山红		宝兴墨晶		苍隆丰红花
	哈密星星蓝		新庙红		宝兴黑冰花		泸定五彩石
	哈密芝麻翠		四川红		芦山墨冰花		米易米易豹皮花绿
	天山红梅		荥经红		宝兴菜花贵		

④ 花岗岩的选用原则　花岗石板材的表面加工程度不同，也就使它们表面质感不一样，使用时应注意。一般镜面板材和细面板材表面光滑，质感细腻，多用于室内墙面和地面，也用于部分建筑的外墙面装修，铺贴后熠熠生辉，形影倒映，顿生富丽堂皇之感。粗面板材表面质感粗糙、粗犷，主要用于室外墙基础和墙面装修，有一种古朴、回归自然的亲切感。

花岗石板材色调花纹的选择，应考虑整个建筑的装修要求并和其他部位的材料的色彩相协调。由于花岗石不易风化变质，多用于墙基础和外墙饰面，也用于室内墙面、柱面、窗台板等处。又由于花岗石硬度高、耐磨，所以也常用于高级建筑装修工程大厅的地面，如宾馆、饭店、礼堂等的大厅。

(6) 板石

板石资源在我国也十分丰富，分布范围比较广，除华北平原、东北平原和其它平原、盆地、沙漠，新生代以来覆盖很厚的松散层地区，以及那些在片火山岩出露的地方外，许多省、市、区都可以找到。我国广泛分布的前震旦系、寒武系、奥陶系、志留系、二叠系、三叠系地层中的板岩、千枚状板岩、千枚岩和页岩，可以寻找和开发出数量巨大、品种优良的板石。

北京地区的二叠系地层中有紫色板岩、千枚岩。在震旦系地层中不仅有浅灰、灰绿、银灰、灰黑等多种颜色的板岩、千枚岩，而且出露的厚度较大。如怀柔县的震旦系中有一套板岩，厚度有172m。房山县的一套千枚岩、千枚状板岩，厚度在200m以上。房山、门头沟地区出产铁锈色、翠绿色及绿色的各种变色板石，长期以来畅销不衰。

河北保定地区的易县、满城、徐山等出产深锈色、乳白色、乳黄色板石，均匀铺地饰面板。房山附近也有少量深锈色板石产出。陕西板石资源非常丰富。其中陕北板石赋存于三叠系地层中，北起神木、佳县，经米脂、绥德、靖涧、延川、宜川，转向西南，过洛川、黄龙、黄陵，到渭北的淳化、旬邑、彬县、麟浙等县。在我国大地构造中，它们属于鄂尔多斯地台的一部分。地层平缓、断层少，成矿十分有利。陕南和鄂西北地区的中寒武统到下志留统出露广泛的板岩，长度有300多千米，是我国板石出口基地。陕南地区西起汉中专区的镇巴，经安康专区的石泉、汉阳、紫阳、岗皋、安康、平利，直至东到镇坪。长约200km，宽50多千米。陕西板石颜色丰富齐全，有黑色、绿色、灰色、灰绿色、铁锈色、黄色、银灰色、银黑色等。如紫阳、镇坪的绿色、黄绿色板石、镇坪的灰色板石都很有名。

湖北也是我国板石很重要产地，鄂西板石分为两大片，一是产在鄂西长江两岸的古生代一中生代地层中的黑色含炭质钙质板岩、炭质板岩、黑色硅化板岩等，主要分布在长阳县、宜昌县、兴山县和神农架林区。那里板岩岩层完整，倾向平缓，岩层裸露或覆盖层薄，易于露天开采。另一片是产在十堰地区的竹山、竹溪、房县一带，长100多千米，矿层厚几米到十几米，最厚处可达上千米。该矿属于陕南板石带向东的延伸部分，主要是寒武系、奥陶系、志留系一套变质岩。有黑色色、灰黑色炭质板岩，灰色、绿豆色、绿色泥质板岩，黄色千枚岩，含炭质硅质板岩等。其中，以黑色炭质板岩，硅质板岩，硅质板岩和绿色泥质板岩三种质量最佳，出口数量最大。鄂西北板石以竹溪资源最丰富，竹山县次之，房县较少。板石质量自西向乐逐渐变差。而矿区交通条件自西向东越来越方便，该区矿石的矿物成分和化学成分与陕南板石基本相同。

四川东北部与陕西、湖北接壤的地区也有板石出露。以大巴山断层为界分为南北两产区，北区板石产于万源县、城口县寒武系的鲁家坪组、箭竹坪组毛关堤组。该区板石颜色品种较多，有浅灰至深灰、黄色、纯黑色、灰黑色等。有的还呈现褐黄色晕色或出现深、浅颜色相间排列的条带，美观大方，古朴素雅。在四川境内出现90km长，4～13km宽，是四川境内板石最有开发远景的地区，川北南区的板石产在城口县、巫溪县境内，也在寒武系地层中，多为黑色、灰黑，以及深灰色。地表长115多km，宽3～8多km。

山西省五台县、定襄县出产紫色、银灰色板石。太行山区的左权县、黎城县、平顺县出产以铺地石板为主的粉红、黑色板石。

此外，浙江安吉的“黑大王”板石；江西南部广泛分布着紫红色千枚岩、黑色板岩、草绿色千枚岩等；湖南的元古界板溪群地层中也有紫色、灰绿、绿、暗灰、灰黑和黑色千枚岩、板岩；在广西、贵州等省（区）也有良好的板岩、千枚岩分布；它们都是板石的产区或开发板石的前景区。

(7) 人造大理石

人造石材是以石粉、碎石、胶黏剂为主要原料，经调配、合成、表面处理等工序加工而成。

① 人造石材的分类和特点　人造石材按合成所用胶结剂的不同分为有机型、无机型、复合型、烧结型四类。

a. 有机型人造石材。有机类人造石材是以不饱和聚酯树脂为主要胶结材料，天然碎石、石偻等无机物为填料，加入颜料固化剂、催化剂，经调配、搅拌、固化、烘干、表面抛光加

工而成，

它的特点主要有：成型容易，常温下即可固化；质量轻、强度高、韧性强；色彩丰富、色泽鲜艳，可按照设计要求确定颜色和图案，装修性强；易于切割、钻孔可加工性好；吸水率低，耐腐蚀性好；耐热性较差；易老化；价格较高。

b. 无机型人造石材。无机类人造石材是以水泥为胶结材料，天然碎石和砂为粗细骨料，加入颜料等添加剂，经配料、拌和、成型、加压蒸养、表面处理等工序制成。

它的特点主要有：工艺传统，成本低；强度高；耐热、耐腐蚀；性能稳定，耐久性好；吸水率大；装修性差。

c. 复合型人造石材。复合型人造石材的加工过程分为两步，先用水泥与石粉、砂拌和制坯，再将坯体浸泡在树脂中，经固化养护表面处理等工序制成。

由于复合型人造石材在加工中同时使用了有机和无机两种胶结材料，因而兼有。有机型和无机型人造石材的某些特点；强度高韧性好；耐高温、耐腐蚀；性能稳定；价格便宜。但重量较大，耐急冷急热性能较差。

d. 烧结型人造石材。烧结型人造石材是以石粉为主要原料，加入瓷土及其他添加物，采用陶瓷材料的生产工艺制作而成。它具有陶瓷材料的一些特点，强度高；吸水率低、；耐热、抗冻、耐腐蚀、易清洁，性能稳定、装高饰性好，但因需要经高温烧制，故能耗大、成本。

② 人造装修石材的主要品种介绍

a. 人造石饰面板。人造石饰面板是一种有机型的人造石材，以不饱和聚酯树脂或环氧树脂为胶结剂。生产时，通过改变无机填料、颜料、添加剂的种类和数量以及采用不同的加工工艺，可以模仿出花岗岩、大理石、玉石等天然石材的效果，其花纹、图案、色泽和质感要以达到以假乱真的程度。

人造石饰面板规格尺寸较大，宽度一般为 700～900mm，长度可达 2000mm，厚度在 10～12mm。

人造石饰面板的主要技术性能指标是：抗压强度＞100MPa；抗折强度 38MPa 左右；抗冲击强度 15J/cm^2 左右；表面硬度 40RC 左右；表面光泽度 90 度左右；密度 2.1g/cm^3 左右；吸水率＜0.1％；膨胀系数 23×10^5。

在家居室内装修中，人造石面板常被用作橱柜、盥洗台、窗台的台面板。它与天然花岗岩、大理石饰面板相比，色泽鲜艳、颜色一致、容易加工、无缝拼接。但表面硬度较低，不耐摩擦；制作成本高，价格较贵。作为胶结剂的有机化合物，抗老化性能差，时间长了会发生光泽减退、颜色变暗发黄等现象。降低了装修效果。

b. 水磨石预制块。水磨石预制块是彩色石为骨料，白水泥或普通水泥为胶结晶剂制作而成，是无机型人造石材的典型产品，品种主要有地砖、台面板、隔断板、踏步板、踢脚板等。颜色有彩色和普通色两种。

水磨石预制块的强度和硬度较，表面光洁度较差，装修效果一般，家居装修中很小使用。

c. 水泥结晶仿大理石板。水泥结晶仿大理石板以高级水泥和高级耐磨材料为原料加入适量的添加剂制成的一种自然结晶民型的高档无机人造石材，水泥结晶仿大理石板经研磨、抛光后，其含有结晶体的表面光亮照人，装修效果可与天然大理石相媲美。

水泥结晶仿大理石技术性能指标也与天然大理石基本相同：抗压强度可达 78.9～

111.4MPa；抗折强度在9.13～13.1MPa之间。

d. 人造砂岩。人造砂岩是以95%经粉碎后的天然石材与5%的树脂混合制成的合成材料，它具有天然砂岩粗犷的质感，同时又有有机类人造石材良好的物理和力学性能。它可以根据设计要求，采用不同的模具，加工处理所需要的各种造型；可以采用不同的天然石材原料和工艺生产出不同质感的产品；还要以添加不同的颜料获得理想的色彩。因此人造砂岩克服了天然砂岩颜色单调、成型困难、价格高昂的缺陷，较之天然砂岩具有更好的装修效果和性价比。

家居装修中常用人造砂岩作为背景墙、壁炉、壁龛、装修柱等部位的装修。

e. 纤瓷板。纤瓷板是一种烧结型的人造石材饰面板，它以天然晶状陶瓷原料加入无机纤维、颜料和其他添加剂，经1160℃高温烧制而成。和传统的陶瓷产品相比，纤瓷板具有以下特点。

面大、质轻、壁薄：规格尺寸在1000mm×2000mm以上，最大可达1500mm×3000mm；厚度为4～6mm；重量仅为7.5～11kg/m^2，可以大大减轻装修荷载。

高硬度、高强度：强度可达30MPa以上，耐磨程度是普通瓷砖的5倍。

高韧性：瓷板结，晶，呈现纤维般组织结构，如木材一般有弹性。

耐热防火：完全不燃物，热膨胀系数比一般陶瓷产品低25%～30%，无爆裂危险，是理想的防火材料。

耐酸碱、无静电：表面光洁、坚硬，不怕酸碱性物质的侵蚀。

抗污染、易清洗：质地紧密，表面无毛细孔，不易受污染；雨水冲洗会产生自洁作用，常保表面光洁亮丽。

随意烧印：可在表面随意烧印各类图片，使其直接成为壁画、或艺术墙。

永不褪色：化学稳定性好，无可溶性成分；在风吹、日晒、雨淋的作用下、长期保持色泽鲜艳亮丽。

性价比高：在高级装修工程，是一种价廉物美的饰面材料。

加工容易、施工简单：具有木材般的韧性，易切割、开洞；铺贴采用黏结剂，工艺简单方便，施工污染小。

纤瓷板是一种新型的饰同材料，在高级装修工程中，作为高档天然石材饰面材料的替代品，具有广阔的市场和良好的发展前景。

f. 微晶石。微晶石又称玻璃石材、玻璃陶瓷。它是在对熔融成型后的玻璃进行晶化处理，使用权玻璃体内均匀地渗出大量的细微晶体，从而制得的一种以晶相为主的多玻璃材料。

微晶石具有机械强度高、硬度大、耐磨、耐腐蚀、吸水率极低、耐久性好的特点，各项技术性能指标均优于陶瓷和天然石材。

微晶石的表面光泽度很高，和产加工时加入不同的颜料可获得丰富的色彩，表面可见的微小晶体使之具有独特的质感和良好的装修效果，是室内外墙、地面高级饰面材料的最佳选择之一。

8.3.4 防水材料

目前防水涂料一般按涂料的类型和按涂料的成膜物质的主要成分进行分类。

(1) 按防水涂料类型分类

根据涂料的液态类型，可分为溶剂型、水乳型和反应型3类。

① 溶剂型　在这类涂料中，作为主要成膜物质的高分子溶解于有机溶剂中，成为溶液。高分子材料以分子状态存在于溶液（涂料）中。

该类涂料具有以下特性：a. 通过溶剂挥发，经过高分子物质分子链接触、搭接等过程而结膜；b. 涂料干燥快结膜较薄而致密；c. 生产工艺较简易，涂料储存稳定性较好；d. 易燃、易爆、有毒，生产、储运及使用时要注意安全；e. 由于溶剂挥发，施工时对环境有一定污染。

② 水乳型　这类涂料作为主要成膜物质的高分子材料以极微小的颗粒（而不是呈分子状态）稳定悬浮（而不是溶解）在水中，成为乳液状涂料。该类涂料具有以下特征：a. 通过水分蒸发，经过固体微粒接近、接触、变形等过程而结膜；b. 涂料干燥较慢，一次成膜的致密性较溶剂型涂料低，一般不宜在5℃以下施工；c. 储存期一般不超过半年；d. 可在稍为潮湿的基层上施工；e. 无毒、不燃，生产、储运、使用比较安全；操作简便，不污染环境；f. 生产成本较低。

③反应型　在这类涂料中，作为主要成膜物质的高分子材料系以预聚物液态形式存在，多以双组分或单组分构成涂料，几乎不含溶剂。

该类涂料具有以下特性：a. 通过液态的高分子预聚物与相应物质发生化学反应，变成固态物（结膜）；b. 可一次结成较厚的涂膜，无收缩，涂膜致密；c. 双组分涂料需现场配料准确，搅拌均匀，才能确保质量；d. 价格较贵。

（2）按成膜物质的主要成分分类

根据构成涂料的主要成分的不同，可分为四类，即合成树脂类、橡胶类、橡胶青类和沥青类。

8.3.5　填缝剂（泥宝瓷砖填缝剂）

泥宝瓷砖填缝料是由优质水泥和多种高分子聚合物复配而成的一种填缝材料，广泛用于各类瓷砖、马赛克、石材等嵌缝（见图8-13）。

（1）产品性状

① 色泽　黑、灰、红、绿、橙及其他颜色。

② 黏结料　白水泥或普通波多兰水泥。

③ 骨料　石英砂，最大粒径0.5mm以下。

④ 附加剂　高分子聚合物、乳胶粉。

图8-13　填缝剂施工方法

⑤ 干基密度　1.4kg/L。

⑥ 抗渗性　透水压力比大于400%。

⑦ 收缩性　小于0.5%。

（2）使用方法

① 拌料　先取定量的水，边加入H808J，边搅拌，直到需要的稠度，并且不见颗粒。

② 涂刮　将拌和好的填缝浆料以施工刀涂在瓷砖面上，以橡胶刮刀来回涂刮，使填缝料密实填入缝中，并尽可能不残留于瓷砖面上。

③ 清理　待填缝料干固后，以软面物清理瓷砖釉面。

④ 包装　25kg/纸袋。

⑤ 储存　在阴干条件下可保存6个月以上。

8.3.6 地毯

地毯柔软舒适，容易变脏。但是，还是有不少人对它情有独钟，尤其是形形色色的装修块毯，正在占据着家中最温馨的部分。

目前，人们在家居装修中地面饰材多会选择“硬铺”，即从瓷砖、玻化砖到各种木地板。除了一些非常高档的公寓装修外，多数家居很少会选择满铺地毯的装修方式。但茶几下铺上一块花团锦簇的椭圆形纯羊毛地毯，或是浴室门口一块圆形防滑块毯脚垫，或是在客厅、餐厅之间铺的长方形抽象图案地毯，都是设计师推荐使用的装修技巧，块毯正在成为地毯走入家居的主流产品（见图8-14）。

图8-14　灰色地毯增加了空间的内容

地毯的装修功能非常强，更换面积不大的块毯，可以给居室带来不同的风格效果。记者在采访中发现，市场上各种档次、设计风格、不同颜色的块毯应有尽有，它们以无与伦比的质感，柔和或是极具跳跃感的色彩，正在赢得消费者的青睐。块毯可以增加室内的温暖感、色彩及跳跃感。有效地使用块毯，有助于减少室内噪声。在墙到墙的满铺地毯上，铺上块毯增加了装修的豪华感。在硬铺地材料上，铺装块毯，可用以规划出就餐区或聊天区。

（1）地毯的种类

① 纯毛地毯　手感柔和，拉力大，弹性好，图案优美，色彩鲜艳，质地厚实，脚感舒适，并具有抗静电性能好，不易老化、不退色等特点，是高档的地面装修材料，也是高档装修中地面装修的主要材料。

② 混纺地毯　在纯毛纤维中加入一定比例的化学纤维制成，该种地毯在图案花色、质地脚感等方面与纯毛地毯差别不大，同时提高了地毯的耐磨性能，大大降低了地毯的价格，使用的范围广泛。

③ 化纤地毯　又称为合成纤维地毯，是以锦纶（又称尼龙纤维）、丙纶（又称聚丙烯纤维）、腈纶（又称聚乙烯腈纤维）、涤纶（又称聚酯纤维）等化学纤维为原料织成。其质地近似于羊毛，耐磨而富有弹性，鲜艳的色彩，丰富的图案都不亚于纯毛，价格相对便宜些。

④ 塑料地毯　由聚氯乙烯树脂等材料制成，虽然质地较薄，手感硬，受气温的影响大，易老化，但该种材料色彩鲜艳，耐湿性、耐腐蚀性、耐虫蛀性、可擦洗性都比其他材质有很大的提高，在家居装修中多用于门厅、玄关及卫生浴缸的侧边。

⑤ 丝织地毯　是地毯中比较贵的一种。多是手工编织，做工精细、美观大方、颜色鲜明、图案清晰，显得高贵典雅。真丝地毯是手工编织地毯中最为高贵的品种，如同真丝衣服一样，手感很好，适合于夏天使用，清凉的脚感能使人在燥热的天气下清凉爽快。

(2) 按地毯等级分类

① 轻度家用级　用于不常使用的房间。

② 中度家用或轻度专业使用级　常用于卧室、餐厅。

③ 一般家用或中度专业使用级　用于起居厅等处。

④ 重度家用或一般专业使用级　用于家居重度磨损的地方。

⑤ 重度专业使用级　用于公共场所。

(3) 地毯的原料特点比较

① 羊毛　弹性好，不易污染、变形、磨损，隔热性好，但易腐蚀、虫蛀，价格较高。

② 锦纶　耐磨性好，易清洗、不腐蚀、不虫蛀、不霉变，但易变形，易产生静电，遇火会局部溶解。

③ 涤纶　耐磨性仅次于锦纶，耐热、耐晒，不霉变、不虫蛀，染色困难。

④ 丙纶　质轻、弹性好、强度高，原料丰富、生产成本低。

⑤ 腈纶　柔软、保暖、弹性好，在低伸长范围内的弹性回复力接近于羊毛，比羊毛质轻，不霉变、不腐蚀不虫蛀，缺点是耐磨性差。

(4) 地毯的品质鉴定

① 编织密度　从地毯面层纤维的密度来区别的地毯优劣，标准是每 0.3048m^2 地毯中的经线数量（俗称道数）。道数越高，质量越好。一般家居用地毯为 90～150 道，高档装修中所用地毯应为 200 道以上，甚至可达 400 道。

② 耐磨性　地毯在固定压力下，经磨损露出背衬所需要的次数。地毯的耐磨性与原材料的品种有关，也与地毯编织厚度有关，越厚越耐磨。

③ 回弹性　地毯在动荷载下的厚度损失率来表示，即地毯加压一定时间后，撤除压力，测量地毯与未加压前的厚度差，用有徇地毯面层绒毛的回弹能力，厚并差愈小的回弹性愈好。经测试，回弹性依此为斗毛、腈纶、锦纶、丙纶。当然，由于产地不同、工艺水平不同，特别是出现的很多改生产品，这个排序也会有变化。

④ 静电性　用地毯表面电阻和静电压测定的地毯带电和放电情况，一般与纤维本身的导电性有关。目前所生产的化纤地毯都经处理，对使用不会产生影响。

⑤ 耐燃性　耐燃性是装修材料的重要指标，对于化纤地毯，凡燃烧时间在 12min 之内，燃烧面积的直径在 17.96cm 之内的，耐燃性就为合格。比较起来，丙纶地毯耐燃烧较差，其它地毯的耐燃性指标相关不多。当然，除耐燃烧性外，还要注意化纤地毯燃烧产生有害气体问题。

(5) 地毯的选择

① 纯羊毛地毯　根据织做方式不同，羊毛地毯分为手织、机织、无纺等品种。羊毛地毯以其保暖、吸声、柔软舒适、弹性好、富丽堂皇等优点受到人们的喜爱。但因价格高，易虫蛀、易长霉而影响了使用面，家居使用一般选用小块羊毛地毯局部铺设。

② 化纤地毯　具有吸声、保温、耐磨、抗虫蛀等优点但弹性差、脚感较硬，易吸尘、积尘。价格低，易为大众接受。因缺点明显。正在逐步为其他地面材料取代。

③ 混纺地毯　具有吸声、保温、耐磨抗虫蛀等优点，弹性、脚感比化纤地毯好，价格适中，为一些家居所选用。

选购地毯时，应向经销商索要产品质检测报告，对不同材质、不同价格的地毯进行性能指标比较。

8.4 木作装修材料

8.4.1 木材的基本知识

(1) 木材性能及装修作用

木材是家居装修用量最大的装修材料之一，它具有质地轻、强度高、弹性好、纹理美观、有一定的抗蚀性、易加工等优点。但也具有吸水性强、组织不匀、易翘曲变型、易燃、有天然节点、缺陷等缺点。

(2) 木材的分类

① 木材料的分类　按树种分为针叶树材（如松木、柏木等）和阔叶树材（如榆木、桦木、杨木等）。按用途分为原条、原木、锯材三类。按材质原木分为一、二、三等；锯材分为特等、一等、二等、三等。按容重可分为轻材——容重小于 400kg/m^3；中等材——容重在 500～800kg/m^3；重材——容重大于 800kg/m^3。

② 常用木材

a. 红松。材质轻软，强度适中，干燥性好，耐水、耐腐，加工、涂饰、着色、胶结性好。树皮灰红褐色，内皮浅驼色，边材浅驼色带黄白，心材黄褐色略带内红。适用于家居室内装修中的木龙骨架材料。

b. 白松。材质轻软，富有弹性，结构细致均匀，干燥性好，耐水、耐腐，加工、涂饰、着色胶结性好。白松比红松强度高。树皮灰褐色至棕褐色，表皮常带灰白色，鳞片状剥落，剥落后留下像圆凹痕。木材浅驼色，略带黄白。适用于家居室内装修中的木龙骨架材料。

c. 落叶松。力学强度高，材质较硬，耐磨、耐水性好，干缩性大，易开裂、变形，加工性较差，涂饰，胶黏性良好。适用于家居室内装修中的木龙骨架材料。

d. 花旗松。材质略重，硬度中等，干燥性能好，易于加工，胶黏性好，是一种高级的木骨架材料。产地美国。

e. 桦木。材质略重硬，结构细，强度大，加工性、涂饰、胶黏性好。板材可作家具、门窗、地板等室内装修用材。

f. 泡桐。材质甚轻软，结构粗，切水电面不光滑，干燥性好，不翘裂。

g. 椴木。材质略轻软，结构略细，有丝绢光泽，不易开裂，加工、涂饰、着色、胶结性好。不耐腐、干燥时稍有翘曲。家具、胶合板等用材。

h. 水曲柳。材质略重硬，花纹美丽，结构粗，易加工、韧性大，涂饰、胶黏性好，干燥性一般。在家居室内装修中用于家具、饰面板等。

i. 榆木。花纹美丽，结构粗，加工性、涂饰、胶黏性好，干燥性差，易开裂翘曲。

j. 柞木。材质坚硬，结构粗，强度高，加工困难，着色、涂饰性好，胶合性差，易干燥，易开裂。

k. 榉木。材质坚硬，纹理直，结构细、耐磨有光泽干燥时不易变形，加工、涂饰、胶黏性较好。在家居室内装修中用于家具、饰面板等。原产地美国。

l. 枫木。重量适中，结构细，加工容易，切削面光滑，涂饰、胶合性较好，干燥时有翘曲现象。在家居室内装修中用于家具、饰面板等。

m. 樟木。重量适中，结构细，有香气，干燥时不易变形，加工、涂饰、胶黏性较好。较高档家具装修用材。

n. 柳木。材质适中，结构略粗，加工容易，胶黏与涂饰性能良好。干燥时稍有开裂和翘曲。以柳木制作的胶合板称为菲律宾板。

o. 花梨木。材质坚硬，纹理余，结构中等，耐腐蚀，不易干燥，切削面光滑，涂饰、胶黏性较好。

p. 紫檀。红木的一种，较高档家具装修用材。材质坚硬，纹理余，结构粗，耐久性强，有光泽，切削面光滑。较高档家具装修用材。

q. 柚木。纹理直至微交错，结构中至略粗，花纹美观，尺寸稳定性好耐腐性强，加工性能佳，胶黏性好，适用于高级家具、室内装修、地板、门窗等。属于中高档木装修材料。

r. 黑胡桃木。产自美国，木材深棕色，适用于高级家具、室内装修、地板等。属于中高档木装修材料。

s. 铁刀木。纹理斜或交错；结构细至中，均匀，重量适中，干缩中至大，强度中，干燥困难，产生变形现象。耐腐蚀强适用于高级家具、室内装修、地板、门窗等。属于中高档木装修材料。

（3）木材的颜色

木材细胞中含有名种色素、树脂、树胶、单宁、油脂，并渗透到细胞壁中，使木材呈现不同的颜色。

木材的颜色有深浅之分，如红松边材色微黄，心材黄而微红。乌木、铁刀木、黑胡桃木呈黑色。红柳、红豆杉呈红色。枫木淡黄微红。不同树种的木材颜色各不相同。

木材的色彩决定着居室设计的艺术效果，同时影响到油漆工艺的运用。什么样的居室风格、颜色，应当选择什么样的木材颜色，如小户型空间，应当选择浅色木材，使整个空间，显得宽敞、温馨一些。大户型空间可选择深色木材，让空间更加稳重大方，有一定层次。总之，在居室装修过程中应结合自身的实际情况，恰当选材，从而去营造一个温馨、浪漫的家。

8.4.2 人造板材

在现代家居装修过程中常用的有以下几种：木芯板（细木工板）、夹板、饰面板、保丽板、防火板、刨花板、密度板等。

（1）木芯板（细木工板）

① 细木工板的中间是以天然木条黏合而成的芯，两面黏上很薄的木皮，顾名思义大芯板，是装修中最主要的材料之一。可以做家具和包木门及门套、暖气罩、窗帘盒等，其防水防潮性能优于刨花板和中密度板。

② 细木工板按内部结构分为机拼板和手拼板。其中的木芯常用的有杨木芯、杂木芯、杉木芯、柳桉芯（进口）等，质量较好的是杉木芯和柳桉芯（进口）。

③ 细木工板分为18mm和15mm。18mm常用于家具，门、门套等的框架主结构，15mm常用于制作家具门板等。

④ 细木工板选购注意事项。

a. 细木工板分为一等、二等、三等。直接作饰面板的，应使用一等板，只作为底板用的可用三等板。

b. 挑选表面平整、节子、夹皮少的板。

c. 从侧面或锯开后的剖面检查芯板的薄木质量和密实度。

d. 大芯板的一面必须是一整张木板，另一面只允许有一道拼缝。另外，大芯板的表面必须干燥、光净。

e. 选择细木工板时一定要选机拼板，不要选用手拼板。

f. 观测其周边有无补胶、补腻子现象。

g. 尖嘴器具认真敲击表面，听其声音是否有较大差异，如果声音有变化，内部就有空洞。

h. 在大批量购买时，应检查产品的检测报告及质量检验合格证等质量文件。

（2）夹板

夹板，也称胶合板、行内俗称细芯板。由三层或多层1mm厚的单板或薄板胶贴热压制而成，是目前手工制作家具最为常用的材料。夹板一般分为3mm板、5mm板、9mm板、12mm板、15mm板和18mm板6种规格。

胶合板最外层的正面单板称为面板，反面的称为背板，内层板称为芯板。为消除木材各向异性的缺点，增加强度，制作胶合板时要遵守：一是对称原则，对称层的单板厚度、树种、含水率、木纹方向、制造方法都相同，以使各种内应力平衡；二是奇数原则。有三合板、五合板及七、九、十一合板等。

① 胶合板的分类　一类胶合板为耐气候、耐沸水胶合板，由此及彼有耐久、耐高温，能蒸汽处理的优点。二类胶合板为耐水胶合板，能在冷水中浸渍和短时间热水浸渍。三类胶合板为耐潮胶合板，能在冷水中短时间浸渍，适于室内常温下使用。用于家具和一般建筑用途。四类胶合板为不耐潮胶合板，在室内常态下使用，一般用途胶合板用材有榉木、椴木、水曲柳、桦木、榆木、杨木等。

② 胶合板选购注意事项　a. 挑选木纹。购买多张胶合板时，应挑选木纹，颜色近似的胶合板。b. 正面不得有死节和补片。c. 角质节（活节）的数量少于5个，面积小于$15mm^2$。d. 没有明显的变色及色差；没有密集的发丝干裂现象及超过200mm×0.5mm的裂缝。e. 直径在2mm以内的孔洞少于5个。f. 长度在15mm之内的树脂囊、黑色灰皮每平方米少于4个；长度在150mm、宽度在10mm的树脂漏每平方米少于4条。g. 无腐朽变质现象。

（3）饰面板

装修面板，俗称面板。是将实木板精密刨切成厚度为0.2mm左右的微薄木皮，以夹板为基材，经过胶粘工艺制作而成的具有单面装修作用的装修板材。它是夹板存在的特殊方式，厚度为3mm。装修面板是目前有别于混油做法的一种高级装修材料。

饰面板是用木纹明显的高档木材旋切的木皮，非常的薄，最薄的只有0.3mm，厚的也不过2～3mm。常见木皮的色彩从浅到深，有樱桃木、枫木、白榉、红榉、水曲柳、白橡、红橡、柚木、花梨木、胡桃木、白影木、红影木等数十个品种，

现代家居中常的饰面板有柚木、黑胡桃木、黑檀木、铁刀木等。

饰面板选购注意事项：a. 外观应有较好的美感，材质应细致均匀、色泽清晰。木纹美观，配板与拼花的纹理应按一定规律排列，木色柜近，拼缝与板边近乎平行。b. 选择的装修板表面应光洁，无毛刺沟痕和刨刀痕应无透胶现象和板面污染现象（如局部发黄、发黑现象）应尽量挑选表面无裂纹、裂缝，无节子、夹皮、树脂囊和树胶道的；整张板的自然翘曲度应尽量小，避免由于砂光工艺操作不当、基材透露出来的砂透现象。c. 胶层结构稳定，无开胶现象。应注意表面单板与基材之间、基材内部各层之间不能出现鼓包、分层现象。用刀撬法检验胶合强度。此法是检验胶合强度最直观的方法，用锋利平口刀片沿胶层撬开。如果胶层破坏，而木材未破坏，说明胶合强度差。d. 要选择甲醛释放量低的板材。应避免具

有刺激性气味的装修板。因为气味越大，说明甲醛释放量越高，污染越厉害，危害性越大。e. 选择有明确生产企业的产品。绝大多数有明确厂名、厂址、商标的产品，性能表现较好。

（4）防火板

防火板是采用硅质材料或钙质材料为主要原料，与一定比例的纤维材料、轻质骨料、黏合剂和化学添加剂混合，经蒸压技术制成的装修板材。是目前越来越多使用的一种新型材料，其使用不仅仅是因为防火的因素。防火板的施工对于粘贴胶水的要求比较高，质量较好的防火板价格比装修面板也要贵。防火板的厚度一般为 0.8mm、1mm 和 1.2mm。

（5）刨花板

刨花板是用木材碎料为主要原料，再渗加胶水，添加剂经压制而成的薄型板材。按压制方法可分为挤压刨花板、平压刨花板两类。此类板材主要优点是价格极其便宜，其缺点也很明显：强度极差，一般不适宜制作较大型或者有力学要求的家私。

（6）密度板

密度板，也称纤维板。是以木质纤维或其他植物纤维为原料，施加脲醛树脂或其他适用的胶黏剂制成的人造板材，按其密度的不同分为高密度板、中密度板、低密度板。密度板由于质软耐冲击，也容易再加工。

（7）三聚氰胺板

三聚氰胺板，全称是三聚氰胺浸渍胶膜纸饰面人造板。是将带有不同颜色或纹理的纸放入三聚氰胺树脂胶黏剂中浸泡，然后干燥到一定固化程度，将其铺装在刨花板、中密度纤维板或硬质纤维板表面，经热压而成的装修板。三聚氰胺板是一种墙面装修材料。

（8）保丽板

保丽板即为不饱和聚酯贴面板。它以胶合板为基材，复贴一层装修纸，再在纸面涂一层不饱和聚酯树脂经固化而成的产品。

保丽板特点是手感好、表面装修性好，可以制成柔光板和镜面板，强度高，表面耐水性能、耐化学药品性能、耐污染性能好。适用于室内墙板、吊顶板、家具等。

保丽板规格和选购方法可以参照胶合板。

8.4.3 木地板

木地板料是装修家居装修常见的地面的装修材。木质地板具有无毒、无污染、保温、吸声、有弹性、脚感好、质感舒适、天然美观等效果，特别是木质表面自然、优美的纹理及色泽，具有良好的装修效果。深受广大装修者的厚爱。

按照其加工的材质可以分为实木地板、复合实木地板、强化木地板、软木静音地板。

（1）实木地板

实木地板是家居装修中重要的地面装修材料，它以其独有的天然纹理，舒适的脚感以及大众所倡导的环保等优点受到消费者的普遍认同。

① 实木地板的分类　目前市场上的实木地板有条木地板、拼花地板、实木 UV 淋漆地板。

a. 条形地板的宽度不大于 120mm，板厚为 16～18mm，拼缝一般为企口或错口。

b. 拼花木地板规格是长 250～300mm，宽度 40～60mm，板厚 20～25mm。

c. 实木 UV（PU）淋漆地板又称为免漆免刨地板，这种地板是实木烘干后经过机器加工，表面经过淋漆固化处理而成。地板等级分为 A 级和 B 级，A 级地板是精选板，表面光洁均匀，木质细腻，天然色差较小，制作精良，质量良好；B 级地板同 A 级地板的主要差异是优良板所占有的比例不及A级板高，部分B级板表面有色差，木质稍差，有可能存在质量缺陷。

② 常见规格　有450mm×60mm×16mm、750mm×60mm×16mm，750mm×90mm×16mm、900mm×90mm×16mm。这种地板有亮光和亚光型两种。

实木地板有深色和浅色之分，浅色材质的色彩均匀，风格明快，能充分烘托家居温馨气氛。深色材质的色差较大，年轮变化明显，具有膨胀系数较小，防水、防虫等特性。

③ 实木地板的选购原则

a. 根据经济条件、房间大小、楼层高低和居住时间长短等来选择木质地板的种类。长条地板和拼花地板可以不用胶铺设，搬迁时易于拆装，短条拼花地板一般采用胶粘方法铺设，但拆装较难。

b. 加工尺寸要精确，木质地板加工误差要小，几何尺寸要规整（用钢卷尺量对角尺寸是否一致），板条是否平整，尤其是宽度方向和榫口的榫槽尺寸更为重要，一般要±0.5mm以上。

c. 板面要平整光滑地板正面无明显刀痕，反面允许有少许漏刨或锯刨痕迹；榫口槽形镶拼时应松紧恰当，平滑自如，既不阻滞又无明显间隙。

d. 木材缺陷应有限度，品直纹明显且要平行，并达到“十无”，即无节痕，无虫眼，无腐朽，无钝楞，无色变，无裂纹，无扭曲，无斜纹，无髓蕊，无夹皮。特别是不能有钝楞，以免影响铺装。

e. 木材强度要因地制宜，一般来讲，木材密度越高，强度也越大，质量也越好，价格当然也越高。但选择地板强度大小，可视使用部位不同而异。如客厅、餐厅、公共活动场所可选择强度高的品种，如依佩（俗称巴西柚木）、克隆、柞木等，而卧室则可选择强度相对低些的品种，如水曲柳、红橡、山毛榉等。有些老人房间则可选择强度一般，却十分柔和温暖的柳桉、西南桦等。再如幼儿园、小学校则可选择板型活泼、经济实惠又有一定强度的强化木地板。

f. 木材一定要经过干燥处理，木材除了物体固有的热胀冷缩特性外，还有其湿涨干缩的特性。因此木质地板生产过程中的干燥处理是一个极其重要的工艺，处理得好坏对地板质量影响很大。木质地板含水率一般要求控制在15%以下。辨别木质地板是否经过干燥的办法有用手摸和用测湿仪测试。

g. 不宜太长太宽，一般说来，木质地板越短越窄越能铺设得牢固和平整光洁。长条地板，一般以2m左右，宽不超过80mm为好。用太长的地板，加工弯曲度大，不易铺平，容易松动；另外太宽太长的地板，干缩湿涨量大，容易产生翘曲变形和开裂。

h. 购买数量应略有盈余，选购木质地板的数量应比实际铺设的面积略有增加，一般$20m^2$的房间需增料$1m^2$，以作消耗备用。

（2）复合实木木地板

复合实木地板是由3～5层木板黏合而成。表层是受重木材，下衬几层板材，最下一层是平衡层。它具有稳定性好，不易变形、不干裂、防水性能佳、强度大、易保养等优点。使用寿命一般在10年以上。

复合实木地板，一般由三层实木交错层压而成，目前市场上也有4层、5层的复合实木地板。表层为优质硬木规格板条镶拼成，常用树种有水曲柳、榉木、枫木、樱桃木、柚木、檀木等。中间几层板材是软木板条，底层平衡是旋切单板，排列呈现纵横交错。该结构组成使三层复合实木地板既有普通实木地板的优点，又有效地调整了木材之间的内应力，改进了木材随季节变换容易产生变形的缺点。

由于三层复合实木地板完全是用天然木材加工制作，所以决定复合实木地板价格的主要因素是材料，特别是面层材质。因树种的不同，表层材料的厚度不同，价格差异较大。

复合实木地板表面是一层实木层，厚度从0.8～4mm不等，耐磨度取决于表面的涂料。脚感和实木相差无几，如果复合实木用木龙骨垫层安装，那其脚感和实木地板相当。

① 复合实木地板的分类　目前市场上所销售的复合实木地板可为三层实木地板和多层实木地板两大类。

② 常见规格　1802mm×303mm×15mm，1802mm×150mm×15mm，1200mm×150mm×15mm，800mm×200mm×15mm。

③ 复合实木地板的选购原则

a. 规格厚度　复合实木地板表层的厚度决定其使用寿命，表层板材越厚，耐磨损的时间就越长。

b. 材质　复合实木地板分为表、芯、底三部分，表层为耐磨层，应选择质地坚硬、纹理美观的材料。芯层和底层为平衡缓冲层，应选用质地软、弹性好的材料，但应注意芯层和底层的材料应保证一致，否则很难保证地板结构的稳定。

c. 加工精密度　实木复合地板的最大优点，是加工精度高，因此，选择复合实木地板时，一定要仔细观察地板的拼接是否严密，而且两相邻应无明显高低差。

d. 表面漆膜　高层次的复合实木地板，应采用高级UV亚光漆，这种漆是经过紫外线光固化的，其耐磨性能非常好，一般家居使用不必打蜡维护，使用十几年不需上漆。

e. 胶料　复合实木地板即三层或多层木，经涂胶热压而成，胶黏剂一般采用脲醛树脂，因此必然会存在一定量的甲醛，生产过程中，高档次的环保复合实木地板，必须使用低甲醛含量的胶料，才能保证产品的环保指标。

(3) 强化木地板

① 强化木地板　一般由表面层、装修层、基材层组成。

a. 表面层常用高效抗磨的三氧化二铝作为保护层，具有耐磨、阻燃、防腐、防静电、抗日常化学药品的作用。耐磨系数与耐磨度并不完全成正比。耐磨系数主要是由三氧化二铝的密度决定的，地板表面的三氧化二铝过密，地板会发脆，使柔韧性减弱，不仅影响地板的使用寿命，还影响地板表面的透明度和光泽度。一般家用强化复合木地板的耐磨系数在6000转以上就足够了。

b. 装修层具丰富的木材纹理色泽，给予强化木地板以实木般的视觉效果。装修层在基材层之上，这一层是采用一种经过特殊加工的纸为材料的，由于经过了三聚氢氨溶液的加热反应，化学性质稳定，成为一种美观耐用的表层纸。

c. 基层材一般是用高密度纤维板，确保地板具有一定的刚度、韧性、尺寸稳定性。保持地板尺寸稳定性的作用。

② 常见规格　1200mm×90mm×8mm。

③ 优点　用途广泛，花色品种多，质地硬，不易变形，防火，耐磨，维护简单，施工工容易。

④ 强化木地板的选购原则　强化木地板之所以称为强化，关键是因为与传统的木地板相比表面多了一层高科技的强化层。这一强化层的耐磨性转数越高，其使用寿命越长。

(4) 软木静音地板

作为高端地材市场的亮点，软木静音地板的优点为越来越多的人所认同，高品位，高舒适已不再是实木地板的代名词。相对于实木地板，推出的软木静音地板更多考虑了快节奏、高质量的现代生活需要，迎合了喧嚣的现代都市。软木静音地板有以下优点。

① 脚感自然　随着人们装修要求的提高，舒适性成为继环保之后人们挑选地板的又一关键指标，软木静音地板采用软木作为底层，弹性舒适，脚感自然，可以营造一个温暖舒适的休憩场所，在一定程度上还能对老人、儿童及喜好运动的人群起到保护作用。

② 吸声降噪　软木静音地板增加了其他地板所不具备的吸声降噪功能。由于软木具有优越的声传播特性和阻尼性能，软木静音地板不仅能吸收踩踏地板时发出的声音，还能对不同楼层起到隔声作用，无需担心楼下邻居的造访。

③ 温暖舒适　软木具有良好的保温性能，用于通常采暖条件下，软木静音地板具有优越的使用舒适性，即使在寒冷的冬季，地板的表面也能保持与室内相似的温度。

④ 铺装简便　实木地板采用龙骨结构铺装，费时费力。软木静音地板采用悬浮式铺装，简便易行，大大缩短了施工时间。

⑤ 易于打理　软木静音地板不仅具有良好的耐磨耐用性能，打理也更加简便，可像普通地板一样地清洁。另外，软木静音地板的抗变形性更是实木地板无法比拟的。

⑥ 价格适中　高端的软木静音地板，纯进口材质，其价格也只相当于普通国产实木地板的价格，高舒适、高品位的生活不再是奢求，用强化地板的价格买到实木地板的享受。

8.4.4　装修木线

装修木线是家居装修、装修的妙笔，能使居室富于层次美、艺术美。常用的木线有阴角线、阳角线、罗马线等。

市场上的木线分为未上漆的和上漆的两种。

木线的品位，一是色彩靓；二是形态美，它实质上是一种小体积的线性木雕；三是每种木线在装修、装修空间，起着“起、转、迎、合、分”的作用，自然流畅的属性尽得巧妙体现。无论是半圆线、门（窗）套线，还是压顶线、贴脚线，都于突凸之中见风骨、凹陷之中现阴柔。

装修木线选购原则如下。

① 木线的加工质量是装修效果的关键，购置未上漆木线应先看整根木线是否光洁、平实，手感是否顺滑，有无毛刺。加工工艺与技巧的优劣对油漆后的形态和视觉效果有直接影响，绝不能选用表面留有刀痕或毛刺的糙面木线，要注意每根木线是否有节子、开裂、腐朽、虫眼等现象。挑选时，木线是否笔直是取舍的重要因素，同时也应观察其背面的质量。如果有时间、精力，最好购置未上漆木线，请木工与装修工一同刷油、上漆。确需选用已上漆木线，可从背面辨别木质优劣、毛刺多少，仔细观察漆面的光洁度、上漆是否均匀、色度是否统一及有否色差、变色等现象。

② 要根据家居装修的“压线、填线”需要进行选购，居室的装修要依据哪里宜厚重、哪里宜柔细来确定各种木线的宽度、长度。不同种类的木线，宽度、长度各不相同。比如阴角线的宽度分 1.2cm、1.5cm、1.8cm 等，选购前最好请木工和装修工精打细算，以免造成不必要的损失。

③ 木线使用不宜过于繁复，否则容易形成压抑、零乱的效果。木线的颜色与居室家具、地板的颜色要协调相配。木线装修应讲内在品质，既重美观也要讲实用，使装修设计在结构上更趋合理。切不可盲目追求高档，如给水曲柳的顶板“压木线”，宜用水曲柳木线；色泽黄白的面板，用白木或椴木木线即可；面板深红色（如红榉）可选红榉木线，也可选白榉木

线衬托。如室内吊顶，采用的是普通板，椴木木线即可，不必用得太高档。

8.4.5 艺术装修板

艺术装修板有贴箔、效果、肌理、裂纹四大系列，系列产品以其品种齐全、造型优美、做工精细、使用方便、光彩永恒、永不褪色，能塑造不同的装修风格而广泛应用于各类家居装修、装修工程之中，是普通饰面板的更新换代产品。

8.4.6 吊顶类装修材料

在家居装修中，吊顶类材料主要分为两大部分：吊顶龙骨和装修面材。其中常用的吊顶龙骨有木龙骨、轻钢龙骨、铝合金龙骨。常用的复面材料有纸面石膏板、装修石膏板、PVC 塑料扣板、铝合金扣板、彩钢板及矿棉装修吸声板等。

（1）木龙骨

木龙骨是家居装修中重要的装修材料，一般选用松木、杉木等软质材料制成。家居装修中所用的木龙骨一般为矩形，其断面尺寸一般为 30mm×40mm 和 40mm×60mm 两种。合格的木龙骨外观应顺直、断面一致，无扭曲、无硬弯、无劈裂。木材的干温度适宜，含水率应在 10%～18%之间，且与当地的气候条件相一致。当吊顶内需敷设电路时，所用的木龙骨，应刷涂防火涂料进行防火处理。装修面材为纸面石膏板、装修石膏板时一般采用木龙骨作为龙骨材料。

（2）轻钢龙骨

① 基本知识　轻钢龙骨是以冷轧钢板为原料，采用冷弯工艺制作而成的薄壁型钢。轻钢龙骨通常采用镀钭的方式进行防腐，镀锌方法按照工艺不同分为电镀和热镀两种。镀锌要以在成型前进行，即采用镀锌钢板制作，也可以等制作完成后再进行镀锌。采用镀锌钢板直接拉制轻钢龙骨，易产生模具损伤镀锌层的现象，在购买时要特别注意检验。一般来说电镀的镀锌量较小，比较而言以热镀锌轻钢龙骨的质量为好。

轻钢龙骨按用途可以分为吊顶龙骨和隔断龙骨，按断面形状不同有 U 形、L 形、和 T 形，装修中常用的为 U 形龙骨；按承载能力的大小又可分为上人龙骨和不上人龙骨两种，按使用部位的不同分为承载龙骨（主龙骨），复面龙骨（次龙骨）和收边线（收边龙骨）。

② 轻钢龙骨的规格　承载龙骨的规格主要有以下几种。

a. 不上人龙骨。（高×宽×厚度）38mm×12mm×1.2mm；45mm×12mm×1.2mm；50mm×20mm×(0.5～0.7)mm；60mm×30mm×(0.5～0.7)mm。

b. 上人龙骨。（高×宽×厚度）50mm×20mm×1.2mm；50mm×15mm×1.5mm；60mm×30mm×1.5mm。

c. 复面龙骨的规格有 25mm×19mm×0.5mm；50mm×19mm×0.5mm。

d. 各种龙骨的长度般为 3～6m。

e. 轻钢龙骨安装所需要的配件主要有吊挂件、接长连接件、正交连接件等，各种类型轻钢龙骨配件的品种和数量各不相同。

③ 轻钢龙骨的质量标准

a. 静载荷作用下的变形。承载龙骨不大于 5.0mm；复面龙骨不大于 1.0mm。

b. 外观质量。不允许有腐蚀、损伤、黑斑、麻点等表面缺陷。

c. 镀锌质量。双面镀锌量不小于 120g/mm^2。

d. 尺寸允许偏差。长度为＋30mm、－10mm；高度为±1.0mm。

e. 轻钢龙骨常于家居装修中铝扣板、彩钢板等装修面材的吊顶龙骨。

(3) 铝合金龙骨

① 基本知识　铝合金龙骨是以铝板轧制而成，专用于拼装式吊顶的龙骨；分为主龙骨、复面龙骨、收边龙骨等，以及与之配套的中挂件、连接件等配件。

② 铝合金龙骨的规格　铝合金龙骨的宽度和高度根据设计而定，长度一般为 4m 或 6m，厚度在 0.8～1.2mm。铝合金复面龙骨按表面形式不同有平板式和凹槽式等品种，其表面处理有电泳、喷涂、喷塑等多种方式，具有不同的装修效果，使用时要根据需要选用。

铝合金龙骨常用于成品石膏板、矿棉板等装修面材的吊顶龙骨。

(4) 纸面石膏板

① 基本知识　纸面石膏板是采用建筑石膏为主要原料掺加剂制成芯板，外贴经防火或防水处理的护面纸加工而成的饰面板材。常用作整体式吊顶的复面材料和木作隔墙的复面材料。

纸面石膏板按复面纸的性质不同分为普通纸面石膏板、防水纸面石膏板和防火纸面石膏板。

② 纸面石膏板的规格　纸面石膏板的规格尺寸一般为 900mm 或 1200mm；长度有 1800mm、2100mm、2400mm、2700mm、3000mm 和 3300mm；厚度有 9mm、12mm、15mm、18mm 可供选择。根据不同的安装需要，纸面石膏板的棱边形状有直边、45°倒角边、楔型边、圆形边、半圆形边。

③ 纸面石膏板的质量标准

a. 纸面石膏板的外观应完整，不允许有波纹、沟槽、污痕、划伤等缺陷。

b. 纸面石膏板的尺寸允许误差，长度和宽度方向均为－0.5mm；厚度为±0.5mm。

c. 纸面石膏板的技术性能指标见表 8-17。

表 8-17　纸面石膏板的技术性能指标

项目		板厚	优等品	一等品	合格品
单位面积选题/(kg/m²)		≤9	≤9.5	≤10.0	≤10.5
		≤12	≤12.5	≤13.0	≤13.5
		≤15	≤15.5	≤16.0	≤16.5
		≤18	≤18.5	≤19.0	≤19.5
含水率/%			≤2	≤2.5	≤3.5
吸水率/%			≤6	≤9.0	≤11
断裂/kg	纵向	9	40	36.0	36
		12	55	49.0	49
		15	70	63.7	63.7
		18	85	78.4	78.4
荷载/kg	横向	≥9	≥17	≥14.0	≥14
		≥12	≥21	≥18.0	≥18
		≥15	≥26	≥22.0	≥22
		≥18	≥30	≥26.0	≥26

（5）装修石膏板

① 基本知识　装修石膏板，是以石膏为主要原料，加入水泥、玻璃纤维等增强凝结性材料，经用水拌和、装模成型、自然干燥后再在其表面喷涂乳胶漆制成的块状石膏板材，硅酸钙板具有轻质、高强、隔声、防火、表面图案丰富、装修效果好，易二次加工、施工方便等特点。

② 装修石膏板的规格

a. 常见装修石膏板的形状多为正方形，规格主要有 500mm×500mm×9mm、600mm×600mm×11mm。

b. 装修石膏板表面图案有穿孔、平板、浮雕板等，也是常用吊顶复面材料之一。

c. 装修石膏板的外观应完整，不允许有波纹、沟槽、污痕、划伤等缺陷。

③ 纸面石膏板的质量标准　装修石膏板的尺寸允许误差见表 8-18，装修石膏板的技术性能指标见表 8-19。

表 8-18　装修石膏板的尺寸允许误差

项　目	指　标		
	优 等 品	一 等 品	合 格 品
边长/mm	−2	1 −2	1 −2
厚度/mm	±0.5	±1.0	±1.0
平整度/mm	1	2	3
方正度/mm	1	2	3

表 8-19　装修石膏板的技术性能指标

项　目	厚　度	优 等 品	一 等 品	合 格 品
单位面积选题/(kg/m²)	≤9	≤9	≤11	≤13
	≤11	≤11	≤13	≤15
含水率/%		2.5	3	3.5
受湿挠度/mm		<7	<12	<17
断裂荷载/N		>168	>150	>132

（6）PVC 塑料扣板

① 基本知识　PVC 塑料扣板是以聚氯乙烯为主要原料，采用挤压工艺制成的条状塑料板材，它的断面形式有单层和中空两种，表面可以做成各种图案和颜色。PVC 塑料扣板的表面装修性强，阻燃、耐老化，防水性能好，刚度满足需要，施工及维修方便，在家居装修中常用于厨房、卫生间等较潮湿的的场所的吊顶装修。

② PVC 塑料扣板的规格　PVC 塑料扣板的宽度一般为 200mm，长度为 6mm，板厚为 1～1.2mm。

PVC 塑料扣板的表面装修性强，阻燃、耐老化，防水性能好，刚度满足需要，施工及维修方便，在家居装修中常用于厨房、卫生间等较潮湿的的场所的吊顶装修。PVC 塑料扣板的抗折和抗冲击性能较差，在施工及使用的过程中应注意保护，以免刮伤及折断。

③ PVC 塑料扣板的质量标准　合格的 PVC 塑料扣板图案应一致，色泽应鲜亮，保护膜完整，表面得有污痕、划伤和裂纹。厚度应符合质量质量标准。

(7) 铝合金扣板

① 基本知识　铝合金扣板是用铝合金平板经轧制和表面装修处理而制成的一种拼装式吊顶面材，它具有质量轻、防水、耐腐蚀、施工简易、装修性强等特点。在家居装修中常用于卫生、厨房等部位。铝合金吊顶的表面处理常见表面处理有阳极氧化、电泳、喷涂、喷塑等多种方法，色彩丰富，还可以根据需要制作出各种图案，可满足不同装修要求的需要。

② 铝合金扣板的规格　铝合金扣板的安装一般采用扣嵌式，形状常见的有正方形、长条形、矩形。其板材厚度一般为0.5～1.0mm，规格尺寸多种多样，最常用的是300mm×300mm的方形规格扣板，它造型美观、安装简便、易于维修，且性价比是最理想的。

③ 铝合金扣板的质量标准　铝合金扣板的外观应平整光滑、涂层均匀、色彩一致，表面不应有污痕、划伤和凹陷。其尺寸误差边长不应大于－0.2mm，方正度不应大于1.0mm，板最不应大于所用板材标准公差。在家居装修中铝合金扣板的厚度不应小于0.5mm，否则难以保证吊顶板的刚度和吊顶的平整度。此外板厚的厚度不应将涂层厚度计算在内。

(8) 彩钢板吊顶

彩钢板吊顶是用镀锌薄钢板经轧制和表面装修制成的块状拼装式吊顶复面材料。它的表面处理常采用喷涂、烤漆和搪瓷方式，色泽鲜亮、图案丰富。与铝合金吊顶相比，彩钢吊顶板的刚度较大，因而做成的吊顶平整度更好。彩钢吊顶板的形状常为正方形，规格边长在300～至600mm范围内，板厚在0.5～1.0mm之间。

(9) 矿棉装修吸声板

① 基本知识　矿棉装修吸声板是以矿为主要原料掺加胶黏剂、防潮剂等经填剂经过压成型、烘干、复面喷涂制成的一种块状拼装式吊顶复面材料。

矿棉装修吸声板的表面图案和颜色和十分丰富，具有装修效果好、质量轻、吸声、防火、施工维修方便等优点。它的缺点是吸水率较大，受潮后容易变形，因而不适合在潮湿环境中使用，施工安装时也需要特别注意防止受潮。

② 矿棉装修吸声板的规格　矿棉装修吸声板的形状为正方形，常用规格为496mm×596mm×12mm和596mm×596mm×12mm。安装时采用拼装式铝合金龙骨。根据安装方式的不同，矿棉装修吸声板的边角有平装式、吊装式、嵌装式和组合式等形式，可以根据不同的效果要求选用。

③ 矿棉装修吸声板的质量标准　矿棉装修吸声板的规格尺寸误差，边长不应大于－2mm；厚度不应大于±0.5mm；平整度不应大于1mm。矿棉装修吸声板的技术性能主要有密度、抗折强度、吸水率、含水率、吸声系数、热导率和燃烧性能，具体指标详见表8-20。

表8-20　矿棉装修吸声板的技术性能指标

项　目	单　位	标　准
密度	kg/m^2	≤500
抗折强度	MPa	厚9mm≥0.73
		厚12mm≥0.83
		厚15mm≥0.98
吸水率	%	<50

续表

项　目	单　位	标　准
含水率	%	≤2.0
吸声系数		0.4～0.6
热导率	W/(m·K)	≤0.0814
燃烧性能	级别	难燃一级

8.4.7　塑料类材料

家居装修塑料制品繁多，最常用的有用于地面、墙面、顶棚的各种板材或块材、波型板、卷材、装修薄膜、装修部件。

家居装修中塑料类装修材料的种类　常见的家居装修中塑料类装修材料有PVC装修板、塑铝板、塑料地板、玻璃钢装修板、有机玻璃饰面材料

(1) PVC装修板

PVC装修板分为硬质板和软质板，硬质板适用于内外墙等，软质板适用于内墙面。PVC装修板的形式有波形板（或称波纹板）、异型板、格子板等。

① PVC波形板　分为纵向波形板和横向波形板。纵向波形板的宽度为900～1300mm，长度一般不超过5m。横向波形板的宽度为800～1500mm。横向波形板的波高较小，故可以卷起来，每卷长度为10～30m。波形板的厚度为1.2～1.5mm。

PVC波形板可任意着色，且色彩鲜艳、表面平滑，同时又有透明和不透明两种。透明PVC波形板的光透射率为75%～85%。PVC波形板适用于外墙装修，特别是阳台栏板和窗间墙，其鲜艳的色彩和丰富的波形可使建筑物的立面大为增色。

② PVC异型板　它是利用挤出成型方式生产的板材，分为单层异型和中空异型两种，PVC异型板表面平滑，具有各种色彩，内墙用异型板常带有各种花纹图案。它适用于内外墙的装修，同时还能起到隔热、隔声和保护墙体的作用。装修后的墙面平整、光滑，线条规整，洁静美观。中空异型板的刚度远大于单层异型板，且保温、隔声性也优于单层异型板。

③ PVC格子板　它是将PVC平板用真空成型的方法使它成为具有各种立体图案和构型和构型的正方形或长方形板材。PVC格子板的刚度大、色彩多、立体感强，在阳光不同角度照射下背阳面可出现不同的阴影图案。

(2) 塑铝板

塑铝板是一种新兴的高档装修材料。它以聚乙烯薄板为芯材，铝板为面材，经热压复合而成，表面采用氟碳树脂涂装。具有质量轻、强度高、防水、防火、隔热、耐腐蚀、耐老化、表面光洁、易清洗等优点。塑铝板的缺点。塑铝板的表面经贴膜处理，可获得丰富多彩的图案，装修效果好。塑铝板的缺点是施工较难，对黏结剂和工艺水平的要求较；面层铝板较薄，受热后芯板膨胀易使铝板产生局部鼓胀。

塑铝板分室内板和室外板两种，室外板为双面复铝，板厚在4mm以上，铝板厚度不小于0.5mm。室内板一般为单面复铝，板厚3～4mm，铝板厚度0.2～0.5mm。使用中要注意不要将室内板安装在室外。

塑铝板的常用规格有1220～2440mm和1220～3660mm，也可以根据使用要求定尺寸加工。

塑铝板的技术性能指标主要有抗折强度、抗拉强度、复铝层数、铝板厚度和涂层厚度是

否与所购产品的标准相符。同时要注意观察板面是否有色差、污痕、涂层损伤等表面质量缺陷。

（3）塑料地板

① 塑料地板的特点　塑料地板是以树脂为主要原料，经过加工生产的地面装修材料，具有价格低廉、花色品种多、选择余地大、装修效果好、质轻耐磨、尺寸稳定、耐潮湿、阻燃的特点，特别是其铺装方法简单、容易，家居成员自己就能动手铺装，再加上其易于清洗、护理，更换也非常简捷，是家居中低档装修中的一种重要的地面装修材料。

② 塑料地板的分类　塑料地板的种类很多，按使用的原料可分为聚氯乙烯树脂、氯醋共聚树脂、聚乙烯与聚丙烯树脂等。一般是按产品的外形来划分，可分为块状塑料地板和卷材塑料地板（日常生活中称为地板革）。卷材塑料地板按其结构又可分为带基材、带弹性基材及无基材，家居装修中主要使用前两种。块状塑料地板又有插接式、直边式等多种款式。

③ 塑料地板的质量鉴定　购买卷材塑料地板时，首先应目测外观质量，产品不允许有裂纹、断裂、分层、折皱、气泡、漏印、缺膜、套印偏差、色差、污染和图案变形等明显的质量缺陷。打开卷材检查，每卷卷材应是整张，中间不能有分段，边沿应齐整，无损伤、残缺。同时应向经销商索要产品质量检验合格证等有关质量文件。

购买块状塑料地板时，除索要检验合格证等质量文件外，应用目测其外观质量，产品不允许有缺口、龟裂、分层、凹凸不平、明显纹痕、光泽不均、色调不匀、污染、异物、伤痕等明显质量缺陷，还应检测每块板的尺寸，尺寸允许误差值边长应小于 0.3mm、厚度应小于 0.15mm。

④ 塑料地板的价格分析　塑料地板属于经济型地面材料，价格比较低廉，一般 20～30 元/m^2左右。品牌不同的塑料地板价格会有所不同，名牌产品高于一般产品。

（4）玻璃钢装修板

玻璃钢是玻璃纤维增强塑料的俗称，是以玻璃纤维为增强材料，经树脂浸润黏合、固化而成，亦称为 GRP。目前玻璃钢材料可缠绕成型，亦可手糊或模压成型。因而可制成平面、浮雕式的装修板或制成波纹板、格子板。玻璃钢材料轻质高强，刚度较大，制成的浮雕立体感强，美观大方。经不同的着色等工艺处理后，可制成仿铜、仿玉、仿木等工艺品。制成的装修制品表面光滑明亮，或质感逼真；同时硬度高、刚性大、耐老化、耐腐蚀性强。

（5）有机玻璃饰面材料

一般采用 PMMA（聚甲基丙酸甲酯）作为有机玻璃饰面材料。有机玻璃板可分为无色透明有机玻璃、有色透明有机玻璃、有色半透明有机玻璃、有色非透明有机玻璃等装修板。最能体现机玻璃彩绘板、有机玻璃压型花纹板也越来越多地用于书房、客厅、卫生间等墙面装修或隔断等墙体装修。

8.4.8　玻璃类材料

（1）玻璃的特性

玻璃是由石英砂、纯碱、长石及石灰石等在 1550～1660℃高温下熔融后经控制或压制而成，如在玻璃中加入某些金属氧化物、化合物或经过特殊工艺处理后，又可制得具有各种不同特性的特种玻璃及制品。玻璃具有较高的化学玻璃，玻璃既能透过光线，还可反射光线和吸收光线，所以厚玻璃和多层重叠玻璃，往往是不易透光的。玻璃吸收光能与投射光以之比称为吸收系数，透射光以与投射光能之比为透射系数。普通 3mm 厚的窗玻璃在阳光垂直投射的情况下，反射系数为 7%，吸收系数为 8%，透射系数为 85%。

（2）玻璃的种类

按照玻璃的适用范围分，玻璃的种类主要有两大类工业玻璃和艺术玻璃。工业玻璃主要有普通玻璃、钢化玻璃、夹胶玻璃、夹丝玻璃、中空玻璃、镀膜玻璃等。艺术玻璃主要有磨砂玻璃、压花玻璃、雕花玻璃、彩釉玻璃、镶嵌玻璃、玻璃镜、玻璃砖、玻璃马赛克等。玻璃也可按产业玻璃、安全玻璃、装修、工艺玻璃等类别来分类。在家居装修中，玻璃起着举足轻重的作用，为家居生活增添了很好的装修效果。

① 工业玻璃

a. 普通玻璃。普通玻璃有平板玻璃和浮法玻璃之分，平板玻璃平整度不够，厚薄不匀，会产生物像反射变形；浮法玻璃工艺先进，是将经过熔融的玻璃溶液，连续不断地流入盛有熔融锡液的槽内，浮在锡溶液表面上的玻璃液在重力和表面张力的共同作用下，经自然延展至退火后，切割而成，表面平整光滑，物像透视和反射变形极小。在家居室内装修中，普通玻璃一般用于装修门窗、酒柜层板等，窗玻璃一般用 5mm，门玻璃一般用 8～10mm 左右，层板一般在 8mm 以上。

b. 钢化玻璃。钢化玻璃，它是利用浮法玻璃加热到一定温度后迅速冷却或化学方法进行处理的玻璃，除保持原有的透明可视性外还能抵抗温度急变，钢化玻璃机械强度高、耐冲击，即使破裂也是形成 50mm 左右无尖锐棱角的小颗粒状碎片，对人不构成较大伤害。在家居室内装修中，钢化玻璃一般用在较易破损的地方，及顶棚上的玻璃。

c. 夹胶玻璃。夹胶玻璃是将两片或两片以上的浮法玻璃之间嵌夹透明塑料衬片或专用胶片，经热压黏合成平面和弯曲的复合玻璃制品。其透明性好、耐冲击、机械强度高。当玻璃被击碎时，由于中间塑料衬片的作用，所以仅能产生辐射状的裂纹，不落碎片伤人。在居室装修中常用在阳台或露台的落地玻璃窗或楼梯栏杆，也常用于隔断及屏风的装修玻璃。夹胶玻璃不仅透明透光，还能有防火及防盗等功能。

d. 夹丝玻璃。夹丝玻璃是以压延法生产的一种安全防碎玻璃。它是将平板玻璃加热到红热软化后再将事先编制好的经过预热处理的金属丝网压入玻璃中间制成，其受力均匀。金属丝网在夹丝玻璃中起增强作用，故其抗折强度和耐温度剧变性都比普通玻璃高，当受外力作用引起破碎时，碎片仍附着在金属网上，不至四处散落而伤人。夹丝玻璃不仅透明透光，还有防火及防盗等功能，在家居装修中也常用于门窗及隔断。

e. 中空玻璃。中空玻璃由两层或两层以上的浮法玻璃构成。四周用高强度气密性复合黏合剂，将两片或多片玻璃与密封条、玻璃条粘接、密封，中间充入干燥气体，框内充以干燥剂，以保证玻璃片之间空气的干燥度。因为中空玻璃经干燥、合片、粘接、固化、充气等工序制成，所以具有较好的保温、隔热隔声等特点。中空玻璃一般在建筑上的门窗和墙面上使用，家居装修中常用于更换原建筑门窗的玻璃上。

f. 镀膜玻璃。镀膜玻璃是在蓝色或紫色吸热表面经特殊工艺使玻璃表面形成金属氧化膜，像水银镜面一样反光。这种玻璃有单项透视性。在强光处看不见位于背面弱光处的物体。在家居装修中也有用于门窗，阳台及背景墙装修。

② 艺术玻璃

a. 压花玻璃。压花玻璃是由双辊压延机连续压制出的一面平整、一面有凹凸花纹的玻璃，玻璃表面可压成各种花纹图案。由于表面不平，所以当光线通过时即产生漫射，物像就模糊不清，使这种玻璃具有透明不透光的特点。压花玻璃虽然表面有凹凸的花纹，但它是一次成型产品，表面非常光滑，易于清洁。在家居装修中常用于厨房、卧室、卫生间等的门扇玻璃等。

b. 磨砂玻璃。磨砂玻璃是采用喷砂的方法将平板玻璃表面整体喷毛或者按图样局部喷毛，还可使用化学工艺使平面玻璃的表面造成侵蚀，从而形成半透明的雾面效果，具有朦胧的效果，俗称之为毛玻璃。磨砂玻璃的样式很多，也可自己绘制图案加工。在家居装修中，常用于隔断、卧室门、卫生上能间等部位。

c. 雕花玻璃。雕花玻璃是一种较高档的装修玻璃，它是在浮法玻璃上用人工雕刻、电脑雕刻、机械加工方法或化学腐蚀的方法制作出浮雕式的图案和花纹。雕花图案在12mm厚的玻璃刻划出深度达8mm的图案，在6mm厚的玻璃上只能刻2mm的深度。雕花玻璃具有透光不透明的特点。多用于高档家居装修，常用在隔断，屏风、背景墙上使用。

d. 镶嵌玻璃。镶嵌玻璃是将彩色图案的玻璃、雾面朦胧的玻璃、清晰剔透的玻璃进行任意组合，再用金属丝条加以分割，形成不同的工艺界面，常用于家居装修中门扇及隔断上。

e. 彩釉玻璃。彩釉玻璃是人工使用玻璃釉在平板玻璃上手绘出花纹图案，经加热烘烤而成，彩釉玻璃色泽透明，图案形象生动明快，花纹丰富亮丽。常用于家居装修的天棚及时性隔断。

f. 彩绘玻璃。彩绘玻璃是经手工用一种特制的胶绘制出各种图案，然后用铅油描绘出分割线，最后再用特制的胶状颜料在图案上着色。彩绘玻璃的图案具有很强的立体感，色彩明快、效果美观。且彩绘玻璃耐酸碱不易褪色，适用家居装修中的吊顶及时性隔断。

g. 丝网印刷玻璃。丝网印刷玻璃是运用高科技电脑分色、制版及丝网印刷技术，将各种特殊的无机和有机材料在平板玻璃上经过喷涂着色，再经高温处理等特种工艺制成。这种彩色图案花纹的玻璃，印刷的图案处不透光，漏空外透光，形成了特有的装修效果。丝网印刷玻璃可用于家居装修中的门窗及背景墙和透光吊顶等使用。

h. 彩晶玻璃。彩晶玻璃是一种仿花岗岩产品，质地坚硬，光泽亮丽，在彩色光的照耀下显的绚丽多彩，光彩照人。常用家具的台面装修。

i. 视飘玻璃。视飘玻璃是一种最新的高科技产品，是装修玻璃在静止和无动感方面的一大新突破。视飘玻璃利用了人的视看错觉原理，在没有任何外力的情况下，其本身的图案色彩随着观察者视角的改变而发生飘动，且图案色彩线条清晰流畅，使居室平添动感。

j. 玻璃镜。玻璃镜俗称“水银镜子”，常见的有手工镀银镜、真空镀铝镜及装修玻璃镜，其中以装修玻璃镜为最佳。装修玻璃镜采用高质量的平板玻璃为基材，在其表面两次经镀银工艺，再覆盖一层铜，又涂上一层底漆，最后涂上灰色面漆而制成。装修玻璃镜与手工镀银镜、真空镀铝镜相比，具有镜面尺寸大、不失真、成像清晰逼真，抗盐雾、耐潮湿、抗温热性能好、使用寿命长的特点，特别适用于家居室内装修中卫生间的梳妆镜、大衣柜的整容镜、梳妆台的梳妆镜等。

k. 玻璃砖。玻璃砖是一种空心透明玻璃材料制成，具有保温隔音、透光折光、抗压耐磨、防火防潮、样式精美、易于清洁等特点。玻璃砖中间是空心，体积小、质量轻，砌作时可量身定做，不易造成浪费。辅助材料只需要白水泥。玻璃光滑平整，透光性能好常用于居室中的隔断、隔墙等，也可用于装修中的局部点缀。

l. 玻璃马赛克。玻璃马赛克是玻璃加各种色彩烧制而成。颜色绚丽典雅，表面有光滑与压糙之分。玻璃马赛克具有耐腐蚀、耐磨、耐候性能好，不变色、不褪色等特点。玻璃马赛克以其变幻的色彩、迷人的图案成为都市时尚的点缀者，在居室装修中可作为背景墙装修，厨房、卫生间面砖的点缀等。

8.5 涂料装修材料

8.5.1 常见的涂料装修材料

涂料装修工程是家居装修工程中四大部分的重要组成部分，它施工的好坏直接影响到整个装修质量的效果。高质量的涂饰面不但要以弥补前面工序的不足及缺陷，而且可以提高整个装修的品位和档次，创造舒适温馨的家居环境。相反，质量劣质的涂饰，不仅无法修饰原工序的不足，还会使之色泽不匀，容易发黄、脱落，且费料费时，还会破坏原工序的装修效果，让消费者得不偿失。

（1）涂料的定义

涂料是一种具有流展性的液体物质，涂于物体表面以形成具有保护、装修或特殊性能的具有连续性的固态涂膜。同于早期的涂料大多以植物油为主要原料，故有涂料之称。

（2）涂料的基本组成

涂料是由成膜物质、颜料、溶剂、助剂四部分组成。

① 成膜物质　是组成涂料的基础，它对涂料的性质起着决定作用。主要是在涂料中将其他物质黏结成为一个整体，其次以紧紧地附着在基层上，形成一个完整连续的膜层。可作为涂料成膜的品种很多，主要可分为转化型和非转化型两大类。转化型涂料成膜物主要有干性油和半干性油，双组分氨基树脂、聚氨酯树脂、醇酸树脂、热固型丙烯酸树脂、酚醛树脂等。非转化型涂料成膜物主要有硝化棉、氯化橡胶、沥青、改性松香树脂、热塑型丙烯酸树脂、乙酸乙烯树脂等。

② 颜料　颜料可以使涂料具有一定的遮盖和色彩，并且具有增强涂膜机械性能和耐久性的作用。颜料的品种很多，在配制涂料时应注意根据所要求的不同性能和用途仔细选用。填料也可称为体质颜料，增加涂膜的厚度，增强涂膜的机械性能和耐久性，防止涂料流淌，改善施工性能，还可以降低涂料成本，常用填料品种有滑石粉、碳酸钙、硫酸钡、二氧化硅等。

③ 溶剂　溶解和稀释成膜物，使涂料在施工时易于形成比较完美的漆膜。除了少数无溶剂涂料和粉末涂料外，溶剂是涂料不可缺少的组成部分，一般常用有机溶剂主要有脂肪烃、芳香烃、醇、酯、酮、卤代烃、萜烯等。溶剂在涂料中所占比重大多在50%以上。溶剂在涂料施工结束后，一般都挥发至大气中，很小残留在漆膜里，从这个意义上来说，涂料中的溶剂既对环境造成极大污染，也是对资源的极大浪费。因此，现代涂料行业正努力减少溶剂的使用量，开发出了高固体成分的涂料、水性涂料、乳胶涂料、无溶剂涂料等环保型涂料。

④ 助剂　辅助成膜物质，改善涂料及涂膜的某些性能，用量小，但对涂料性影响大。助剂的种类常用的有催干剂、防潮剂、增塑剂、固化剂等。

a. 催干剂。能缩短涂膜的干燥时间。

b. 防潮剂。防止涂膜在干固过程中泛白和出现针孔，由高沸点的酯类、酮类溶剂配制而成。

c. 增塑剂。增强涂膜的塑性、平流性。

d. 固化剂。促进涂料中胶黏剂固结成膜。

（3）涂料的作用

① 保护作用　能阻止或延迟空气中的氧气、水气、紫外线及有害物对被涂装制品的破坏，经过涂半的制品应经久耐用，其涂膜之理化性能（如附着性、耐液性、耐热性、耐冲击、耐温变、耐磨与光泽等）优良。

② 装修作用　经涂装的制品常常经受人们感性与感情的评价，依视觉与触觉判断其是否美观，有无透明感、沉稳感、触摸感、豪华感等，又能与周围环境协调配合。

③ 赋予机能　部分物体经涂装有时特别要求具备某些机能，例如：识别、导电、绝缘、防火、阻燃、防霉、防虫、防蚁、隔声、抗菌等。

（4）涂料的分类

在市场经济快速发展的今天，建材行业也是日新月异，国内涂料品繁多，在家居装修中涂料其实是墙面乳胶漆和家具涂料的总称。按常用的分类方法有以下几种分类：

① 按涂料的分散介质可分为两大类。

a. 溶剂性涂料。以有机溶剂为分散介质（稀释剂）的涂料，俗称涂料类，如聚氨酯漆、聚酯漆、硝基漆等。故而涂料应包括涂料，涂料只是涂料中的一部分。溶剂型的涂料形成的涂膜细腻，光洁而坚韧有较好的硬度、光泽和耐久性。但主要缺点是易燃，溶剂挥发对人体有害，施工时要求基层干燥，涂膜透气性差，而且价格较贵。它是家居装修中木质家具表面涂饰常用的涂料。

b. 水性涂料。以水为分散介质的涂料，水性涂料按其分散状态又可分为溶液型涂料和水乳型涂料（如乳胶漆）。乳胶漆，其正式名称为合成树脂乳液涂料，跟涂料相比，它省去了有机溶剂，以水为稀释剂，属环保产品。它安全无毒、不污染环境、阻燃、施工简便、价格便宜。

② 按使用部分可分为内墙涂料、外墙涂料、顶棚涂料、地面涂料、木器及家具用漆等。

③ 按功能可分为防火涂料、防水涂料、防虫涂料、防霉涂料、吸声涂料、耐磨涂料、保温隔热涂料、防锈漆等。

④ 按涂料质感可分为平面涂料（分均色、非均色如多彩涂料、云彩涂料等）和立体涂料（如真石漆）。

⑤ 按涂膜能否显示木材纹理分为清漆与混水漆（色漆、磁漆）。

⑥ 按涂膜光学性能高低可分为高光、亚光和珠光（丝光）涂料。

⑦ 按主要成膜物质的不同，可分为聚氨酯漆、聚酯漆、硝基漆、酚醛漆等。

8.5.2　内墙乳胶漆

（1）内墙乳胶漆的特性

由于房产市场的蓬勃发展带动了，建材市场的高速进步，目前市场上的内墙涂饰品种繁多，价格和质量参差不齐。在家居装修中内墙的装修以涂料最为经济。在家居装修工程中所用内墙涂料大部分以水性涂料为主，而乳胶漆，以其性能稳定、不含溶剂、施工简便、附着力强、色彩丰富等优点，深爱消费的厚爱。

（2）内墙乳胶漆的种类

常用乳胶漆的品种分为聚乙酸乙烯-乙烯乳胶漆、聚乙酸乙烯酸乳胶漆、苯乙烯-丙烯酸乳胶漆、纯丙烯酸乳胶漆、有机硅丙烯酸乳胶漆5类。

① 聚乙酸乙烯-乙烯乳胶漆（EVA乳胶漆）　由聚乙酸乙烯和单体乙烯共聚的乳液

制成。

其主要特性为：抗水解性、耐水性、耐候性均优于聚乙酸乙烯乳胶漆。其流动性及耐擦洗性接近乙-丙乳胶漆。但含涂膜性能偏软、耐污染性差，不及苯丙乳胶漆和纯丙乳胶漆。

② 聚乙酸乙烯酸乳胶漆（乙丙乳胶漆） 由聚乙酸乙烯和丙烯酸共聚制成乳液，用该乳液与颜料、填料、助剂调配而成。

其主要特性为：具有良好的耐久性保色性、无毒、不燃、外观细腻。

③ 苯乙烯-丙烯酸乳胶漆（苯丙乳胶漆） 由苯乙烯与丙烯酸酯共聚生成乳液，用该乳液与钛白粉、及其他颜料、填料经研磨制成。

其主要特性为：具有良好的耐候性、耐水解性、耐碱性、抗粉化、抗沾污性、固体成分高，耐一般酸腐蚀，是目前家居装修中较为广泛的使用的乳胶漆。

④ 纯丙烯酸乳胶漆 由甲基丙烯酸甲酯和丙烯酸酯共聚乳胶，不使用保护胶，而用聚甲基丙烯酸盐等作稳定剂而制成。

其主要特性为：性能优异，有较高的原始光泽，优良的保光、保色性、良好的抗污染、耐酸碱性和耐擦洗性。在硬度相同的条件下，比 EVL 乳胶漆伸长率大。纯丙烯酸乳胶漆还可制成各种有光、无光、半光乳漆，是家居装修中较为高档的乳胶漆。

⑤ 有机硅丙烯酸乳胶漆（硅丙乳胶漆） 以有机硅改性丙烯酸乳液、高耐候填料、纳米助剂、名种专用助剂等材料组成。其主要特性：专门用于水泥混凝土建筑物表面的高档涂装，具有无有机溶剂、无毒物质释放，无环境污染、保光保色性良好，不容易沾染灰尘、色泽鲜艳，固体成分高，施工方便、干燥迅速，遮附力强，抗化、不变黄，可作为外墙涂料使用。

(3) 内墙乳胶漆的主要技术指标

内墙乳胶漆的主要技术指标见表 8-21。

合格及以上产品必须符合国家强制性标准 GB 18582—2001《室内装修装修材料内墙涂料中有害物质限量》中的各项指标要求，如表 8-22 所列。

表 8-21 内墙乳胶漆国家标准

项　目	一等品指标	合格品指标
在容器中的状态	搅拌混合后无硬块，呈均匀状态	搅拌混合后无硬块，呈均匀状态
施工性	涂刷二道无障碍	涂刷二道无障碍
涂膜外观	涂膜外观正常	涂膜外观正常
干燥时间/h	≤2	≤2
对比率(白色和浅色)	0.93	0.90
耐碱性(24h)	无异常	无异常
耐擦洗性	≥300	≥100
涂料耐冻融性	不变质	不变质

表 8-22　《室内装修装修材料内墙涂料中有害物质限量》中的各项指标要求

项　目		限 量 值
挥发性有机化合物(VOCs)/(g/L)		≤200
流离甲醛/(g/kg)		≤0.1
重金属	可溶性铅	≤90
	可溶性镉	≤75
	可溶性铬	≤60
	可溶性汞	≤60

(4) 怎样选购内墙乳胶漆

打开盖后，真正环保的乳胶漆应该是水性无毒无味的，所以用户在闻味时如果有刺激性气味或工业香精味都不是理想选择。一段时间后，正品乳胶漆的表面会形成很厚的有弹性的氧化膜，不易裂，而次品只会形成一层很薄的膜，易碎，具有辛辣气味。用木棍将乳胶漆拌匀，再用木棍挑起来，优质乳胶漆往下流时会成扇面形。用手指触摸，正品乳胶漆应该手感光滑、细腻。真正的乳胶漆没有刺激性气味，而假冒乳胶漆的低档水溶性涂料可能会含有甲醛，因此有很强的刺激性味道。

其次，可将少许涂料刷到水泥墙上，涂层干后用湿抹布擦洗，真正的乳胶漆耐擦洗性很强，擦一二百次对涂层外观不会产生明显影响，而低档水溶性涂料只擦十几次即发生掉粉、露底的褪色现象。乳胶漆涂刷到墙面上，正品的颜色光亮如新。

在选购时要看一下成分，优质涂料的成分应是共聚树脂或纯丙烯酸树脂。注意查看产品的保质期。

8.5.3　家具漆装修材料

(1) 木器漆

在家居装修中，木器漆主要用木作造型及木质家具，主要的用途是起保护和装修的作用。木器漆的种类繁多。在家居装修中主要使用的品种有油脂漆、天然树脂漆、酚醛树脂漆、醇酸漆、硝基漆、丙烯酸漆、聚酯漆、聚氨酯漆、光敏漆、亚光漆、防锈漆。

① 油脂漆　油脂漆是以具有干燥能力的油类为主要成膜物质的漆种，它具有装修方便、渗透性好、价格实惠，气味与毒性小，干固后的涂层柔韧性好等优点。但其涂层的干燥慢，涂层较软，强度差，不耐打磨抛光，耐温性和耐化学性差。常用的油脂漆有清油、厚漆、油性调和漆。

a. 清油又称熟油，常用的清油是熟桐油，它是以桐油为主要原料，加热聚合到适当稠度，再加入催干剂而制成的。

b. 厚漆又称铅油，是由颜料和干性油调制成的膏状物，使用时须加适量的熟桐油和松香水，调稀至可使用的稠度。通常只用作打底或调制腻子时配用。

c. 油性调和漆是由干性油、颜料、加上溶剂、催干剂及其他辅助材料配制而成的，它具有较高的弹性、抗水性、耐久性等，不易粉化、脱落、龟裂，附着力好。

在家居装修中油脂漆属于质量较低的木材装修。

② 天然树脂漆　天然树脂漆是以各种天然树脂加干性植物油经混炼后，再加入催干剂、溶剂、颜料等制成的。与油脂类比，它的成膜性、装修性等较好。气味与毒性较小，施工简便，但它易变样走色，特别是直接暴露在大气条件下，在短期内会产生走光、粉化、裂纹等

问题。

常用的天然树脂漆有虫胶漆、酯胶清漆、各色酯胶调和漆。

a. 虫胶漆。又称紫胶，是一种黄色或紫红色的固体树脂。它是一种积累在树枝上的寄生昆虫的分泌物经收集加工而成，俗称虫胶片或洋干漆片。虫胶内所含的蜡质能使虫胶漆膜柔韧不脆，但由于蜡不溶于乙醇，所以液体的透明度较差，也影响了漆膜的附着力。虫胶漆涂饰方便，涂层干燥处的封闭及附着力好，无毒，但它的耐热性、耐水性、耐碱性能差，日光暴晒后易老化，会出现吸潮发白、剥落等现象。虫胶片中含有色素，如用它作浅色家具的表面透明漆时需预先做脱色处理。白色虫胶必须储存在清水中以防变色。虫胶清漆的保存期一般为半年。调制虫胶清漆时应先将酒精倒入陶瓷或搪瓷容器中，再放入漆片。

b. 酯胶清漆。是由改良性的松香与亚麻油等干性油溶于有机溶剂，再加入催干剂制成。其具有漆膜光亮、耐水性较好等优点，有一定的耐候性，但光泽不持久，干燥性较差。

c. 各色酯胶调和漆。由改良性的松香与亚麻油等干性油溶于有机溶剂，再加入催干剂和着色颜料制成。其干燥性比油性调和漆好，漆膜较硬，光亮平滑。但其耐候性变化能力较油性调和漆差，容易失光龟裂。

③ 酚醛树脂漆　酚醛树脂漆是以酚醛类在酸或碱催化剂作用下，经缩聚反应而制得的酚醛树脂为主要成膜物质的漆，属油性漆。它的漆膜柔韧耐用，光泽较好，有很好的耐水性、耐酸碱、耐磨和耐化学药品的性能，施工简便，价格较低，但它的颜色较深，易泛黄，漆膜软，涂层干燥慢，不能砂磨抛光，光洁度差，涂层干后稍有黏性。酚醛树脂清漆中添加了颜料，可制得各种颜色的酚醛树脂磁漆和底漆。

④ 醇酸漆　醇酸树脂漆是以多元醇、多元酸，经缩聚并以植物油改性制成漆料、配以催干剂清漆或酯以颜料、体质颜料、填充料经研磨制成。其漆膜的硬度、光泽、保光、耐候性等较油脂漆、酚醛漆好，价格便宜、施工简单、能够自然干燥、对施工环境要求不高、耐水性稍次于酚醛漆。但其干燥较慢、漆膜较软、耐碱性和耐水性差，不易达到较高的要求，不适于高档装修。可制成清漆、磁漆、底漆和腻子。

⑤ 硝基漆　硝基漆由硝化棉，改性醇酸树脂，增塑剂和各种颜料及挥发性有机混全溶剂（酯类、酮类、醇类和苯类）所组成。其性能光泽明亮、漆膜透明、柔韧性好，附着力强，木纹自然清晰，施工简单，干燥迅速。对涂装环境的要求不高，不易出现漆膜弊病，容易修补且耐候性好。但其固含量较低，需要较多的施工道数才能达到较好效果，在潮湿气候下施工漆膜容易泛白且漆膜丰满度差，不耐有机溶剂、不耐热、不耐腐蚀，茶杯下就容易出白圈。

常用品种有：硝基底漆、硝基清漆、各色硝基磁漆（色漆）。

a. 硝基底漆。快干，易打磨，透明度高，25℃表干 10min。做了 NC 底漆，建议配用 NC 面漆不用 PU 面漆，以免引起咬底，硬度、附和力差等弊病。

b. 硝基清漆。快干，快硬，手感好，施工方便。使用前注意搅匀。因湿度大引起发白时，建议用 NC 在水中加入 10%的化白水。

c. 各色硝基磁漆（色漆）：颜色多样鲜艳，着色力强，手感好，施工简便。

⑥ 丙烯酸漆　丙烯酸漆是由丙烯酸树脂组成的。丙烯酸漆具有较高的光泽度。在大气和紫外线的作用下，它的颜色和光泽能长久地保持不变，其防湿热、防盐雾、防霉菌能力很强，对酸、碱、水、酒精的侵蚀有良好的防护能力。其漆膜丰满，附着力强，与硝基漆相比，它施工方便，制作周期短。但丙烯酸漆漆膜较脆，耐寒性差，价格较高。可制成水白色的清漆和色泽纯白的白磁漆、有较高的装修性。

⑦ 聚酯漆　聚酯漆是由不饱和的聚酯树脂加入稀释剂、蓝水、白水四组分组成。聚酯漆主要为无蜡型不饱和聚酯漆，具有良好的综合性能，其特点是：漆膜丰满、清澈透明，其硬度、光泽度、耐水、耐热均优于其它漆种，一次成膜厚度可达1mm。对常见的酸碱、酒精、茶水等液体，具有优良的耐腐蚀性能。该漆中所用溶剂苯乙烯也是一种不饱和材料，既能溶解不饱和聚酯作溶剂，在一定条件下又能与不饱各聚酯发生共聚反应而交联固化成膜，使该漆的固体分含量高达100%。但其漆膜的柔韧性差，受力时容易脆裂，一旦受损不易修复。其产品保质其短，开封后固化剂要密闭好并尽快用完，施工时严格按配比现调现用，配好的漆使用期只有15min，其干燥速度快不好掌握，一般需要抛光处理，工序较为烦琐。聚酯漆可用于高级木制品的表面装修。

⑧ 聚氨酯漆　聚酯漆在家居装修中较常用的涂料之一，许多称为聚酯漆的其实也是这种漆。

a. 聚氨酯漆可以分为双组分聚氨漆和单组分聚氨酯漆，其中大部分是双组的（二液型）PU漆，这几年也出现了少量单组分PU漆。

(a) 双组分聚氨酯漆一般是由异氰酸酯预聚物（也叫低分子氨基甲酸酯聚合物）和含羟基树脂两部分组成，通常称为固化剂组分和主剂组分。目前这一类涂料的品种很多，应用范围也很广，根据含羟基组分的不同可分为丙烯酸聚氨酯、醇酸聚氨酯、聚酯聚氨酯、聚醚聚氨酯、环氧聚氨酯等品种。

(b) 单组分聚氨酯漆主要由醇酸树脂与甲苯二异氰酸酯反应而制成。其总体性能不如双组分涂料全面，应用面不如双组分涂料广。

b. 聚氨酯的主性能特点：(a) 漆膜强韧，光泽特别丰满，附着力优良，耐水、耐磨、耐化学腐蚀性能优良；(b) 遇潮、厚涂易起泡。固化剂的主要成分是TDI（甲苯二异氰酸酯），这处些于状游离态的TDI会变黄，不但使木器漆面变黄，同样也会使邻近的墙面变黄；(c) 施工气味大，超出标准的游离TDI对人体有害，要求施工环境通风良好。

PU聚氨酯漆有亮光漆、亚光漆、耐磨漆、封闭漆、打磨漆及各色磁漆、双组分、单组分不同形式可供消费者选择。

在家居装修中它主要用于木地板、木门窗、木墙裙、木窗帘盒、吊柜、木修饰线的涂装，是目前家居装修常用的漆种。

(2) 亚光漆

亚光漆是一种以消除漆膜中原有光泽的漆种。它是以硝基清漆为主，加入适量的消光剂和辅助材料调和而成。根据消光剂用量的不同，可分为半消光漆和全消光漆。亚光木制产品可分为真孔亚光和显孔亚光两种：真孔亚光木制品的表面漆膜平整光滑，木材管孔完全填平，漆膜正视时无光泽，侧视时亮玻璃。显孔亚光产品的表面漆膜均匀而薄，手感光滑，无光泽，木材管孔不完全填满。使漆膜光泽消失的方法有两：一种是增加涂料中的颜料浓度；另一种是加入适当的消光剂，如硬脂酸铝、硬脂酸铅、石蜡、蜂蜡和地蜡等，使漆膜光泽消失。亚光漆的漆膜干燥快，具耐热、耐水、耐酸碱、耐其他化学药品等性能，以及光泽柔和、漆膜匀薄、平整光滑等特点。它黏度低，操作较方便，不需抛光，生产周期短、效率高，成本低。

(3) 防锈漆

① 防锈漆作用　通过多层次涂，利用各涂层的装修作用、屏蔽作用、缓蚀作用和阴极保护作用达到对底层金属材料的防腐装修目的。

② 防锈漆主要的品种　有醇酸防锈漆、酚醛防锈漆、过氯乙烯防锈漆、环氧基防锈漆。

a. 醇酸防锈漆。由干性植物油改性醇酸树脂（中油度或长油度）与防锈颜料、体质颜料等研磨后加入催干剂，并以200#涂料溶剂油与二甲苯调制而成。漆膜坚韧，附着力好，具有一定的防锈功能，对上下层的结合力佳。但在湿热的条件下耐久性差。用于要求剂一般的防锈功能。

b. 酚醛防锈漆。由松香改性酚醛树脂、多元醇松香脂、干性植物油、防锈颜料、催干剂、200#涂料溶剂油或松节油调制而成。该漆具有良好防锈性能，适合于钢铁表面的涂覆，作防锈打底之用。

c. 过氯乙烯防锈漆。由过氯乙烯树脂、醇酸树脂、增塑剂、体质颜料和有机溶剂等调制而成。室温下干燥快，漆膜光亮耐候性好，具有优良的耐化学稳定性、耐酸碱、机油性能及“三防”性能。该漆可用于金属表面的防锈防腐装修。

d. 环氧基防锈漆。主要品种是双组分涂料，由环氧树脂和固化剂组成。也有一些单组分自干型的品种，不过其性能与双组分涂料比较有一定的差距。环氧基防锈漆漆膜干燥性快，附着力强，防锈性能好、耐磨性、耐冲击性、耐油性、耐溶剂性。该漆不能与油性、醇酸、聚酯类涂料配套使用

8.5.4　地板漆装修材料

（1）特性

环氧聚氨酯彩色地面涂料，其基础树脂为经聚氨酯合成改性的环氧树脂，该树脂充分地发挥了环氧树脂和聚氨树脂各自特性，取长补短，使该树脂地面涂料既具有聚氨酯涂料光泽持久，韧性十足，耐候性好的特点，又具有环氧树脂强度高，耐腐蚀性强，漆膜较厚实的特点，是近年来国内外地面树脂材料中较多使用的品种，其与水泥木材，钢材均有良好的附着力。该树脂涂料漆膜光洁、坚韧、色彩高雅、耐磨、抗冲击、耐酸、耐碱、耐油污，可广泛用于室外广场、球场、工业厂房、办公楼的地面装修和厂房的洁净工能处理。

（2）性质

a. 固体含量：50%。

b. 干燥时间：表干 0.5h，实干 168h。

c. 重涂间隔：6～24h（至少需隔夜，至多 3d，超过 3d 后涂刷需对地面进行整体打磨）。

d. 干膜厚度：一次涂刷达 100μm。

e. 颜色：可按客户所需调制。

f. 光泽：高光及半亚光。

g. 组分：双组分。

h. 耐磨度：750g 转轮，300 转持续 1min，灰尘重量不大于 0.088g

i. 附着力：当地面表面经过打磨处理干燥度 6%以下，附着力 1.48MPa。

j. 耐化学品性：可耐 5%以下的硫酸、盐酸、硝酸及 10%苛性钠 1 个月。

k. 安全性：本品不含铅、汞，符合国家标准，VOCs 浓度不大于 700g/L。

（3）用途

适用于汽车、电子、仪表、医药、食品工业、要求抗击、耐油、耐腐、洁净的地面。

（4）优点

a. 较好的施工操作性能，便于掌握。

b. 漆膜坚韧，便于清洁，能有效保护水泥地面，与水泥地面的附着力较好。

c. 防腐蚀性能优异，可抗多种腐蚀介质的腐蚀。

d. 整体无缝，无尘防尘，耐用洁净。

（5）施工

a. 理论涂布面积：理论上该产品 1kg 可以涂刷 $5m^2$。

b. 稀释方法：该产品必须以专用稀释作少要求，我们不建议您就本产品作任何稀释，以保证产品的品质。

c. 喷涂建议：喷嘴喷涂最小工作压力为 $4kg/cm_2$，喷嘴尺寸为 1.3mm。喷嘴角度为 60°。无气喷涂，最小工作压力 120～$140kg/cm^2$，喷嘴尺寸为 0.015～0.017mm 喷嘴角度 60°。

8.5.5 艺术涂料装修材料

（1）多彩涂料的组成

由不相溶连续相和分散相组成。

① 连续相　由分散剂、稳定剂及其他助剂、水组成。

② 分散相　由乳液、助剂、颜料、水或由合成树脂、增韧剂、助剂、颜料、溶剂组成。

（2）多彩涂料的品种

① 水包油型（O/W）　在水溶性的分散介质中，将带色的有机溶剂瓷漆分散成可用肉眼识别大小的不连续分散。

② 油包水型（W/O）　在油性分散介质中，将着色水性相分散成不连续分散物。

③ 油包油型（O/O）　使用油性分散介质有机瓷漆，在分散介质中不相溶的着色溶胶分散成不连续分散物。

④ 水包水型（W/W）　在水溶性的分散介质中，将水性着色溶胶物成不连续分散物，应用较多的是水包油型（O/W）和水包水型（W/W）。水包油型涂料由于使用了有机溶剂，涂刷时会挥发，影响人体健康，因此在施工时需要注意施工场地的通风。

（3）多彩涂料的主要特点

① 涂料色彩丰富　一次性喷涂就可获得多种色彩的花纹，通过若干种基本颜色可调制出多种绚丽夺目的颜色，还可添加各种闪光材料使室内满堂生辉。

② 造型新颖　通过不同大小的多彩粒子和变化施工方法，可获得不同造型。

③ 立体感强　利用大小、颜色等的不同，获得良好的立体装修效果。

④ 可在墙纸上直接喷涂。

（4）怎样选购多彩涂料

① 检查上层保护胶水溶液　多彩涂料在经过一段时间的储存后，其中的花纹粒子会下沉，上面会有一保护胶水溶液。这层保护胶水溶液，一般均占多彩涂料总量的 1/4 左右。质量好的多彩涂料，保护胶水溶液应呈现清澈、基本透明，无色或微黄色；而质量差的多彩水溶液涂料，保护胶呈浑浊态，明显地呈现与花纹彩粒同样的颜色，其主要问题不是多彩涂料的稳定性差，就是保质期已过，不宜再使用。

② 检查上层水液是否有漂浮物　凡质量好的多彩涂料，在保护胶水溶液的表面通常是没有漂浮物的，有个别彩粒漂浮物也属正常。但若漂浮物数量多甚至有一定厚度，就表明其质量欠佳。

③ 检查粒子是否独立成型、均匀、粒子边界清晰　挑出少量涂料摊在玻璃板或纸片上，

仔细观察，如果粒子大小均匀，边界分明，说明涂料质量较好。如果粒子大小不均，小部分的大粒子犹如面疙瘩，则说明涂料质量欠佳。

8.5.6 墙纸、墙布

（1）壁纸和墙布按材料分类

① 塑料壁纸　它是以木浆纸为基材，以 PVC 树脂为涂层，采用压延或涂布工艺生产的一种壁纸。塑料壁纸又可分为非发泡塑料壁纸、发泡（高泡、中泡、低泡）塑料壁纸和特种壁纸三类。

a. 非发泡壁纸，又名普通壁纸或纸质涂塑壁纸。它以 80g 纸为基材，表面涂层为 PVC 树脂，经印花、压花而成。其花色品种繁多，适用面广，价格低，广泛用于现代家居家居装修。这种壁纸在裱糊前应浸水 10～20min，使其胀足，干后会自行收缩，其幅宽方向的膨胀率为 0.5%～1.2%，收缩率为 0.2%～0.8%。裱糊时应充分利用这一特性，确保裱糊工程质量。该壁纸还具有良好的耐摩擦性、耐水性和耐酸碱性，表面可以擦洗，更新亦比较方便。纵向、横向具有一定的抗拉强度，可抗拒因墙体沉降使基支裂缝对裱糊壁纸的影响。非发泡塑料壁纸有两种：印花涂塑壁纸，它是经两次涂布、两次印花而制成的；压花涂塑壁纸，它是将 PVC 树脂与增塑剂、稳定剂、颜料和填充料等材料混炼，压延成薄膜，再与纸基热压复合，经印刷、压纹而成的。

b. 发泡塑料壁纸，又名浮雕壁纸。它以 100g 纸作基材，用掺有发泡剂的 PVC 糊状料涂塑，印花再经加热发泡而成。壁纸表面成凹凸花纹。这类壁纸富有弹性，图案真实，立体感强，装修效果好，但易积灰。这类壁纸有高泡印花壁纸、中泡印花壁纸、低泡印花壁纸、低泡印花压花壁纸等品种，可根据不同场所、不同功能要求选用。

c. 特种壁纸，也称专用壁纸。其品种有自粘型壁纸，耐水壁纸、防火壁纸、抗腐蚀壁纸、抗静电壁纸、防污壁纸，健康壁纸、吸声壁纸等，适用于特殊要求的内墙饰。

② 自然纤维壁纸　是以纸为基层，以棉花、麦秆、蒲草、芦苇片、麻秆、麻丝或其他植物茎秆经编织成卷材，经去味和着色处理，用胶黏剂复合到纸基层上，再经烘干、冷却、定型而成的特种墙面裱糊材料。它具有阻燃、隔噪声、散潮湿、不吸气、不变形、色彩自然、保暖消光等特点，并具有自然、古朴之美，给人以回归大自然的感觉。

③ 植绒壁纸　以原纸或其他涂胶材料作基才，在其上用高压静电植绒法制成的一种壁纸。该产品手感滑爽，绒感较强，给人以温柔、华贵、富丽的感觉。

④ 玻璃纤维墙布　以中碱玻璃纤维布为基材，表面涂布耐磨树脂，印上彩色花纹而制成的一种巾面材料。其特点是色彩鲜艳，花色品种多，作内墙装修不褪色，不老化，防火、耐色性强，可洗刷。

⑤ 化学纤维巾墙布　化学纤维即人造纤维，如黏胶纤维、醋酸纤维、聚丙纤维、聚丙烯腈纤维、变性聚丙烯腈纤维、锦纶、聚酯纤维、聚丙烯纤维等经编织成布作基料，亦可采用多种人造纤维与棉纱混纺成布作基材，经一定处理后印花纤维贴墙布。该产品具有无毒、无味、透气、防潮、耐磨、无分层等特点，可适用于家居住宅和其他建筑室内装修。

⑥ 无纺贴墙布　采用棉麻等天然纤维或涤、腈等合成纤维，经无纺成型，印制彩色花纹而成的一种室内饰面装修材料。该产品具有挺括，富有弹性、不易折断、纤维不老化、不散失、对皮肤无刺激作用、色彩鲜艳、图案一致、有一定的透气性和防潮性、可擦洗、不褪色等特点。该产品可适用于家居装修和其他建筑室内墙面装修。

⑦ 装修墙布　彩纯棉平布为基材，表面涂布耐磨树脂，经处理印花而成的一种室内装

修墙布。产品具有强度大、静电弱、无光、吸声、无毒、无味、花型色泽美观大方等特点，可用于高级家居墙面装修。

⑧ 软木壁纸　以纸为基材，采用特殊工艺加工成的软木薄片粘巾于纸基材上，形成一种内墙饰面材料。该产品具有木质感强、不反光、暖和、舒适等特点，可用于楼堂馆所及高级住宅的内墙装修。

（2）壁纸按功能分类

① 可剥离壁纸

a. 双层原纸：原纸为糙纸时，面层用白色木浆，背面用色泽较灰黄的草浆、苇浆，在湿态状况下复合而成。该壁纸贴上墙后从复合剥除灰黄色的一层，白色木浆层留于墙面，再贴上另外一种壁纸。

b. 分层壁纸：使用两种不同的原纸，采用胶黏剂复合而成的一种壁纸。壁纸复合的黏结强度应明显低于壁纸背层与墙面的黏结强度，以便于壁纸更换。

② 带背胶壁纸

a. 壁纸成型的同时，在其背面涂上一层特制的胶水，干燥成卷后不会自黏。裱糊时，只需将其适当浸水就能裱糊到墙面上，不用再涂刷胶水，简化了施工工序。

b. 不干胶壁纸：是在壁纸背面涂刷一层不干胶，并贴上一层陪衬纸即成。使用时，只需将陪衬纸揭除，就能直接裱糊于墙面，大大简化了操作工序。

③ 香味壁纸　该壁纸装修层内含有一种长效香剂（留香期通常能保持1年以上），裱糊香味壁纸的房间，常有香味溢出，初闻香味浓郁，再闻香味若有若无，久居室内则不知其味，复进室内又有一股清雅香味扑鼻而来，是家居调节情趣的良好选择。

④ 防水壁纸　基材和面层具有良好的避水性能的壁纸。如玻纤基材的塑料壁纸，可用于厨房、卫生间的墙面及顶棚面装饰。

凡燃烧氧指数大于27%的壁纸，幸免可称为阻燃壁纸。这种壁纸的基材和面层均属阻燃材料。对室内不阻燃部分，应选用添加型或反应型阻燃剂，通过涂布、喷涂、浸渍、混入等方法，渗入到不阻燃的材料中去，使其综合燃烧氧指数达到27%以上。这种壁纸主要用于高层建筑室内装修。

⑤ 其他壁纸　如消毒杀菌壁纸、杀虫壁纸、除臭壁纸、防寒壁纸、戒烟壁纸、调温壁纸、屏蔽壁纸等。

（3）壁纸符号及意义

壁纸背面常印有一些符号，每种符号均表示一种意义，如图8-15所示。

（4）常用壁纸和墙布

① 塑料壁纸　塑料壁纸具有优良的防水、防火、抗霉菌、抗污染、易施工等特点，其图案自然流畅、清淡而幽雅，吸声、隔热耐折、耐磨、耐老化、装修效果好。该壁纸适用于家居居室及其他建筑内墙、顶棚、梁柱的贴面装修材料。

② 自然纤维壁纸　自然纤维壁纸具有无毒、无味、吸湿、透气、光线柔和、色彩幽雅、吸声效果好、无静电、无反光、古朴典雅等特点。该壁纸适用于公用建筑及家居住宅内墙面裱饰。

③ 纸质壁纸　纸质壁纸具有色彩丰富、图案典雅、格调高雅、立体感强、耐擦洗、透气性好，无毒、无味、保温、吸声、防潮、价廉等特点。该壁纸适用于家居住宅、酒店等建筑室内墙面装修。

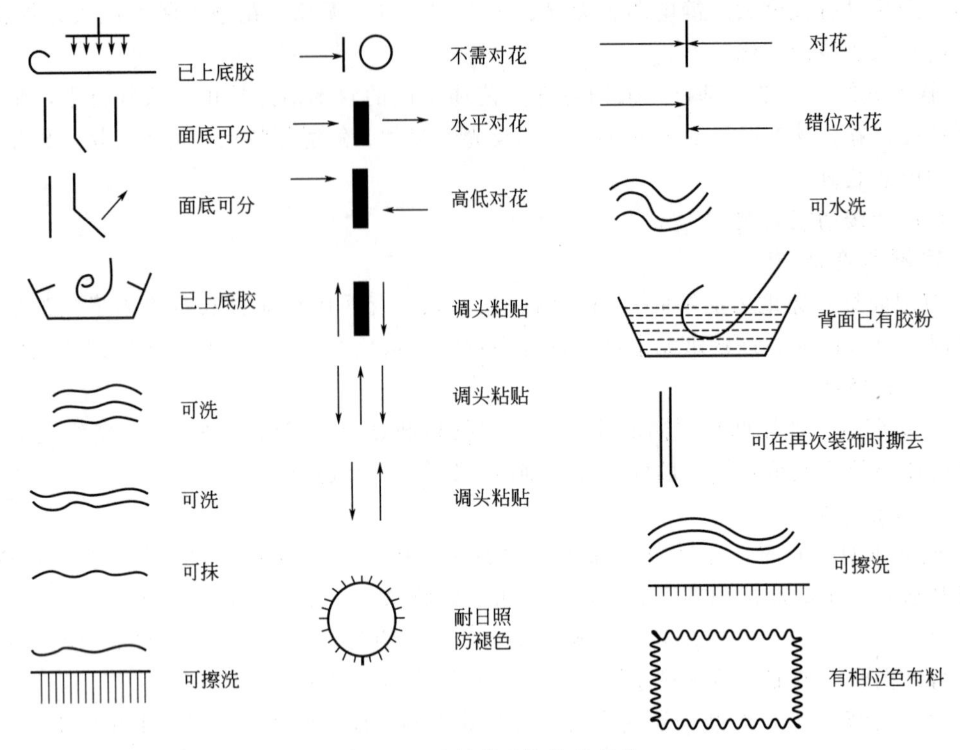

图 8-15　壁纸背后符号的意义

④ 植绒壁纸　具有外观高雅华贵、绒感、较强、色泽柔和、阻燃、不透水、手感滑爽等特点。该壁纸适用于家居住宅及其他公用建筑室内墙面装修。

⑤ 无纺贴墙布　外观挺括，富有弹性，不易折断，纤维不老化、不散失，对皮肤无刺激作用，色彩鲜艳；图案雅致，粘贴方便，有一定的透气性和防潮性，可擦洗，不褪色。该壁纸适用于家居住宅、宾馆、酒店等建筑室内墙面贴饰。

⑥ 丝绸壁纸　具有防潮吸声、隔热保温、易清洁，耐擦洗、无毒、无味、典雅豪华等特点。该壁纸适用于家居住宅、宾馆、酒楼室内墙面和顶棚装修，是一种高档的墙面装修材料。

8.5.7　布艺

(1) 窗帘

窗帘主要用来遮蔽阳光保护室内私密性，窗帘还可用来减低室外噪声，保持室内安静。窗帘还能以其多色变幻的图案来调节室内的装修效果，营造不同的室内氛围。按窗帘的使用功能主要可分为以下 3 种。

① 遮光窗帘　可用厚料制作，也可用织厚的丝、麻、印花布等作为材料，主要用来遮光、防风保温、减低噪声。当全部闭合时，室内完全无强光渗入，可让室内成为个人空间。

② 滤光窗帘　可用抽纱、提花镂空编织物等材料制成。光线能从缝隙中透出，可将室内洒满星星点点的光点，呈现出布艺的花团光影。一般作为内帘使用，与外帘配合使用，白天透光，晚上遮挡视线、减少噪声。

③ 减光窗帘　可用绢、丝织物等材质制成，其质地极薄，可透光彩夺目透气，减弱窗外射光和单面遮蔽视线；同时也可调适眼睛对光线强度的不同需求，给室内增添朦胧

效果。

窗帘选购原则：a. 选择时主要考虑与房间的装修色彩、家具相协调，统一而有个性；b. 材料以毛、麻、丝为主，但天然材料经受不阳光的直射，价格也较高。可依据经济能力选择混纺或仿天然织物的材料。

（2）帷幔

帷幔一般用来做窗帘的楣和床上帷帐。与常将帷幔设计成天花上的布艺吊顶，仿室外膜结构的形式，用不锈钢丝等配件在空中勾、挂、拉成装修造型。这种做法适合层高在5m左右的室内，空间余地较足，悬挂的布艺吊幔可起空间分隔作用。可以产生像云彩飘浮的效果，能给人以亲近大自然、青春浪漫的感受。

（3）沙发巾

布艺沙发轻软时尚，但用久后不耐灰脏且容易产生视觉不适，沙发巾弥补了这些缺陷。沙发巾色彩宜清、淡、雅、密，常用材料为麻织物。

（4）靠垫

靠垫是人们常用的辅助品。靠垫的材料应厚实，质地松软，内衬需富有弹性，一般是聚氨酯发泡材料。靠垫的色彩可以鲜艳，靠垫大而厚较适用。

（5）桌布

桌布是良好的餐桌装修品。抽纱网扣制品一般用在玻璃板的下方。用餐的快速化，使人们更愿意选择桌布为塑料布的形式，而耐洗涤的布料成了首选。麻、混纺、化纤织物有下垂感，风吹时不易掀动桌布，洗涤方便，且铺在桌上亦平整挺括。平常家用的桌面印刷系统布还可先用防水性桌布，保护餐桌漆面不受污染。

（6）床上用品

生活水平的提高使床上用品越来越多地进入普通家居。三件套、四件套、五件套等成品床罩、被套、枕套都是统一图、统一风格、统一缝制的产品。由于件数多，展开面积大，决定了一个房间的格调。棉织物从来都是床上用品的首选，它能体贴人的情感，安抚人的心境。炎热的夏天可选用细麻织编的材料，有麻席、麻枕、麻被单，吸汗凉爽。

8.6 五金及配套产品

8.6.1 紧固件、连接件

（1）紧固件

① 金属膨胀螺栓 金属膨胀螺栓用于混凝土地基或墙壁上安装，固定各种，使用广泛。规格见表8-23，技术性能见表8-24。

表8-23 膨胀螺栓规格 单位：mm

螺栓直径	螺栓总长	胀管外径	胀管长度
M6	65、75、85	10	35
M8	80、90、100	12	45
M10	95、110、125、130、150、175、200	14	55
M12	110、130、150、200、250	18	65
M16	150、175、200、220、250、300	22	90

表 8-24　膨胀螺栓技术性能

螺栓直径	被连接件厚度/mm	钻孔直径/mm	钻孔深度/mm	允许拉力/kN	允许剪力/kN
M6	10、20、30	10.5	35	2.4	1.8
M8	15、25、35	12.5	45	4.4	3.3
M10	20、35、50、55	14.5	55	7.0	5.1
M12	20、40、60、110	19	65	10.3	7.3
M16	30、55、80、130、180	23	90	19.1	14.0

② 塑料胀管　塑料胀管是在混凝土地基上或墙壁上旋拧木螺钉时用的衬管，由于胀管的膨胀，使木螺钉紧紧地嵌入混凝土地基或墙壁上的孔中，用以固定小型结构件等。塑料胀管的结构见图 8-16，规格见表 8-25，承装荷载见表 8-26。

图 8-16　塑料胀管的结构

表 8-25　塑料胀管规格　　单位：mm

规格	6×31	8×48	10×57	12×60
胀管外径	6	8	10	12
胀管长度	31	48	57	60
钻孔直径	6	8	10	12
适用木螺钉直径	3.5、4	4、4.5	5.5、6	5.5、6

表 8-26　塑料胀管承装荷载

规格/mm						承装荷载允许拉力/N	承装荷载允许剪力/N
胀管		螺钉或沉头螺栓		钻孔			
外径	长度	直径	长度	直径	深度		
6	30	3.5	按需要选择	7	35	110	70
7	40	3.5		8	45	130	80
8	45	4.0		9	50	150	100
9	50	4.0		10	55	180	120
10	60	5.0		11	65	200	140

③ 自攻螺丝　在装修工程中自攻螺钉有广泛的用途，如铝合金门窗之连接，灯盒、插座的安装等。自攻螺钉用在连接较薄的金属板、塑料制品时，在被连接件上可不预先制出螺纹，连接时利用螺钉直接攻出螺纹。自攻螺钉由渗碳钢制造，表面硬度≥HRC45，芯部硬度为 HRC26～40，螺纹规格为 ST2.2～ST9.5，螺钉末端分锥端（C 型）与平端（F 型）两种。自攻螺钉的外形及结构见图 8-17、图 8-18，规格尺寸见表 8-27。

（2）连接件

① 吊装滑动门轨　吊装滑动门轨在家居装修中可用在卫生间、厨房、衣柜等的隔门上，也可用于大厅活动隔断及防火门等处。它具有开门轻便、噪声小、外观典雅、占用空间小等优点，可扩大居室的使用面积。

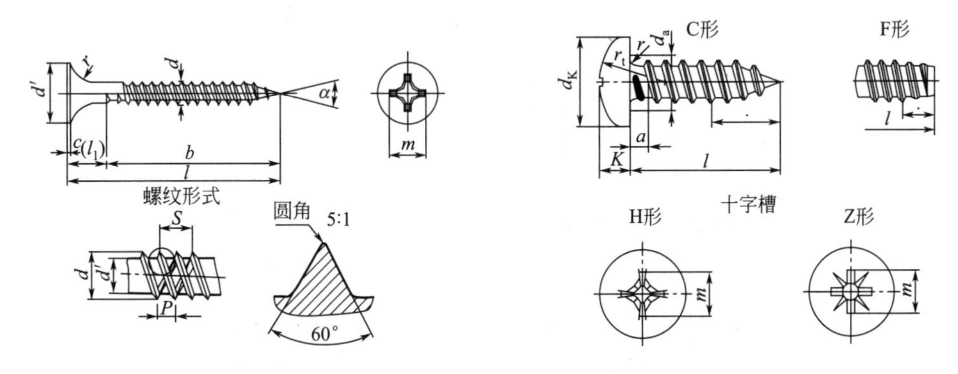

图 8-17　平头自攻螺钉的外形及结构　　　　图 8-18　圆头自攻螺钉的外形及结构

表 8-27　自攻螺钉规格尺寸　　　　单位：mm

螺纹规格		ST2.2	ST2.9	ST3.5	ST4.2	ST4.8	ST5.5	ST6.3	ST8	ST9.5
十字槽盘头自攻螺钉 GB 845—85	dk	4	5.6	7	8	9.5	11	12	16	20
	K	1.6	2.4	2.6	3.1	3.7	4	4.6	6	7.5
	L	4.5～16	6.5～19	9.5～25	9.5～32	9.5～38	13～38	13～38	16～50	16～50
十字槽沉头自攻螺钉 GB 846—85 十字槽半沉头自攻螺钉 DG 847—85 开槽沉头自攻螺钉 GB 5283—85	dk	3.8	5.5	7.3	8.4	9.3	10.3	11.3	15.8	18.3
	K	1.1	1.7	2.35	2.6	2.8	31	3.15	4.65	5.25
	L	4.5～16	6.5～19	9.5～25	9.5～32	9.5～32	3～38	13～38	16～50	16～50
开槽半沉头自攻螺钉 GB 5284—85	dk	3.8	5.5	7.3	8.4	9.3	10.3	11.3	15.8	18.3
	K	1.1	1.7	2.35	2.6	2.8	3	3.15	4.65	5.25
	L	4.5～16	6.5～19	9.5～22	9.5～25	9.5～32	13～32	13～38	16～50	16～50
开槽盘头自攻螺钉 GB 5282—85	dk	4	5.6	7	8	9.5	11	12	16	20
	K	1.3	1.8	2.1	2.4	3	3.2	3.6	4.8	6
	L	4.5～16	6.5～19	9.5～22	9.5～25	9.5～32	13～32	13～38	16～50	16～50
六角头自攻螺钉 GB 5285—85	S	3.2	5	5.5	7	8	8	10	13	16
	K	1.6	2.3	2.6	3	3.8	4.1	4.7	6	7.5
	L	4.5～16	6.5～19	9.5～22	9.5～25	9.5～32	13～32	13～38	16～50	16～50

注：1. 公称长度系列为：4.5mm、6.5mm、9.5mm、13mm、16mm、19mm、22mm、25mm、32mm、38mm、45mm、50mm。

2. 十字槽号：ST2.2 为 0 号；ST2.9 为 1 号；ST3.5、ST4.2、ST4.8 为 2 号；ST5.5、ST6.3 为 3 号；ST8、ST9.5 为 4 号。

3. 产品等级为 A 级。

图 8-19 为 JS-Ⅲ吊装滑动门轨结构图，它由导轨和微型滑车组成。门的上端悬挂在两个微型滑车上；门的下端由铺设在地面的导轨导向。该产品已系列化生产，备有轻、重型，以及适合推、拉和折叠门用的各种门轨和配件。

② 铜型材合页　铜型材合页按结构形式不同分为普通式、轴承式、工字式、拆卸式、抬用式、防风式等多种。图 8-20 为前三种合页的示意，合页的表面状况及装修头形状见表 8-28。

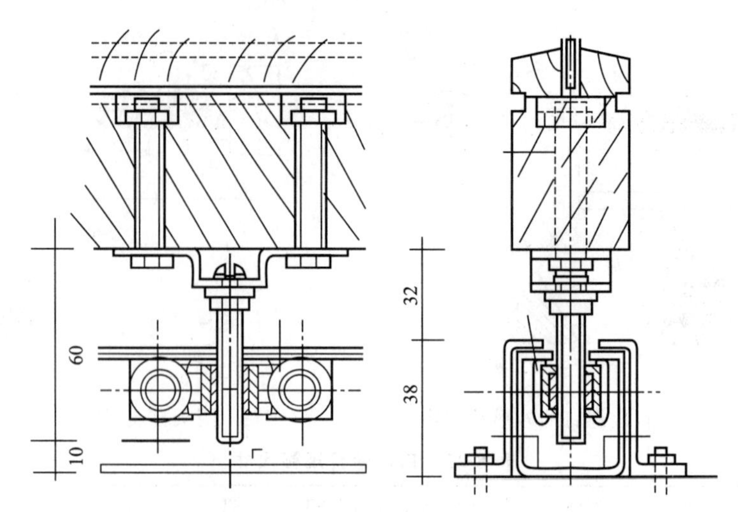

图 8-19　JS-Ⅲ吊装滑动门轨结构

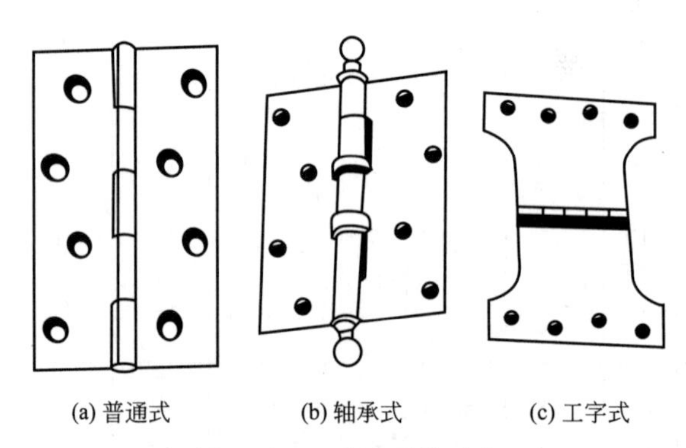

图 8-20　三种合页的示意

表 8-28　铜型材合页表面状况和装修头形状

表面状况及简写		装修头形状及简写	
磨光	PB	扁平头	FHP
磨光封闭	P&L	皇冠头	CHP
镀铬	CP	圆珠头	BHP
镀克铬	BC	棒状头	SHP
镀亚铬	SC	尖顶头	STHP
镀镍	NP	塔状头	PHP
镀古铜	BP	半圆头	SUHP

8.6.2　金属铰链

铰链是常用于橱柜和门板相连接的重要五金连接件，常见的有全盖、半盖、无盖三种。图 8-21 为三种铰链的示意。

8.6.3　抽屉轨道

轨道分为普通式轴承轨道及三节轨道，主要作为抽屉的连接件使用。常见轨道如图 8-22、图 8-23 所示。

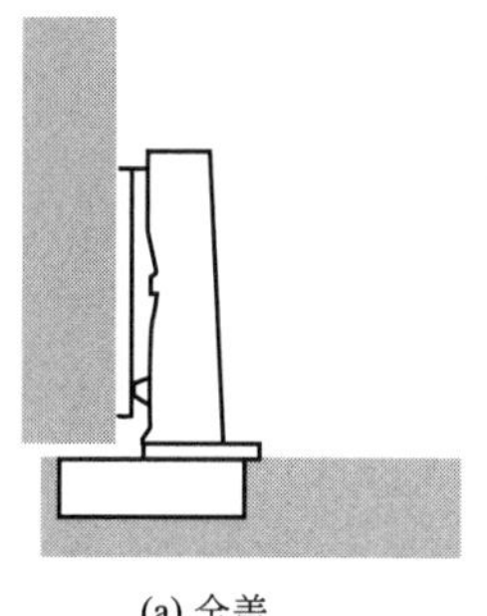

(a) 全盖

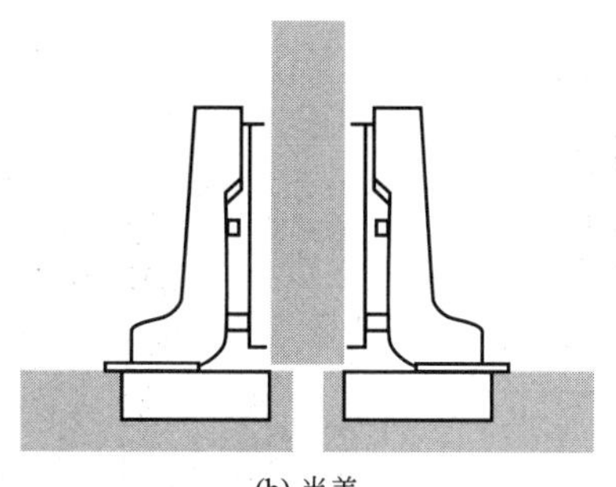

(b) 半盖

(c) 内嵌

图 8-21　三种铰链的示意

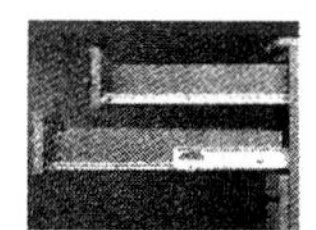

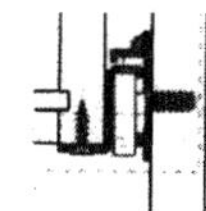

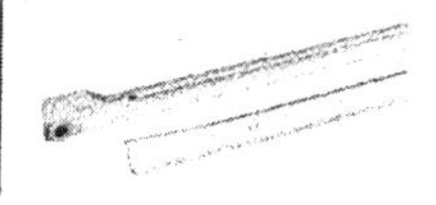

图 8-22　普通式轴承轨道

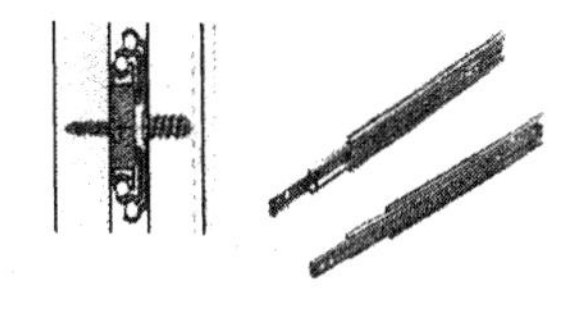

图 8-23　三节轨道

8.6.4　锁具

(1) 球形门锁

球形门锁的形式和结构特点见表 8-29。

表 8-29　球形门锁形式和结构特点

<table>
<tr><th rowspan="2" colspan="2">形　　式</th><th colspan="3">结 构 特 点</th></tr>
<tr><th>外执手上</th><th>内执手上</th><th>锁舌</th></tr>
<tr><td colspan="2">房间、办公室门锁,简易球形门锁</td><td>弹子锁头</td><td>旋钮</td><td>有保险柱</td></tr>
<tr><td rowspan="2">壁橱门锁</td><td>有锁头</td><td>弹子锁头</td><td>无执手</td><td rowspan="6">无保险舌</td></tr>
<tr><td>无锁头</td><td>—</td><td>无执手</td></tr>
<tr><td colspan="2">厕所门锁简易球形门锁</td><td>标牌(无齿钥匙)</td><td>旋钮</td></tr>
<tr><td rowspan="2">浴室门锁</td><td>有钥孔</td><td>有小孔(无齿钥匙)</td><td>旋钮</td></tr>
<tr><td>无钥孔</td><td>—</td><td>旋钮</td></tr>
<tr><td colspan="2">防风门锁</td><td>—</td><td>—</td></tr>
</table>

(2) 防盗门锁

为三向或双向门锁，钥匙有十字形、圆柱形及老式扁平形。防盗门锁一般都是两面锁，即在室内或室外都可以锁紧。三向防盗门锁当钥匙插入锁头顺时针方向旋转，锁舌、拉杆都同时伸出；向逆时针旋转，则锁舌，拉杆同时缩入。双向门锁只有两端伸出的拉杆，而无横向锁舌。防盗门锁构造见图 8-24。

8.6.5　铝合金门窗

铝合金门窗按结构与开闭方式可分为推拉窗（门)、平开窗（门)、固定窗（门)，铝合金门还分有地弹簧门、自动门、旋转门、卷闸门等。

(1) 铝合金门窗的技术要求

随着铝合金门窗工业的迅速发展，我国已颁布了国家标准《铝合金门窗》(GB 8478—

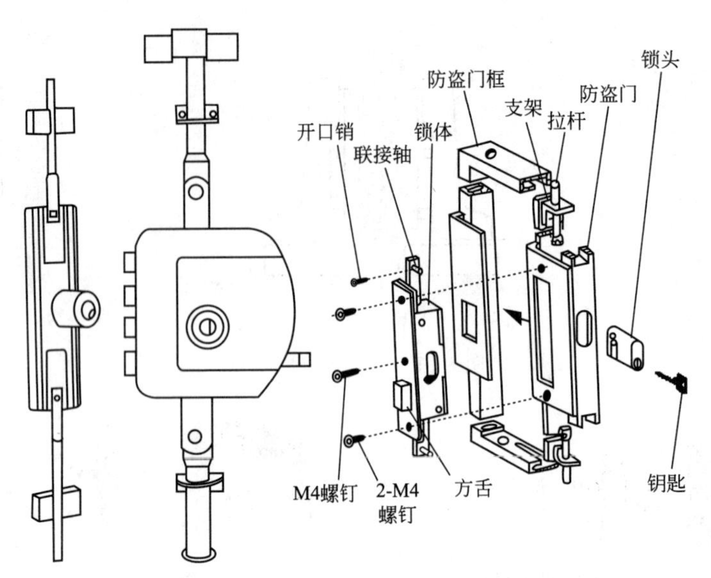

图 8-24 防盗门锁构造

2008)。铝合金门窗按抗风压强度、空气渗透和雨水渗漏分为 A、B、C 三类，分别表示高性能、中性能、低性能。每一类又按抗风压强度、空气渗透和雨水渗漏分为优等品、一等品、合格品。

铝合金门窗的洞口型号以洞口的宽度和高度来表示，如 1218 表示洞口的宽度和高度分别为 1200mm 和 1800mm，又如 0609 表示洞口的宽度和高度分别为 600mm 和 900mm。

此外，铝合金门窗的外观质量、阳极氧化膜厚度、尺寸偏差、装配间隙、附件安装等也应满足相应的要求。

关于型材的壁厚，GB/T 5237—93 在铝合金建筑型材的技术参数选择指南中指出，考虑到安全技术指标，一般情况下型材的壁厚不宜低于以下数值：门结构型材 2.0mm，窗结构型材 1.4mm，幕墙、玻璃屋顶 3.0mm，其他型材 1.0mm。

(2) 铝合金门窗的特点

铝合金门窗与钢门窗、木门窗相比具有以下特点。

① 强度及抗风压力较高 铝合金门窗能承受较大的挤推力和风压力，其抗风压能力为 1500～3500Pa，且变形较小。

② 质量轻 铝合金门窗用材省。质量轻，每平方米门窗用量只有 8～12kg。

③ 密封性好 铝合金门窗采用了高级密封材料，因而具有良好的气密性、水密性和隔声性。

④ 保温性较好 铝合金门窗的密封性高，空气渗透量小，因而保温性较好。

⑤ 色泽美观、装修性好 铝合金门窗的表面光洁，具有银白、古铜、金黄、暗灰、黑等颜色，质感好，装修性好。

8.6.6 塑钢门窗

塑钢窗是近几年从木窗、钢窗、铝合金窗之后发展起来的第四代窗，它是以聚氯乙烯(PVC) 与氯化聚乙烯共混树脂为主体，加上一定比例的添加剂，经挤压加工而成。为了增加型材的钢性，在塑料异型材内腔中填入增加抗拉弯作用的钢衬（加强筋），然后通过切割、钻孔、熔接等方法，制成窗框，所以称为塑钢窗。

（1）塑钢窗的分类

塑钢窗不仅具有塑料制品的特性，而且物理、化学性能、防老化能力大为提高，其装修性可与铝合金窗媲美，并且具有保温、隔热的特性，使居室更加舒适、清静，更具有现代风貌。另外还具有耐酸、耐碱、耐腐蚀、防尘、阻燃自熄、强度高、不变形、色调和谐等优点，无需涂防腐油漆，经久耐用，而且其气密性、水密性比一般同类门窗大2～5倍。

（2）塑钢窗的开启方式

塑钢窗的开启方式主要有推拉、外开、内开、内开上悬等，新型的开启方式有推拉上悬式。不同的开启方式各有其特点，一般来讲，推拉窗有立面简洁、美观，使用灵活，安全可靠，使用寿命长，采光率大，占用空间少，方便带纱窗等优点。外开窗有开启面大、密封性、通风透气性、保温抗渗性能优良等优点。目前用得较多的还是推拉式，其次为外开式。

（3）选购塑钢窗应考虑的因素

a. 选消费者满意或售后服务信得过的家居市场。

b. 要货比三家，对同一款式、同一品牌的商品，要从质量、价格、服务等方面综合考虑。

c. 要选择型材，先要了解塑钢窗所选用的PVC型材。PVC型材是塑钢窗质量与档次的决定性因素，好的PVC型材应该是多腔体，壁厚，配方中含抗老化、防紫外线助剂，从外表上看应该是表面光洁、颜色青白。中低档的型材是白中泛黄，这种颜色防晒能力差，使用几年后会越变越黄直至老化、变形、脆裂、其原因就是型材配方中含钙太多。考虑到目前大多数房子的窗户面积较大（如封阳台）及高层建筑较多，所以型材的壁厚应选择大于2.5mm，内腔为三腔结构（具有封闭的排水腔和隔离腔、增强腔）的型材，这样才能保证窗户使用几十年不变形。另外这样的型材不易变色、不易老化。

d. 要观察塑钢窗表面有无明显划伤、脱槽、焊角处是否有裂缝等。

e. 针对室外噪声较大的住宅，最好能选用配中空玻璃的塑钢窗，其密封、隔声效果极佳。

f. 塑钢窗关闭时，扇与框之间无缝隙，推拉塑料钢窗应滑动自如，声音柔和，无粉尘脱落。

g. 塑钢窗的框内应有钢衬，玻璃安装得平整牢固且不直接接触型材，若是双层玻璃则夹层内应无粉尘和水汽，开关各部件严密灵活。

h. 设计窗型时，一般可按以下顺序：（a）功能；（b）实用、美观；（c）超前。

i. 发票、合同上必须注明塑钢窗的名称、规格、数量、价格、金额。

j. 了解主办单位及厂家的名称、地址、联系人、电话，以便发生质量问题能及时联系解决。

9. 家居装修施工的绿色装修

现代建筑应以有利于身体健康和节约空间的家居环境为指导思想，用自然、简洁、温馨、高雅的绿色装修为人们提供安全、健康、舒适的家居环境、在装修中除了应“以人为本”外，更应注重进行绿色装修。本着经济实用，朴素大方、美观协调，就地取材的原则，充分利用有限资金、面积和空间进行装修。

9.1 慎重选择装修材料

家居装修造成的环境污染，已成为人们最为担心和不安的问题。甲醛超标、家居空气质量不达标、各类虚假环保认证层出不穷，都是由于装修材料中的化学污染物质引起的。为此在进行家居装饰时，应认真地选择绿色环保装饰材料。

9.1.1 充分认识装修材料有害物质的危害性

(1) 家居装修中的第一杀手——甲醛

① 甲醛及其危害性　甲醛是一种无色、易溶的刺激性气体，可经人的呼吸道吸收，其溶液福尔马林可经消化道被吸收。研究证明，甲醛对人体健康有负面影响：当家居甲醛含量为 0.1mg/m^3 时就会产生异味，让人不适；含量 0.5mg/m^3 可刺激眼睛引起流泪；含量 0.6mg/m^3 时引起咽喉不适或疼痛；浓度再高可引起恶心、呕吐、咳嗽、胸闷、气喘甚至肺气肿。长期接触低剂量甲醛可以引起慢性呼吸道疾病、女性月经紊乱、妊娠综合症，引起新生儿体质降低、染色体异常，甚至引起鼻咽癌。高浓度的甲醛对神经系统、免疫系统、肝脏等都有毒害，它还会刺激眼结膜、呼吸道黏膜而产生流泪、流涕，引起结膜炎、咽喉炎、支气管炎和变态反应性疾病。由于甲醛具有较强的黏合性，还具有加强板材的硬度及防虫、防腐的功能，所以被广泛应用于各种建筑装修材料之中。绿色装修材料严禁使用甲醛作为黏合剂，但因为种种原因，仍有不少含有甲配合的装修材料流入市场。

② 家居甲醛的来源　a. 用作家居装修的胶合板、细木工板、中密度纤维板和刨花板等人造板材，其胶黏剂以脲醛树脂为主，板材中残留的甲醛会逐渐向周围的环境释放；b. 使用了劣质黏剂的家具会释放甲醛气体；c. 一些含有甲醛并有可能向外释放的装修材料，如贴墙布、墙纸、化纤地毯、泡沫塑料、涂料等；d. 燃烧后会散发甲醛的某些材料，如香烟及某些有机材料。

另外，家居空气中甲醛浓度的大小与家居温度、相对湿度、家居材料的装载度（即单位空间的甲醛散发材料表面积）及家居换气数（即空气流通量）有关，在高温、高湿、负压和高负荷条件下会加剧散发的力度。研究表明，家居甲醛的释放期为 3～15 年。

③ 国家对甲醛在家居空气含量的限值　为了保护居住者的健康，国家规定室内（Ⅰ类）空气中甲醛浓度最高值不得超过 0.08mg/m^3。

因为人造板是居家居空气中甲醛超标的主要来源，世界上不少国家都对人造板的甲醛散发值做了严格规定。我国采用的是日本的 FASNO. 516－1992 标准，该标准对甲醛释放量指标明确分为 3 级，最高为≤10mg（甲醛）/100mg（板）。

（2）家居环境又一杀手——气味芳香的苯。

① 苯是强烈的致癌物质　苯是无色、具有香味、沸点低、易挥发的液体。甲苯、二甲苯同系物都是煤焦油分馏或石油的裂变产物。

目前，家居装修中多用甲苯、二甲苯代替纯苯作各种胶、油漆、涂料和防水材料或稀释剂。苯具有易挥发、易燃、易爆的特点，且对人体有毒。

如果空气中的苯浓度达到一定程度，不仅能使人中毒，严重的甚至导致死亡，在遇到明火时还会引起爆炸。人在短时间内吸入高浓度甲苯、二甲苯时，可出现中枢神经系统麻醉，轻者头晕、头痛、恶心、胸闷、乏力、意识模糊，严重者可能昏迷甚至造成呼吸及循环系统衰竭而死亡。如果长期接触一定浓度的甲苯、二甲苯会引起慢性中毒，可能出现神经衰弱、过敏性皮炎湿疹、脱发、支气管炎等病症，还有的影响生育功能或致使胎儿畸形，甚至导致再生障碍性贫血，即白血病。苯化合物已经被世界卫生组织确定为强烈的致癌物质。

② 防护措施　由于苯主要是从油漆、涂料的添加剂、各种胶黏剂和防水材料中释放出来的，因此在采用以上材料时一定要选无苯低苯的，切不要使用一些低档与假冒材料。另外，装修后一定要请有关部门检测空气质量是否符合国家标准，并让房间通风放置一段时间再入住。

（3）家居装修的臭味杀手——氨

① 氨对人体的危害　氨是一种无色且具有强烈刺激性臭味的气体，比空气轻（密度为 $0.5mg/m^3$），可感觉最低含量为 5.3×9^{-4}（体积分数）。氨可以吸收人体皮肤组织中的水分，使组织蛋白变性，并使组织脂肪皂化，破坏细胞结构。氨为碱性，其溶解度极高，容易对体上呼吸道产生刺激和腐蚀作用，减弱人体对疾病的抵抗力。含量过高时除腐蚀作用外，还会通过三叉神经末梢的反射作用，引起心脏停搏的呼吸停止。氨通常以气体方式被吸入人体，进入肺泡内的氨，少部分为二氧化碳所中和，随汗液、尿或呼吸排出体外，余下的被吸收至血液，与血红蛋白结合，破坏运氧功能。短期内吸入大量氨气后可出现流泪、咽痛、声音嘶哑、咳嗽、痰带血丝、胸闷、呼吸困难，伴有头晕、头痛、恶心、呕吐、乏力等，严重者可发生肺水肿及呼吸窘迫综合症等。

② 氨的来源　家居空气中的氨主要来自建筑施工中使用的混凝土外加剂，特别是在冬季施工过程中，在混凝土墙体中加入尿素和氨水为主要原料和混凝土防冻剂，这些含有大量氨类物质的外加剂在墙体中随着温度、湿度等环境因素的变化还原成氨气，并从墙体中缓慢释放出来，造成家居空气中氨的含量大量增加。

另外，家居空气中的氨也可来自家居装修材料，比如家具涂饰时所用的添加剂和增白剂大部分都是氨水，氨水已成为建材市场中必备的商品。这种污染盘旋期比较快，不会在空气中长期大量积存，对人体的危害相应小一些，但是，也应引起大家的注意。

③ 防止、降低氨气的污染及危害　国家标准规定了居住区空气中氨气的浓度最高不应超过 $0.2mg/m^3$，这可作为检测的参考标准。

由于氨气是从墙体释放出来的，家居主体墙的面积会影响家居氨的含量，所以，不同结构的房间，家居空气中氨污染的程度也不同，应该根据房间污染情况合理安排使用功能。如污染严重的房间尽量不要用作卧室，或者尽量不要让儿童、病人和老人居住。条件允许时，可多开窗通风，尽量减少家居空气的污染程度，还可以选用确有效果的家居空气净化器。

（4）家居装修的隐形杀手——氡气

① 氡气的危害性　氡是无色、无味的放射性气体，凡是有物质存在的地方，都存在着放射性，存在着氡，只是含量不同而已。氡溶于包括水在内的液体，其中油脂、煤油可大量溶解氡，活性炭可大量吸附氡，它们既是检测材料，又是防氡材料。

氡对人的伤害：一是通过体内辐射；二是通过体外辐射。

a. 体内辐射。氡是自然界唯一的天然放射性气体，氡在作用于人体的同时会很快衰变成人体能吸收的核素，进入人的呼吸系统造成辐射损伤，达到一定程度便可能诱发肺癌。人们若长时间地居住在有高氡浓度的房间里，就容易患肺癌或上呼吸道癌。研究表明，患肺癌死亡的总人数中有8%～25%是由于吸入空气中氡辐射而造成的，因此常称氡是人类的“隐形杀手”。氡是仅次于吸烟的第二大致肺癌的原因，超标氡对人的侵害，一般需要15～40年，因此，往往不引起人们的注意。

b. 体外辐射。体外辐射主要是指天然石材等装修材料中的辐射体直接照射人体后产生一种生物效果，会对人体内的造血器官、神经系统、生殖系统和消化系统造成损伤。但由于被辐射的条件差异很大，内辐射比外辐射一般要利害几倍到十几倍。

另外，氡还对人体脂肪有很高的亲和力，从而影响人的神经系统，使人精神不振，昏昏欲睡。

② 氡的来源　家居氡的来源是多途径的，但主要是从房屋底下的岩石（土壤）等地质背景和墙地砖等建筑材料中来，其次是来自于水源、煤气（天然气）和各种生活用具。

岩石（土壤）是家居氡积累的普遍而直接的来源，而且是主要的来源。不同岩石的氡含量也有所不同。

建筑构造的构造带虽然不是氡的直接来源，但它是地下氡汇集和迁移的通道，有时比岩石因素更重要。如房屋建在裂隙不很发育的花岗岩上，其家居的氡在相同的建材条件下，往往要比房屋建的其他地方的放射性要高；而房屋建在裂隙发育相当厉害的砂岩上家居氡含量更高。

水源有时也是家居氡的主要来源，直接来自地下的、铀矿区或油气田区的水往往有着高的氡浓度，所以不能直接饮用这种直接抽上来的水，必须经过处理后再饮用。

不合格墙地砖的放射性也是家居氡的主要来源。

煤气、天然气往往有着相对高的氡浓度。

③ 如何防止家居氡的危害

a. 对地面缝隙的处理。楼房的一层与平房直接与大地接触的房屋地面的缝隙要做好封闭处理。经系统检测发现，氡浓度在楼宇内是随层次增高而降低的，这充分说明部分氡是来自房屋基底以下的。在室外由于广阔的空间与空气流通稀释，所以室外的氡单位空间含量往往要比家居低得多。

b. 在选购石材等装修材料时要向商家索取经权威单位检测的放射性安全证明，或请专业部门以欲选购的装修材料进行检查。

c. 住宅居室装修后必须对氡的含量进行检测和总体评估。

d. 保持家居经常通风。住宅居室防氡最简便和省钱的方法是经常打开门窗进行自然通风。门窗关闭的房屋往往比敞开门窗时氡的浓度高数倍到数十倍。有人在冬天对一些烧煤且门窗关得严严实实的平房进行检测，发现氡浓度比夏天门窗开放时要高出数十倍，甚至上百倍。

e. 已建住宅居室氡浓度如果高出规定限值的1倍多，经常通风就可以达到要求，如果高出2倍，则一定要认真对待，并请专业单位采取消除措施。

f. 在住宅居室和建材中出现氡是正常现象，不值得大惊小怪，更不必由于一提到放射性就恐惧万分。这是因为，目前大部分住宅居室和建材的氡含量都是通过检测符合国家和行业标准的。

(5) 非环保非绿色装修材料对人体健康的危害

“新居综合症”，是居住者迁入新居时，有眼、鼻、咽喉刺激、疲劳、头痛、皮肤刺激、呼吸困难等一系列症状的统称，主要危害为：产生典型的神经行为功能损害，包括记忆力的损伤；产生典型的神经行为功能损害，包括记忆力的损伤；引起呼吸道的炎症反应；降低人体的抗病能力（免疫功能）；具有较明显的致病突变性，证明有可能诱发人体肿瘤。

(6) 几种主要空气污染物对人体的影响（表9-1）

表9-1 几种主要空气污染物对人体的影响

化学污染物	对人体的影响	主要来源
甲醛	呕吐，刺激眼睛，头痛，头晕，癌病，呼吸系统刺激，导致贫血	家具，地毯，合成板，夹板，以及保温材料
一氧化碳	头痛，呕吐，疲劳	香烟，厨房油烟
苯及其聚合物	头晕，鼻腔刺激，头痛	涂料，合成材料，印刷品，墨水
甲苯	头晕，鼻腔刺激，头痛，中毒	涂料，溶剂，磨光剂，汽车尾气，干洗溶剂
烃类化合物	头晕，头痛	汽油，燃料，油脂，壁炉
气雾剂	刺激眼睛，头痛，头晕	定型发胶，除臭剂
微粒，灰尘	刺激眼睛，刺激呼吸道及肺，咳嗽	香烟烟雾，壁炉，烧烤，烹饪
臭氧	对肺细胞产生刺激及损害	打印机、复印机、电子空气净化器
氡	使人机体免疫力下降，甚至诱使细胞发生癌变	土壤、岩石、水、天然气、建建筑砖石材料
二氧化碳	对脑脊髓神经产生强烈的刺激作用，高浓度时呼吸困难	人新陈代谢，燃烧碳化合物
氨	呼吸困难，头晕，头痛，刺激眼睛及呼吸道	混凝土防冻剂，人体代谢产物，添加剂，增白剂
生物性气溶胶	病毒载体降低人体免疫力	体液，有机挥发物，燃烧产生的烟

9.1.2 选购绿色环保的装修材料

绿色、健康是人们越来越关注的话题，在家居装修中，装修材料中的有害物质越发受到普遍重视。“无害、环保、绿色”的消费意识，已经渗透到家庭装修、购买家具和装饰品配置等许多环节。装修材料的生产已趋向于无害化、复合型的制成品或半成品。为避免对人体造成危害，选择装修材料应符合家居环境保护的要求，所有材料的放射、挥发性都应引起格外注意。

① 认真选购无害的装修材料。

② 严格测量花岗岩和大理石的放射性值是否超标。

③ 选用保健抗菌建材。采用灭菌玻璃，墙面使用防菌瓷砖。

④ 应用优质绿色环保涂料。门、窗表面使用天然树脂漆（大漆）、水性木器清漆、磁漆涂饰。

⑤ 辨别木材是否符合环保的标准，大芯板是否有刺激性气味。使用专用器材用以判别其异氰化合物、氯、防腐杀虫剂、游离甲醛是否超标。

⑥ 选用地板要谨防质量伪劣的复合地板　伪劣的复合地板，一是有胶黏剂的地板所含游离甲醛释放量过高；二是在刷涂料过程中采用了甲苯、硝基等会散发出对人体有害气体的各种有机溶剂。

⑦ 测定家具的甲醛含量　许多用人造板制造的家具都使用了有毒的甲醛作黏结剂。如果家具有强烈的刺激性味道，证明甲醛含量过高，会对家居环境造成污染。

由于国内对绿色建材尚没有统一的标准，很多经销商宣称的“环保”和“绿色”，只是一种营销策略。真正符合健康标准的建材需要具有权威机构认定的检测报告，目前，国内很多销售商还做不到这一点。例如，对人体危害很大的甲醛来自很多装修材料复合时使用的黏合剂，绿色建材就需要出具产品复合过程中未使用甲醛的证明，并且应该说明采用何种天然制品替代了甲醛。

9.2　必须掌握绿色标准

中国家居装饰协会环境监测中心根据我国目前实施的家居环境标准，提出“绿色居室”环境必须达到以下要求：a. 家居的氡浓度应符合国家标准，即氡 100Bq/m^3，200Bq/m^3（已建建筑）；b. 家居使用的建筑材料中放射性活度应符合国家规定的 A 类产品要求；c. 家居空气中甲醛的最高浓度不得超过 0.08Bq/m^3；d. 家居苯释放量应低于 2.4Bq/m^3；e. 家居氨释放量应低于 0.2Bq/m^3；f. 家居空气中的二氧化碳卫生标准值≤2000mg/m^3；g. 家居可吸入颗粒物日平均最高浓度为 0.15mg/m^3；h. 家居噪声值白天小于 50dB，夜间小于 40dB；i. 家居易挥发有机物的总释放量低于 0.2mg/(m^3·h)；j. 家居无石棉建筑制品；k. 家居无电磁辐射污染源；l. 家居不应有令人不快的气味。

由于家居环境质量主要受家居小气候条件、化学因素、生物因素、物理因素的影响，家居小气候条件决定了家居环境居住的舒适度。

良好的家居装修可以创造出优良的家居小气候，提高家居舒适度。家居环境污染主要是受甲醛、氨气、挥发性有机气体等化学物质的影响，它们均是由建筑装修材料中释放出来的，是危害人体健康的主要物质，在装修过程中必须严格控制，在工程验收时，甲醛、氨气、挥发性有机气体是绿色装修工程验收的必测项目，任何一项不合格即判定该工程不合格。

9.3　强化家居装修措施

9.3.1　减少有害物质对健康的威胁

（1）空气要流通

保持家居的通风对家居环境及人体健康至关重要。卧室与厅堂（起居厅）等主要房间应采用自然循环的通风，保证整个家居有新鲜空气流动。流动的空气不仅能带来充足的氧气，而且会迅速带走有害物质。卫生间的潮湿容易繁殖细菌，通风差的卫生间也会促进浴帘上真菌的繁殖，厨房的油烟及煤气燃烧时会产生有毒气体。因此，卫生间和厨房不仅要有自然循环的通风，还就利用排风扇强制换气通风，确保家居有害气体和潮气能及时排出室外，保持家居干燥。

(2) 色彩与光的处理

合理运用光线不仅是装修居室的主要手段，也是保证健康的重要内容。如果大面积使用镜面，在强烈的阳光下会产生“光污染”，对人的视力有损害，而且会让人感到烦躁不安。色彩要和谐，过于深的颜色容易让人产生压抑的感觉。

(3) 选择配饰品时要特别当心

虽然绿色植物会吸收二氧化碳，产生氧气，但有些植物会产生有害的气体，对人体不利。纯毛地毯虽然舒适、美观，但如果经常不打扫，就会产生螨虫等寄生虫，会引起哮喘等疾病。

9.3.2 清除家居异味的有效方法

家居装修带来的刺鼻化工材料气味一时难以去除，无论采用多少空气清新剂，异味仍然会长时间地滞留在家中。下面是几种快速清除家居装修的异味的方法。

① 适当打开不直接风吹向墙面的窗户，进行通风。

② 用面盆或者水桶等容器盛满凉水，然后加入适量食醋放在通风的房间内，并打开所有的家具门。这样既可适量蒸发水分保护墙面的涂面层，又可吸收消除残留异味。

③ 水果除异味。利用热带水果去除异味，效果好，成本低，方法简便。果实中所含水分多，浓重的香味可长时间地散发。如经济条件允许，可在每个房间放上几个菠萝，大的房间可多放一些。因为菠萝是粗纤维类水果，既可起到吸收涂料味又可散发菠萝的清香、加快清除异味的速度，起到了两全其美的效果。

④ 柠檬酸擦拭。用柠檬酸浸湿棉球，挂在家居以及木器家具内，但较为麻烦。

⑤ 果皮除臭。在房间里摆放橘皮、柠檬皮、柚子皮等物品，也是一种很有效的去味方法，但见效较慢。

⑥ 巧洗涂料刷。刷完涂料的刷子很快就会粘在一起，很难弄干净。可以把涂料刷先用布擦一下，取一杯清水，滴入几滴洗涤灵，刷子放入一侧，漆立即分解成粉末状失去黏性，再用水一冲便干净了。

⑦ 油饰一新的墙壁或地板往往会散发出一股刺鼻的涂料味，并长时间残留在家居，使人头昏脑涨、很不舒服。可以在家居放两盆盐水，涂料味会很快消除。如果是木器家具散发出的涂料味，可以用茶水擦洗几遍，涂料味也会消除得快一些。

9.4 掌握四季装修特点

9.4.1 春季装修原则

一般来讲，潮湿闷热的春季并不是理想的装修季节，调查显示，大多数住户认为因装修季节选择不慎而引发装修质量不良的现象较多。因此，在家居装修时，除慎重选择装修队伍以外，合理选择装修季节是住户应该认真考虑的一个重要问题。但不少住户因为种种原因，只能选择在3～4月份开工。如果不得不在这个时候大兴土木，就应该注意以下问题。

① 春季施工，影响较大的问题是潮湿。如果防潮工作处理不好，到了秋天秋风一吹，木料变形，地板起翘，墙面出现裂缝等问题就容易发生。

② 木料的防潮做法是在选购木料时，一定要到大批发商处购买，而不能在街边小店。

因为大批发商的木料一般是在产地做了干燥处理后，再用集装箱运来，批发商直接从集装箱提货，然后再运到装修住户的住宅。中间环节的减少，相应减少了木料受潮的机会。如果还不放心，购买时不妨要求使用湿度计对木材进行湿度检验，这样便可万无一失。应该提醒的是，木材买回后应该在屋内放 2～3d，与地气相适应后再进行施工程序。这样，木料基本上就不会再出现变形的问题了。

③ 春天潮热，刷上涂料后干得慢，而且涂料吸收空气中的水分后，会产生一层雾面。遇到这种情况，装修施工一般要用吹干剂，使涂料干得快。

④ 春季建筑装修，墙面上使用的乳胶漆因为干得慢，在潮热天气中会发霉变味。解决方法是：施工以后打开空调抽湿，彻底去掉空气中的水分，效果较好。

⑤ 春季装修还会遇到装修完了，各种异味散不出去的问题，影响人们的健康。建议装修后多摆绿色植物，发挥光合作用去除异味。可在房间内放 2～3 个柠檬，或者橘子、香蕉，均可达到快速去除异味的效果。

除了以上几个方面，春季施工还有许多应该注意的细节，例如，选料时买乳胶漆、黏合剂一定要选有弹性的，施工中在接缝处加贴绑带，以免秋风起来了导致角线风干断裂；铺木地板时要先做防水防潮处理。正常程序是，用珍珠棉或沥青打底，在安装地板时要留伸缩缝。这样，地板才不会起翘，也不会因潮湿而发霉变黑。

9.4.2 夏季装修原则

夏季由于天气炎热、气温干燥，装修工程通常给人们的感觉较顺手，易于施工。但稍有不慎，还是会出现一些不良因素，所以夏季施工中要注意以下情况。

① 注意材料的堆放、保管　半成品的木材、木地板或者是刚油漆好的家具，切勿急于求成放在太阳底下暴晒，应注意放在通风干燥的地方自然风干，否则材料不仅容易变形开裂，还会影响施工质量。

② 注意做好饰面基层的处理　尤其是粘贴瓷砖、地砖，处理墙面之前，不能让饰面底层过于干燥，一般施工前先泼上水，让其吸收 0.5h 左右，再用水泥砂浆或者石膏粉打底，以保证粘贴牢固。

③ 注意善后保养　已做好的水泥地面、107 胶地面，或者是水泥屋面做好后，3～5 天内每天应浇水保养，以防开裂。

④ 注意化工制品的合理使用　施工前，应详细阅读所用产品（如胶水、粘贴剂、涂料等）的说明书，一定要在说明书所说的温度及环境下施工，以保证化工制品的质量稳定性。

⑤ 注意工地安全　夏季衣着少，身上易流汗，进入工地要做好劳保防护。赤脚最易被钉子扎伤，安装电路时切记要绝缘，断电施工。

9.4.3 秋季装修原则

秋季是建筑装修的旺季。建筑的家居装修应以简约的经济型为主，实用舒适是最为合适的。秋季的温度和气候条件都较适合各种装修材料的施工。应抓紧在秋季进行建筑的家居装修。

9.4.4 冬季装修原则

冬季的到来，许多用户都把装修计划推到了第 2 年春季。许多用户认为冬季气温低，会影响装修施工的质量。其实，随着建筑条件的日渐提高，“冬季不宜装修”的禁忌已经被打破了。

在冬季，如果施工场地的温度低于－5℃，就无法进行涂料的喷刷工作了。但目前大多数的室温一般不会低于－5℃，所以根本不会影响到涂料的喷刷，更不会影响家居装修工程的质量。

另外，冬季是木材一年中含水率最低的季节，干燥程度最好。使用这种木材在冬季装修，成品不易开裂、变形。另外，家居热烘烘的暖气，也会使木材和木工活经受严峻的考验。在30～60d的工期里，潜在的干裂、变形等问题都会在油漆前或交工前暴露出来，施工人员可以及时修理或拆改。这样，油漆后的木装修可以长期保持不开裂、不变形。但冬季气候干燥、风沙大，往往会给油漆涂饰带来一些麻烦，例如：涂料的浓度增大，不易涂刷；涂料的干燥时间短，不易掌握时间等，如果没有注意关紧门窗，未干的涂料表面往往会落上尘土和细砂，给装修工程的质量带来损伤。

随着科技的日益发展，许多新型装修材料已经不受季节的限制，随时都可以施工。比如，瓷砖和复合木地板、PVC材料以及铁艺、石材等，对温、湿度的要求都不高，一般都可以在冬季施工。

9.5 努力实现放心入住

(1) 防止墙面泛黄

防止墙面泛黄有两种方法：一种方法是将墙面先刷一遍，然后刷地板，等地板干透后，再在原先的墙面上刷面层，确保墙壁雪白；另一种方法是先将地板漆完，完全干透后再刷墙面。要注意的是，刷完墙面和地板后，一定要通风透气，让各类化学成分尽可能地散发，以免发生化学反应。

(2) 木地板去污

木地板去污可用添加少量乙醇的弱碱性洗涤液拭涂。由于添加了乙醇，可以增强去污力。鉴于乙醇会导致木地板变色，拭涂前应先用抹布蘸少量混合液涂于污垢处，用湿抹布拭净。如果木地板没有变色，便可放心使用。

(3) 装修后入住应注意事项

装修好的居室应好好通通风，放放味，再入住不迟。因为在家居装修中大量地使用装修材料，其中有相当部分是化学合成材料，存在着易挥发的成分，对身体绝对没有好处，应该晾置几日，待挥发出的气味基本消除后再入住。

一般来说，应该晾置一周以上，而且在晾置期间，要保证空气流通，避免雨淋、暴晒。在冬季，主要防止风沙对暴露在空气中的一些油漆工程的损害。如果家居使用酚醛油漆涂刷，时间还要适当延长。如果使用含有苯、苯酚等多彩物质的涂料粉刷墙壁时，晾置应在一个月以上。涂刷乳胶漆的房间，完工后面层干透即可入住。

10. 家居装修施工的质量控制

10.1 家居装修监理的质量控制

10.1.1 防“豆腐渣”工程

现在许多家居装修本末倒置，光做表面文章，忘记了自己的安全。所以，监理要从材料和工艺两方面保证装修出高质量的房子。没有好的材料，再好的工艺也没用，做出的工程都是“豆腐渣”工程；同样，如果光有好的材料，没有好的工艺，俗称就是“瞎”了材料。所以，这就要求业主在有装修前期就应该找到家装监理，让监理全面把关。

10.1.2 环保控制——避免装出毒气室

目前，市场上也出现了不少治理装修污染的产品，但是大多治标不治本，装修环保还得从源头上抓起。建材市场上出现各种各样的环保产品，而且现在随着市场准入机制的完善，不环保的产品也很难进入市场。但是，并不是家里都使用环保产品了，就能装出环保的家。其实，家居环境是由家居装修用的所有材料组成的，再环保的材料也会有一些污染物释放。因此，应该请监理计算出房间的立方米，再将装修材料的污染释放量相加，以保证低于国家规定的环保标准。

10.1.3 工期控制——保证业主顺利入住

许多业主都有过这样的烦恼，本应是45天完成的工程弄不好就得2个月，工期延迟已经成了许多装修公司的通病，控制工期也是监理的职责之一。监理会控制装修公司先做什么后做什么，按工程进度严格执行，而且每一项工程结束后将进行严格的检验，并留出适当的时间给业主打扫卫生，这样业主就可以在规定的日期安心住进爱居。

10.1.4 投资控制——让费用在预算之内

许多业主都反映，装修的实际花费要比预算时多不少钱，有的甚至多出几万元。一方面是业主不冷静，通常在选择主材的时候经不住经销商的诱惑，买下了超出预算的产品；另一方面就是前期预算不准确，有些装修公司为了让业主签单，不惜减项目，等工程开始后就以种种理由增项。如果有了家装监理，监理就会客观地做出各种预算，控制投资成本。

10.2 工程质量管理控制的含义、特性、发展及原则

10.2.1 家居装修工程项目质量

质量是指反映实体满足明确或者隐含需要能力的特性的总和。在家居家居装修中质量的主体指的是设计效果、材料质量、施工工艺及其工程进度、售后服务等五个主要项目。因此家居装修工程质量管理应包括如下各个阶段的质量管理及其相应的工作质量：设计质量管理；材料质量管理；施工质量管理；工程进度质量管理；回访保修质量管理。

10.2.2 工程质量特性

（1）工程质量的单一性

这是由工程施工的单一性所决定的，即一个工程一种情况，即使是使用同一设计图纸，由同一施工班组来施工，也不可以有两个工程具有完全一样的质量。因此工程质量的管理必须管理到每单项工程。

（2）工程质量的过程性

工程的施工过程，在通常情况下，多数是按照一定的顺序来进行的。每个过程的质量都会影响到整个工程的质量。所以工程质量的管理必须管理到每项工程的全过程。

（3）工程质量的重要性

一个工程质量的好与坏，影响很大，不仅关系到工程本身，业主和参与工程的各个单位都将受到影响。所以必须加强对工程质量的监督和控制，从而保证工程施工和使用阶段的安全。

（4）工程质量的综合性

工程质量不同于一般的工业产品，工程是先有图纸后有工程，是先交易后生产或是边交易边生产。影响工程质量的原因很多，有设计、施工、业主、材料等多方面的因素。只有做好各方面、各个阶段的工作，工程的质量才有保证。

家居装修工程质量除了上述的工程质量的特性以外，还有如下的特点。

① 功能的特性　家居装修工程包括了空调、灯具、音响、卫生设备、活动家具、家居绿化等装饰。这些功能要求设备、器具灵敏，配饰合理，水电系统运转正常等。

② 感官特性　家居装修工程的质量评定标准中有许多指标是通过感官特性来进行评定的，感官质量总的要求是：点要匀，线要直，面要平。

③ 实效特性　主要指装饰装修工程的耐久性，即要保证施工质量在一定时间内质量稳定，不能出现由于材料或施工方式不当而引起的工程质量问题。国家有关规定，家居装修工程的保修期最少为 2 年。

10.2.3 家居装修工程项目质量控制的概念

家居装修工程项目质量控制是指装饰装修工程项目企业（或业主自身）为了保证工程质量、组织全体人员，综合运用管理技术、专业技术和科学方法，经济合理地对工程的功能和观感质量等进行的计划、组织协调、控制、检查、处理等一系列的活动，即对工程质量所进行的全过程的管理，它是家居装修工程项目管理的重要组成部分。

工程质量要求主要表现为工程施工合同、设计图纸、工程预算及国家规定规范的质量标准。因此工程项目质量控制就是为了保证达到工程合同规定的质量标准而采取的一系列手段、措施和方法。

工程项目质量控制按其实施者不，包括以下 4 个方面。

（1）业主的质量控制

业主质量控制的目的在于保证工程项目能够达到预先所设想和规定的质量要求。其控制依据除国家有关家居装修的法律和法规外，主要是施工合同、设计图纸。其特点是外部、横向的控制。

（2）项目经理的质量控制

项目经理的质量控制主要是施工阶段的质量控制，这是工程项目全过程质量控制的关键环节，其中心任务是要通过建立健全质量监督工作体系来确保工程质量达合同规定的标准和等级要求，其特点是内部的、自身的控制。

（3）工程监理的质量控制

工程监理的质量控制，是指监理单位受业主委托，为保证工程合同规定的质量标准对工程项目进行的质量控制。质量控制目的在于保证工程项目能够按工程合同规定的质量要求达到业主的装修意图，取得较好的装修效果。质量控制依据是国家有关家居装修的法律法规、施工合同、工程预算和设计图纸。质量控制特点是外部的、横向的控制。

（4）施工班组的质量控制

施工班组的质量控制指的是各个工序的施工班组对其所施工的工程质量自身的质量控制，它是整个工程质量的核心，其目的是按照其所施工的工序按时、保质、保量地完成施工任务，其特点是内部的、自身的控制。

10.2.4 家居装修工程项目质量控制的发展

家居装修工程项目质量控制作为家居装修工程的项目管理的重要组成部分，其产生、形成、发展和日益完善的过程大至经历以下几个阶段。

（1）质量检验阶段

质量检验阶段通设立单项工程完工验收单，由业主和项目经理、设计师、施工班组负责人对所施工的工程质量进行检验。

（2）统计质量控制阶段

统计质量控制阶段采用统计质量控制图，了解质量常见的装修质量弊病，进行预防。这种用数理统计方法来控制施工过程影响质量的因素，将单纯的质量检验变成了过程管理，使质量控制从“事后”转到了“事中”，把完工后体验变成“防御性控制”。

（3）全面质量控制阶段

全面质量控制阶段的特点是针对不同的生产条件，工作环境及工作状态等多方面因素的变化，把组织管理、数理统计方法及现代科学技术、社会心理学、行为科学等综合运用于质量控制，建立适用和寄送的质量工作体系，对每一个生产环节进行管理，做到全面运行和控制。其基本核心是强调提高人的工作质量，保证工序质量，以工序质量保证工程质量。全面质量控制的特点是把以事后验收为主，变为以预防、改进为主。

10.2.5 家居装修工程项目质量管理实施

（1）加强项目管理，落实管理目标责任制，强化职能部门的指导监督作用

家居装修的项目管理不同于一般企业的项目承包，以包代管。而应该是实行项目目标管理，在工程任务下达之初，公司工程项目部即已将工程计划成本及利润详细算出，项目在公司计划成本的指导下完成质量目标、工期目标。这样经营风险全部由公司承担，各施工项目处于同一起跑线上，有利于调动项目经理的积极性，从体制上保证了工程质量。

工程部作为项目的直接管理部门，在公司计划成本的控制下，负责施工管理人员的培训、考核，针对项目部每一岗位，工程部都有量化考核标准，每一工程完工后，对项目管理人员按岗位工作标准评定，从而对项目管理人员起到了检查督促的作用。

在项目施工前期，工程部对各工种进行必须的培训，培训是既包括技能也包括文明施工细则的培训，从而保证施工技术人员对公司制度贯彻的连续性及准确性。工程监理部作为公司质量监督人员，主要负责工程施工质量的检查验收工作，对工程项目进行不定期检查，从

体制上保证了施工质量的稳定性。

(2) 认真做好工程前期准备工作，编制切实可行的施工组织设计

装修工程施工前期准备工作大致可分如下几个方面。

① 施工管理人员的准备　施工现场项目管理人员包括项目经理、施工班组负责人、工程监理、质检员、材料员等几个岗位，工程部依据工程规模及难易程度确定管理人员的数量并进行职能分配，项目经理作为项目的负责人，在工程部的领导下，组织本项目人员认真熟悉图纸，与施工班组负责人沟通现场用工及材料用量，提出人员及机具计划，在公司要求工期内制定详细的施工进度计划。

② 施工操作人员准备　工程部依据项目部提出的劳动力计划，结合公司整体施工项目的进展情况，准备各工种人员，并组织项目部有关人员对入场工人进行入场前的教育及相应的技术安全培训，使工人在入场前对工程项目的技术难度、质量要求有所了解。设计师针对工程的特殊工艺对项目人员进行现场讲解。如果工程单项需要分承包方，则由工程部负责分承包方的联系及考察确认，分承包方一旦确定，则由工程部组织项目部针对本工程对其进行培训，培训内容涉及技术、质量、安全、进度、现场文明施工等方面。从而保证了在施工过程中各班组均能全面执行公司的各项施工管理制度，并能够由项目部对其进度、质量进行控制。

③ 施工技术的准备　项目部在熟悉施工图纸的基础上，对图纸中的问题进行汇总，由设计部及工程部结合本公司的施工特点，提出具体的修正方案，报业主及本案设计师部共同探讨，以达成一致，使得问题能够在进场施工前得到最大限度的解决。项目经理在工程部及设计的指导下，结合工程项目特点，编制出施工组织设计，内容包括工程概况及施工特点，施工方案（包括施工准备、施工顺序、主要项目施工方法、质量及安全保证措施、降低成本措施、保证工期及文明施工措施），施工进度计划，劳动力、材料及机具需要量计划，施工平面布置及项目管理人员职责分配等。

④ 施工材料的准备　为了提高计划材料的准确性，由项目部依据施工班组负责人所预计的分项材料表对各分项材料用量进行核对，及时将修正材料量返工程预算员处，由预算员下发材料计划表，此计划表作为采购人员的采购依据提前联系供货单位，从而保证材料的供应。项目部同时向采购人员提供材料进场时间要求，从而使采购人员做到心中有数，按部就班地进行材料的准备。

⑤ 施工机具的准备　家居装修工程所用施工机具大致可分为手使工具及电动工具，由施工班组负责人对机具进行检修维护，从而保证机具在施工过程中的正常运转。

⑥ 施工现场的准备　工程开工前，项目经理组织项目部管理人员对工地进行实地勘察，了解施工现场的环境，确定材料堆放地点、施工用水及用电情况，对原有建筑的情况进行摸底，并将实际勘察结果填入《交接备忘录》中。原有结构影响装修施工质量及效果之处，以及修正措施要及时知会顾客，争取业主的同意。在特殊环境下要注意允许施工时间及道路运输情况。

(3) 加强施工项目的过程控制，创造精品工程

① 施工人员的控制　施工项目管理人员由工程部统一指挥，各自按照岗位标准进行工作，工程部随时对项目管理人员的工作状态进行考查，并如实记录考查结果存入工程档案之中。各岗位依据其性质，量化为若干小的考评项目。考评结果将是工程部对管理人员进行评定的依据，评定结果与奖罚挂钩。

施工操作人员要相对稳定，相对稳定的施工队伍是一个企业的根本保证，每一个操作人员对公司的管理都清清楚楚，这样便于工程质量的稳定提高。现场施工员依据施工进度计划，合理安排人力，力争做到人员流水作业，降低窝工损耗。施工作业人员由工程部统一调度，某工种在一个项目结束或间歇时能及时转到别的项目操作，既保证了工人的收入稳定也保证了公司技术工人的相对稳定。

② 施工材料的控制　装修材料品种繁杂，质量及档次相差悬殊，装修工程所用材料又受到业主的客观影响。因此，装修施工材料控制比较麻烦。在材料进场前必须先报验，将业主同意的材料样品一式两份封样保存，一份留项目，一份留业主，在材料进场后，依样品及相关检测报告进行报验，报验合格的材料方能使用。工程在采购时，也要严格执行材料的检查验收手续，保证采购材料一次合格。为了便于管理，公司将各种材料的检查方法及检验标准编辑成册，采购人员、质检人员、施工人员全部用同一标准来衡量材料是否合格。在进场材料的管理上，采用限额领料制度，由施工人员签发限额领料单，从而既能保证质量又能节约成本，对于易碎或贵重材料，在施工现场单独存放，尽量减少人为的搬运次数。对于现场发现的不合格材料，如果不能及时退库，则单独放置并在明显位置标注不合格品字样，这样能够防止错发错拿现象。现场所剩边角余料如不能使用，则及时退回公司辅料库，以便其他工程使用。

③ 施工机具的控制　项目管理人员要对施工机具妥善保管，分类存放，实行施工机具领用登记制度，以谁领用谁保管谁负责为原则，操作人员在领用工具时要向库管员说明机具的使用目的，库管员按照机具使用要求发放机具，保证机具正常的使用寿命。为了保证正常施工生产，公司对每一台设备都建立了维修档案，从而保证了进场设备都已经过检测合格。对于工人手使工具，由工程部按工种不同列出必备工具明细，入场前检查各工种自备工具是否齐全，保养是否良好，如用于打玻璃胶的专用工具、贴防火板专用工具、安装修边角及不锈钢扣条的专用工具等。

④ 施工工艺的控制　施工工艺是决定工程质量好坏的关键，有好的工艺，能使操作人员在施工过程达到事半功倍的效果。为了保证工艺的先进性及合理性，公司对于不太成熟的工艺安排专人在加工厂进行试验，将成熟的工艺编制成作业指导书，并下发各施工主管，施工管理人员在现场指导生产时则依此为依据对工人进行书面交底，并由班组长签字接收。工艺交底包括工具及材料准备、施工技术要点、质量要求及检查方法、常见问题及预防措施。

（4）加强专项检查、及时解决问题

① 开展自检、互检活动，培养操作人员的质量意识　各工序完成后由班组长组织本班组人员，对本工序进行自检、互检，自检依据及方法严格执行技术交底，在自检中发现的问题由班组自行处理并填写自检记录，班组自检记录填写完善，自检出的问题已确实修正后方可由项目质检员进行验收。

② 下道工序是用户，认真开展交接检活动　上一道工序完成后，在进行下道工序施工前，由质检员组织上、下工序施工班组长进行交接检，由下道工序班组长检查上道工序质量，对影响本道工序的质量问题提出意见，并填写交接检记录，质检员督促上道工序人员进行修正后，下道工序人员方可进行施工。通过此项活动增强了工人本身的质量意识，加强了工人的责任感，如果不交接即生产，一旦出现问题，不是自己做的事也要承担责任，从而在操作人员中形成人人管质量，遍遍有把关，从根本上杜绝不合格品的存在。

③ 专职检查、分清责任　在班组自检基础上，项目质检员要对各班组长的各道工序进

行检查，从严要求，对不合格的要立即处理，在检查时必须分清产生不合格的原因，是由于工人操作引起，还是由于施工材料或施工方法引起的不合格。查清原因后，对于反复发生的问题要制定整改措施及相应的预防措施，防止同类问题再次发生。对于工人操作引起的不合格，要视情况严重程度对工人采取处罚措施，并及时向操作人员讲明处罚的理由，使工人理解“松是害，严是爱”的道理。

④ 定期抽查，总结提高　公司工程部定期到各项目对工程质量情况进行检查，对发现的问题定期集中分类，定期召开质量分析会，组织施工管理人员对各类问题分析总结，针对特别项目制定纠正/预防措施，并贯彻实施。使各施工管理人员在不断解决问题的过程中提高水平。

(5) 做好内部验收，向业主动提供满意的产品

工程完工后，在交付顾客使用前，由公司工程部、设计部对工程进行全面的验收检查，对于发现的问题，书面通知项目部及时整改，如有必要则进行二次内验，只有在内部验收通过后工程才能交付顾客进行验收，从而保证顾客一次性验收合格，达到顾客的满意。

10.3 家居装修常见的质量问题

要想解决好家居装修的质量问题，除了要谨防假冒材料以外，一定要注意对整个施工过程的质量监督，要使质量问题解决在萌芽中，也就是防患于未然。装修工程涉及许多工序、工种，对各工种及其容易发生的质量问题应有所了解。

10.3.1 工种分配

家居装修虽然没有公共建筑装修的规模大，但它也是由多个工种相互配合，协同施工，共同完成的。通常有瓦工、电工、水暖工、木工、油工等工种。对施工人员工种的了解能帮助您对施工过程的更好监督。

① 瓦工　就是泥瓦匠，主要负责内墙抹灰、天棚抹灰、地面抹灰，墙地砖的铺贴等工序。

② 电工　主要负责电线的改线、接线工作，电工可以根据房间的设计，家用电器的位置、负荷、型号来铺设电线，安装开关、插座等。

③ 水暖工　主要负责暖气、上下水管改线及卫生洁具、水龙头安装任务。

④ 木工　一般木工自始至终贯穿整个装修过程，主要从事家具的制作、细木制品（窗帘盒、暖气罩、木护墙、木隔墙、包门及门套、窗套、踢脚板、花饰装饰线)、木制造型吊顶、木地板铺设等。

⑤ 油工　油工主要负责墙面、地面、天棚、家具等刮腻子粉刷和油漆，一般是整个家居装修中最后一道工序。

10.3.2 家居装修常见的质量问题

(1) 瓦工容易发生的质量问题

装修中有许多环节，有一个环节出毛病都会影响整体质量。家居装修质量问题出现的主要原因是施工工艺不规范，偷工减料、不负责任，或者技术差造成的。瓦工作业在家居装修中是最基础的，如果家居的天棚或墙面没有处理好，等业主入住以后不久就会表现出来，不是这儿裂缝了，就是那儿起鼓了，让人看了十分难过。过后再来修修补补，不仅麻烦，而且很难完好如初。

瓦工的作业在家居装修中主要是对墙、地、顶的处理，一是抹灰，二是贴墙、地砖。

① 天棚或墙面抹灰发生起鼓与裂缝　原因：基层没处理好，清扫不净，没有浇透水；面层不平偏差太大，一次抹灰太厚；没有分层抹灰；各层抹灰砂浆配合比相差太大。

② 如果不是砖的质量问题，而墙砖又发生空鼓、脱落　原因：基层没处理好，墙面湿润不透，砂浆失水太快，造成砖与面层黏结不牢；釉面砖浸水不足，造成砂浆脱水；或浸泡后砖未干，浮水使砖浮动下坠；砂浆不饱满、厚薄不均匀，用力不均；砂浆已经收水再纠正移动粘贴好的砖；嵌缝不密实或漏嵌。

（2）电工最容易留下隐患

家居装修中，电工的施工从表面看似乎并不很多，但许多潜在的问题却为您今后的生活留下了许多隐患，甚至是危险。常见的问题主要有配电线路的断路短路、电视信号微弱、电话接收干扰等。

① 由于一些电工技术水平有限，加上责任心不强，对接头的打结、绝缘及防潮处理不好，就会发生断路、短路等现象。应该尽量减少接头，如果必须接线，就要打好接头，做好绝缘及防潮。

② 一些施工队为了降低成本而偷工减料也是造成电路隐患的原因。如对隐蔽处理的线路不做电线保护管，电线保护管是为保护隐蔽的线中不被破坏，如果在该放线管时不放可使用不适当的线管，施工当中或今后使用时不能避免线路的损伤，会留下隐患。墙壁的隐蔽线路使用 PVC 硬质线管，注意与线号配套；地成走线最好使用铁管，而且要固定好，不使它移动。

③ 做好的线路受到后续施工的破坏。常见的主要有墙壁线路被电锤打断、铺装地板时气钉枪打穿了 PVC 线管或护套。为此，要对隐蔽好的线路做上标记，避免被下道工序施工人员无意中破坏。

④ 配电线路电线的选用要注意它的额定电流。如果先的电线小于额定电流的要求，造成" 小马拉大车" 线中长期超负荷工作就会发生危险。

⑤ 各种不同的线路，如电视天线线路、电话线等应分别走线管，不能走同一线管。如果把电视天线、电话线和配电线穿入同一线管，电视、电话的接收会受到干扰。电视天线的同轴电缆接线最好使用分置器或接线盒，电话线路与电视线路做法差不多。

（3）水暖作业要防漏

如果装修后业主的家发生如水管漏水、洗面器和洗菜池返异味、浴缸花洒水流小、卫生洁具使用不便等问题，那就是水暖作业出的毛病了。

① 水管漏水　冷水管漏水一般就是水管和管件联接时密封没有做好。解决方法：要求施工人员把密封材料四氟带（俗称生料带）缠足。

热水管漏水除密封没有做好处理，还有的可能就是密封材料选用不当。四氟带长期受热容易收缩及老化，所以热水水管密封材料一般使用麻丝加铅油。

② 花洒水流小　水暖施工时，为了把整个线路连接起来，要在锯好的水管上套螺纹，如果螺纹过软管拧过长，在连接时水管旋入管件（如弯头）过深，就会造成水流截面变小，水流也就小了。

③ 软管爆裂　连接主管到洁具的管路大多使用蛇形软管。如果软管质量低劣或水暖工安装时把软管拧过了劲，容易造成应力集中，以致在承受不住时发生软管爆裂。为避免软管爆裂，首先要选用优质产品。安装时要将软管捋顺，打弯的地方尽量缓慢过渡，不要打弯。

④ 坐便器冲水时溢水　如果安装坐便器时底座凹槽部位没有用油腻子密封，冲水时就会从底座与地面之间的缝隙溢出污水。安装坐便器时，在底座凹槽里填满油腻子，装好后周边再打一圈玻璃胶。

⑤ 洗面盆下水返异味　卫生间装修时，洗面器的位置有时会与下水入口相错位，使洗面器配带的下水管不能直接使用。安装工人为图省事，喜欢用洗衣机下水管做面盆下水，但一般又不做S弯，造成洗面器与下水管道直通，异味就从下水道返上来。洗面器如果使用软管做下水，就一定要把软管会一个圆圈，用绳子系好，形成水封就会防止返味。

（4）木工在家居装修起着主导作用

木工在家居装修中贯穿全过程，起着主导作用，除了要做家具、细木制品、木制造型吊顶、木地板铺设等活儿外，还包括打石膏板轻钢龙骨隔断等活儿。

① 细木制品质量要求　细木制品与基层（或木砖）必须镶钉牢固，通过观察和用手检查有无松动现象；所做制品尺寸要符合要求；表面平直光滑；棱角方正、线条顺直；不露钉帽、无戗槎、刨痕、毛刺与锤印等。

② 细木制品安装质量要求　安装位置正确符合要求；割角整齐；交圈、接缝严密、平直通顺；与墙面紧贴，出墙尺寸一致。

检查方法：通过观察、手模或尺量检查。

③ 其他具体注意事项　木门包边不能采用薄皮，因薄皮油漆后容易起壳，木门合页必须双面凿口，其深度不能超过合页厚度；木地板地龙必须钉牢固，不能多块夹板添平，应当用木片填平，要求无松动、无声响；门套应垂直，放平整；凡清水油漆的弧圆线脚，不能锯断，应定制加工；木工用钉枪不能打得过多，钉子不准露面，钉线脚时应钉在凹处；单移门应注意门挺立面的完整；清水油漆的面层应先刷底漆，以防污染。

10.4　家居装修应特别注意的事项

随着家居装修市场的逐步成熟，有关部门正在加强这方面的管理，一些城市已经实施了统一施工合同、统一验评标准、统一工程参考价、统一保修制度、统一投诉纠纷逐级解决的原则，但是为了使家居装修不留下麻烦和遗憾，必须要注意一些事项，做到事先的防范，确保家居装修的顺利进行。

10.4.1　防止对房屋结构的破坏

家居装修安全第一，这里所说的安全是指不要因装修埋下的隐患或造成房屋内在质量受损而危及住户的人身安全。

住宅工程按结构类型分为砖混结构和钢筋混凝土结构（剪力墙结构、框架结构、框架——剪力墙结构）两大类。大部分六层住宅均为砖混结构，在这种结构形式中，房屋由砖墙承重。预制楼板搁置处的那堵墙即为承重墙。一般在房间中，长边的墙多为承重墙。高层住宅一般均为钢筋混凝土结构，由混凝土剪力墙、混凝土框架柱承重。框架结构中，一般砖墙均为非承重填充墙。厨房间、厕所间的分隔墙一般多为非承重，而混凝土墙面一般为承重墙。

结构是建筑的“骨架”，结构的质量直接关系到建筑的抗震等级和使用的安全。家庭装修必须保证房屋原有主体结构的整体性、抗震性、安全性。随意拆除阳台与家居之间墙体以及在阳台砌墙的现象也是属于破坏建筑结构的行为，结构被破坏将发生房屋倒塌事故。混凝土剪力墙（承重墙）上严禁凿门、窗洞口，不然在施工中容易将钢筋割断，留下结构安全隐患。砖墙承重墙上也不得凿门、窗洞口，万不得已一定要开洞口时，必须经过计算，在洞口上增加钢筋混凝土过梁。

还有不能任意在预制楼板上钻孔。因为如果在楼板或多孔板有肋上穿凿或钻孔，易将预应力钢丝钻断，破坏楼板的受力，使得楼板断裂塌落，造成更大的危险。

10.4.2 防止破坏防水层

现在新建的房屋其厨房、卫生间墙的下部及地面都进行了记漏（预制层）处理。因此，这种房屋在家居装修时不要随意改变其给、排水的结构。若平面布置与实际预留方位有矛时，也只能延长原来的给、排水（加管、加高地面），而不可打凿原墙体及地面，以防渗漏。老房屋装修时不管是否改造给、排水，都要进行防漏处理，并经过48h防漏闭水试验后方可进行墙面、地面施工。

目前，大多数人将给、排水管暗敷，万一管道、管件渗漏维修将很麻烦，必须重新布管，所以管道以明敷为宜。当然暗敷管道也并非不妥，但一定要选择合格的国家标准材料为准。在敷设时管道、管件接口一定要牢固、不渗、不漏，不应将材质裸露在外，只留出阀门楼口即可。要注意选材，最好使用新材料PVC塑料管。

做防水工程时要注意以下几方面。

① 一定要把准备做防水的基层打扫干净，尽量保持表面干燥。

② 卫生间的漏水部位主要在上下水管的根部和墙脚，这些地方做防水时要做仔细做充分，最后用手指塞一下。防水从墙脚向上做不能小于250mm。总之，一定要严格按防水材料的工艺要求进行施工。

③ 如果卫生间的某一面墙是轻体墙，就需要对整面墙做防水处理。

10.4.3 电线的安全埋设

为了房间内的美观，一般家居装修都将电线埋进墙内，然而，许多业主都是简单地把电线直接埋进墙内。其实，这样做有非常大的安全隐患。

这是因为，经过长时间的使用包裹电线的胶皮会老化，而大电流通过时的反复加热，以及水泥墙面水分的时多时少等，都会加速电线包皮的老化。一旦发生短路事故，重者会殃及整个楼房和其他住户，不仅会烧毁电器，而且要重新更换全部电线。因为所有的电线都埋过了墙内，不知道哪里出了问题，最好还是全部更新。所以电线暗埋要从长计议，应该选用质量较好、线径较大的电线，并且在电线外再套上一个起保护作用的线管。这样做虽然成本高、费点事，但可以保证在较长时间里的用电安全。

10.4.4 安全使用玻璃

玻璃受冲击力后易碎的特点必须引起重视。在选用玻璃时，一定要根据环境的需求或采取防范措施。例如；普通玻璃和夹丝玻璃这些非安全玻璃是不准以无框架方式安装使用的，无框玻璃门应使用钢化玻璃，且四周应先车边。玻璃隔墙的玻璃边缘不得与硬性材料直接接触。

玻璃隔断或铝合金门一定要在玻璃上做出明显标志，或挂一幅画，或贴点儿图案，以免小孩或大人误以为是可以自由出入的空间而造成撞伤。对于需接电源的玻璃装修，还应注意防止漏电。用于吊顶玻璃应使用安全玻璃或使用塑料板吊顶。

10.4.5 装修防火

家居装修工程中，涉及电器线路的铺设，许多人不懂电工知识，而因电路安装不规范以至引起火灾。为了防止电器电路引发火灾，注意以下问题。

① 设计上要考虑到防火安全。房间通道不要留得太窄；装修时尽量先用金属、玻璃和防火材料；安装防盗门窗时要考虑以危急时刻人员的疏散和救护等。

② 在选择装修材料时，应考虑选用防火性能好和经过防火处理的材料，这是家庭安全防火的关键措施。

③ 家居线路需要改动时，自己若不懂电器知识，一定要请专业人员进行指导，在对改动的线路进行检查测试后，方能进行安装。首先，要注意安放电线的 PVC 管的质量，千万不要图便宜买假冒的电器件；要注意凡电工产品都要有专用的认证标志——“CCC”标志。施工中要按照规定设置电线。要避免线路明装；其次是墙内和板内的电线要采用合格的阻燃管套装。电线规格应按负荷量采用，以免超负荷引起“打火”。

④ 对用电量大的家用电器，必须按说明书的要求设置电器和安装漏电保安器。这样不但能有效防火，也是安全使用家电的保证。

⑤ 家居照明灯具的选择、安装必须安全合理。在选用灯饰时，不要只看是否美观，还要仔细检查是否安全，不应采用硬质塑料、塑料半透明膜、棉丝织品、竹木、纸质物品等可燃材料。应选用绝燃材料制作的灯具、灯饰。同时，注意不要使用低档灯具。

电工产品安全标志——原长城标志。

注：根据我国入世承诺和体现国民待遇的原则，国家对强制性产品认证使用统一的标志。新的国家强制性认证标志名称为“中国强制认证”，英文名称为“China Compulsory Certification”，英文缩写为“CCC”。中国强制认证标志实施以后，将逐步取代原来实行的“长城”标志和“CCIB”标志。

10.5 家居装修细部观感标准图例

10.5.1 基层处理质量控制标准

（1）水泥砂浆地面找平（图 10-1）

① 表面平整，偏差＜3mm。检验方法：2 米靠尺检查观察。无裂纹、空鼓、脱 层、起沙等缺陷。

② 检验方法：目测、检测锤。

（2）墙面水泥砂浆粉刷（图 10-2）

① 表面平整，偏差＜3mm。检验方法：2 米靠尺检查观察。

② 无裂纹、空鼓、脱层、起沙等缺陷。检验方法：目测、检测锤。

（3）防水基层及防水层施工（图 10-3）

① 表面平整，偏差＜3mm。检验方法：2 米靠尺检查观察。

② 无裂纹、空鼓、脱层、起沙等缺陷。检验方法：目测、检测锤低于 300mm，防水层高度：卫生间淋浴房不低于 1800mm，洗脸台不低 1200mm，墙面不低于 300mm。

③ 防水涂料不少于三遍且涂刷均匀，每遍间隔不少于 4h，厚度≥2mm。

④ 蓄水高度≥5cm，试验时间不少于 24h。检验方式：尺量、计时器测定、目测。

10.5.2 饰面板质量控制标准

（1）釉面砖标准做法施工工艺（图 10-4）

① 结合层为干硬性水泥砂浆配按 1∶3 比例，按手捏成团，落即散为准；随拌随用。

(a) 冲筋

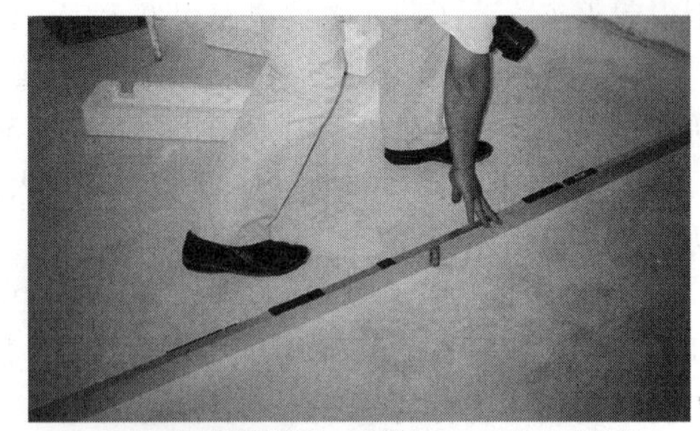

(b) 2米靠尺测量说明：海棠角方正度检查平整度

(c) 用长尺按筋点位拉平后压光

(d) 完成效果

图 10-1　水泥砂浆地面找平

(a) 挂网

(b) 甩浆

(c) 垂直度检查

(d) 完成效果

图 10-2　墙面水泥砂浆粉刷

图 10-3　防水基层及防水层施工

(a) 方整度检查墙面铺贴平整

(b) 接缝顺直均匀无空鼓、地面铺贴平整、接缝顺直均匀无空鼓

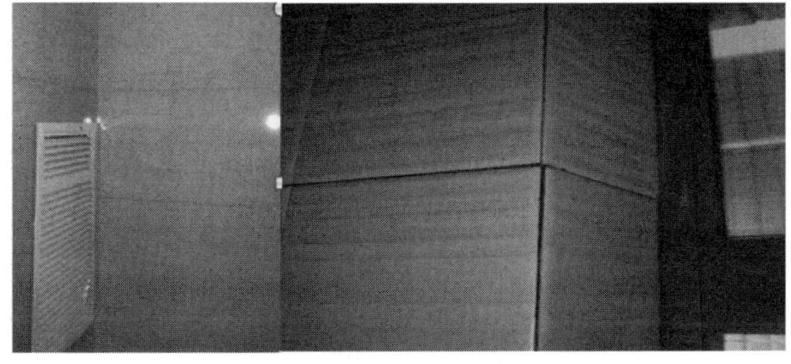

(c) 阳角收口不竖直

(d) 倒角不美观

图 10-4　釉面砖施工标准做法

② 镶贴牢固，表面无色差，无缺棱掉角、无裂纹等缺陷。

③ 非整砖应≥1/3，且不应超两列。

④ 不允许空鼓（≤单片面积总量的10%，墙、地面非整砖1/3以内）。

（2）石材面层整体观感及施工工艺（图10-5）

① 排版合理，无明显大小头。

② 接缝均匀、深浅一致、周边平直、镶嵌正确，嵌缝连续密实，宽度和深度一致，嵌填平滑。

③ 表面洁净、平整、无磨痕，图案清晰，色泽一致，板块无裂纹、缺损等缺陷，石材表面应无泛碱、变色、污渍等污染。

④ 孔洞套割吻合，边缘整齐；墙裙、踢脚线等表面洁净、高度一致、结合牢固、出墙厚度一致；卫生间、阳露台铺装地面坡向正确，无倒坡、积水。

⑤ 严禁出现非工厂拼贴的100mm宽以下天然石材现场拼贴，防止断裂。

(a) 石材铺贴完平整检查

(b) 方整度检查

(c) 地面铺贴平整、接缝顺直均匀无空鼓

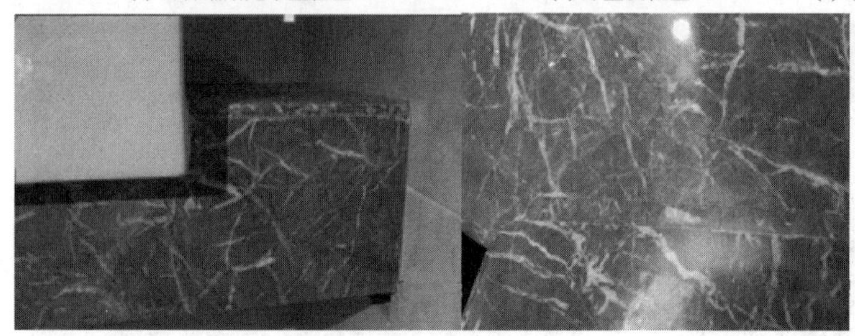

(d) 施工工艺粗糙、拼接缝明显

(e) 海棠角大小不一，U形槽没有拉通对直，且石材与石材压向很随意，不美观

图10-5　石材面层整体观感施工及工艺

（3）瓷砖/石材色差质量控制标准（图10-6）

① 任何一批瓷砖/石材进场时，在空地上铺开10m²，2m视线范围内，判断材料是否色差。

② 不同批次之间的瓷砖/石材易发生色差问题，建议同一房间的瓷砖，使用同一批次材料。

③ 存在不同批次时，需要做好不同批次备货工作，以便后期维修更换。

④ 对不同批次材料的管理，可采取提前知会、甲方合同中限定批次数量、对不同批次做好备货工作等措施。

⑤ 材料运输过程中，注意瓷砖叠加可能导致的石蜡污染的问题。

⑥ 为了防止出现外饰面石材颜色不一致，铺贴时应对石材进行认真的挑选和试拼。

（4）石材地面预拼主控项目（图10-7）

(a) 地面石材色泽一致、接缝顺直均匀

(b) 石材下料对接缝没有采用45°斜拼

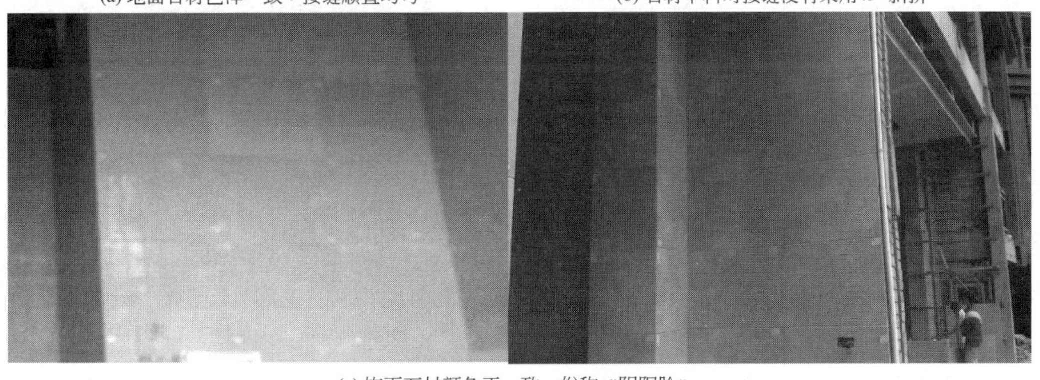

(c) 饰面石材颜色不一致，俗称“阴阳脸”

图 10-6　瓷砖/石材色差质量控制标准

(a) 石材预拼

(b) 石材编号

(c) 石材到工地复拼

(d) 石材到工地未进行复拼

图 10-7　石材地面预拼主控项目

① 石材加工完成后工厂预拼及编号（编号必须根据施工单位下单编号为准）。

② 石材按厂家编号现场复拼。

③ 大理石施工前应铲除背网（或背网磨点）并进行六面防护处理（水性），阴干方可施工。

④ 色差、断裂、缺边少角杜绝使用。

⑤ 见光面石材必须抛光处理。

(5) 墙地瓷砖留缝质量标准（图 10-8）

(a) 地面铺贴平整、缝顺直均匀

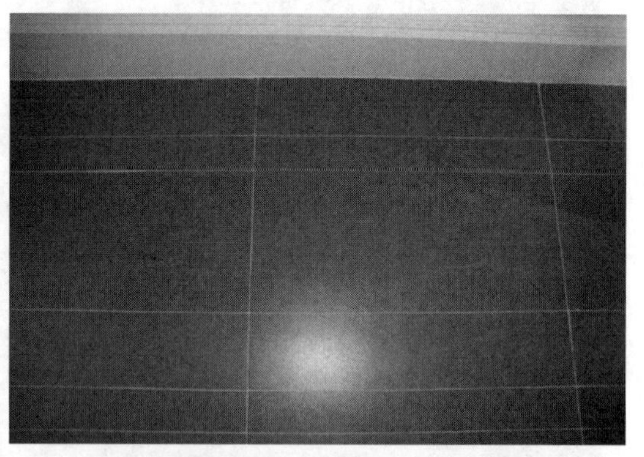

(b) 墙面铺贴平整、砖缝顺直均匀无空鼓

(c) 磁砖对接缝产生错缝

(d) 石材对接缝没有放在竖框中间，不美观

图 10-8 墙地砖瓷砖留缝质量标准

① 墙砖离缝铺贴，预留缝隙 0.8～1mm。

② 地砖离缝铺贴，预留缝隙 2mm。

③ 为有效控制离缝宽度，铺贴时必须配合塑料十字卡施工。

④ 墙地砖嵌缝必须采用专用填缝剂，要求填缝饱满，并用挖耳勺收光，缝深 0.5mm，保持光滑。

(6) 石材阳角及其他拼缝质量标准（图 10-9）

① 石材阳角采用 45°拼角，铺贴完成后可对拼缝填缝、圆角打磨、抛光处理。

② 石材踢脚线采用胶粘成品阳角踢脚线，可视面抛光。

③ 浴缸台面石严禁采用 45°拼角，平面压立面铺贴，台面石可超出浴缸裙边石 1 倍石材厚度，倒角 3mm，可视面抛光。

(7) 瓷砖阴阳角拼缝质量标准（见图 10-10）

① 瓷砖阳角采用小海棠角（1.5mm），瓷砖切割为 45°，防止瓷砖崩角，保证拼缝严密，

(a) 阳角顺直平整

(b) 石材接缝在阴角处，U形槽接缝顺直

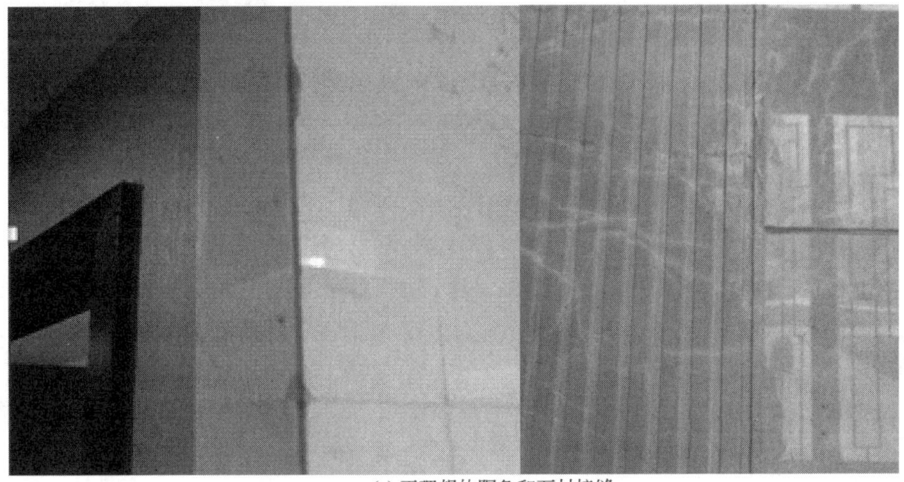

(c) 不理想的阳角和石材接缝

图 10-9　石材阳角及其他拼缝质量标准

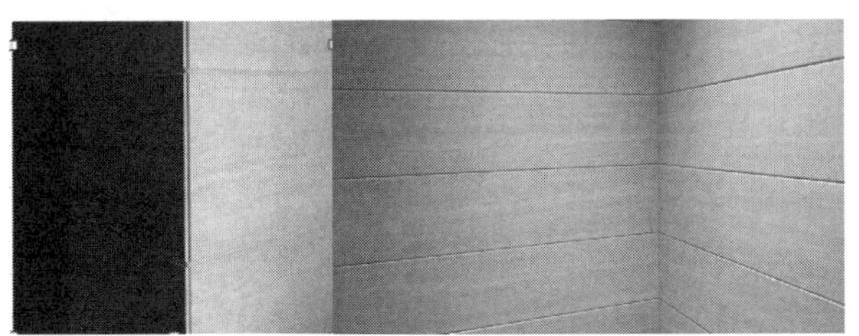

(a) 阴阳角接缝顺直均匀无空鼓

(b) 阴阳角方正，允许偏差在1mm

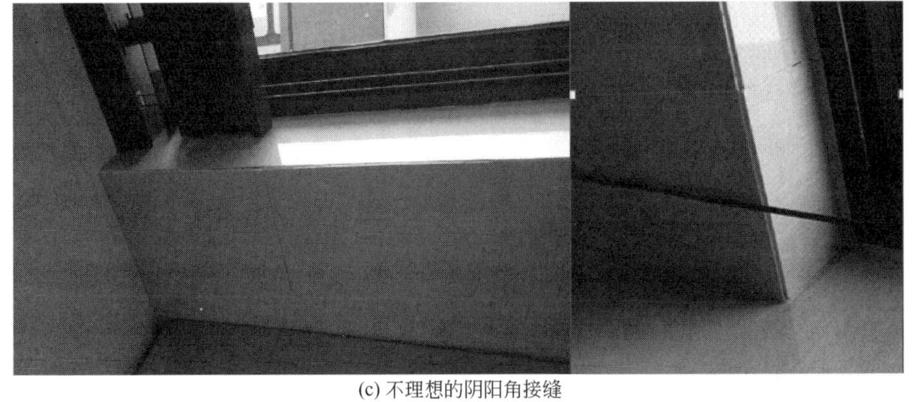

(c) 不理想的阴阳角接缝

图 10-10　瓷砖阴阳角拼缝质量标准

上下砖的阳角缝顺直。

② 瓷砖踢脚线阳角同采用小海棠（1.5mm），禁止采用原边收口。

（8）瓷砖砖/石材室内地面标高质量标准（图 10-11）

(a) 地面铺贴平整、接缝顺直均匀无空鼓

(b) 门槛石与木地板存在高低差

(c) 在设计上石材波打线与地面砖色系一致，效果不理想。另门槛石需高于室内石材波打线5~8mm

图 10-11 瓷砖/石材室内地面标高质量标准

① 室内地面需要绘制标高索引图，包括结构标高、黏结层及材料层厚度、完成面标高、找坡方向等内容。

② 厅房地面高于厨房地面 10mm。

③ 厅房地面高于卫生间地面 20mm。

④ 厅房地面宜高于入户门厅地面 5～8mm。

⑤ 过廊、客厅及卧室地面统一标高。

（9）石材/瓷砖地面与木地板地面质量标准（见图 10-12）

① 木地板与石材/瓷砖地面平接时，需对石材/瓷砖平缝倒角 2mm，木地板需低于石材/瓷砖地面 2mm。

② 当木地板与石材/瓷砖地面留置伸缩缝时，需在接缝设置收口条。

（10）瓷砖/石材窗台石收口质量标准（见图 10-13）

① 窗台石突出墙面 1 倍石材厚度，两侧宽于窗洞 1～2 倍石材厚度，窗台石与下贴线条之间可设“V”形槽，弱化石材胶粘拼缝。

② 窗台石及下贴线条与墙不得存在离缝，便于墙面腻子收于阴角。

③ 窗台石外露边均需倒角 3mm，可视面抛光。

④ 厨房、卫生间窗台采用墙砖铺贴，不宜单独设置窗台石。

(a) 地面铺贴平整、接缝顺直均匀无空鼓

(b) 地面铺贴平整、接缝顺直均匀无空鼓

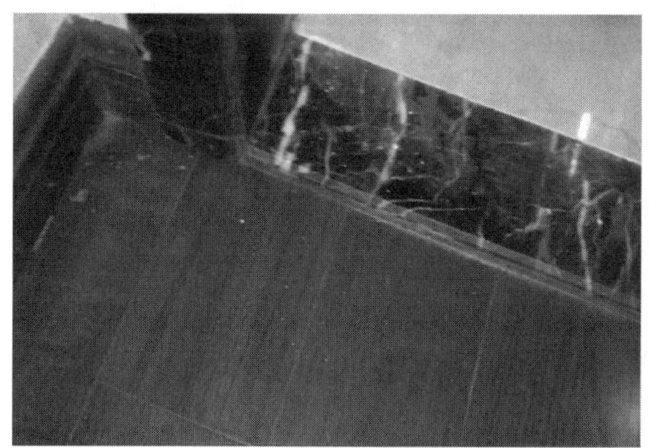

(c) 门槛石与木地板存在高低差，不美观

(d) 木地板没有低于瓷砖地面2mm；留置伸缩缝没有设置收口条

图 10-12　石材/瓷砖地面与木地板地面质量标准

(11) 瓷砖/石材 地漏做法质量标准（见图 10-14）

① 卫生间、阳台水沟宜与地漏基座同宽，水沟找坡侧面不得出露铺贴砂浆层。

② 采用四边倒八字角方式拼花地漏时，地漏需居中，返水方向明显。

(12) 石材/墙砖面开洞质量标准（图 10-15）

① 墙面预留管周边面砖需应用专用工具钻圆形孔洞，不得将墙地砖切割后拼贴。

② 突出墙面设备整砖套割吻合，严禁跨缝安装，要求安装平整，不显缝，与墙拼缝均匀。

(13) 瓷砖/石材面打胶部位限定质量标准（图 10-16）

① 瓷砖/石材墙地面与门贴脸、收纳系统台面石、收纳系统调节板、收纳系统柜体、淋浴房门、淋浴房挡水石之间可以打细胶，其余部位严禁打胶。

② 注意龙头与墙距离过小无法打胶时，需要打胶完成后方可安装，保证打胶平顺。

③ 厨卫间采用中性防霉硅胶，打完胶后马上用手挤缝，外露宽度不超过 5mm。

④ 所有打胶不得按工种进行划分，需指定专人进行。

(14) 马赛克面层整体观感及施工工艺质量标准（图 10-17）

① 施工前认真按图纸尺寸，核对结构施工的实际情况，要分段分块弹线、排砖要细。

② 施工期间，几何尺寸控制好，做好墙面基层处理，墙面要平直、平整。在铺贴时需用木板轻拍赶缝压实，进行拨正调整。

③ 每张马赛克纸版之间要留有缝隙，要计算入内；同一墙面不应有非整砖。

(a) 铺贴平整、接缝顺直均匀无空鼓

(b) 铺贴平整、接缝顺直均匀无空鼓

(c) 铺贴不平整、接缝不均匀有空鼓

图 10-13　瓷砖/石材窗台石收口质量标准

④ 二次填缝，发现缝隙不饱满的眼缝，用排笔蘸水泥砂浆将其表面补实。

10.5.3　涂装质量控制标准

（1）涂料整体观感（图 10-18）

① 涂刷或喷涂色泽均匀，表面平整，整洁无污染，表面无裂缝、漏涂、露底、流坠、刷纹、砂眼、咬色、起疙、起皮和掉粉。

② 阴阳角方正顺直，线条顺直，无反锈、毛刺、磕碰、损坏掉角。

③ 材料交接处、穿墙管、线盒等周边收口细腻顺直，墙面开孔圆滑，空调洞安装装饰盖。

④ 不得污染门窗、灯具、墙裙、踢脚板、木线条等。

（2）阴阳角施工及腻子打磨、成品保护（图 10-19）

① 由于石材地面结晶处理时容易导致石材铺贴干硬性砂浆层存水，长期无法干燥，腻子落地容易受潮，腻子施工时不得落地。

② 墙面最后一遍腻子采用机械打磨（效率提高 3 倍，天棚不宜采用），机械打磨后采用人工细砂打磨。

(a) 地面铺贴平整、接缝顺直均匀无空鼓

(b) 地面铺贴平整、接缝顺直均匀无空鼓

(c) 地漏周边的排水坡度不易控制

图 10-14　瓷砖/石材地漏做法质量标准

(a) 地面铺贴平整、接缝顺直均匀无空鼓

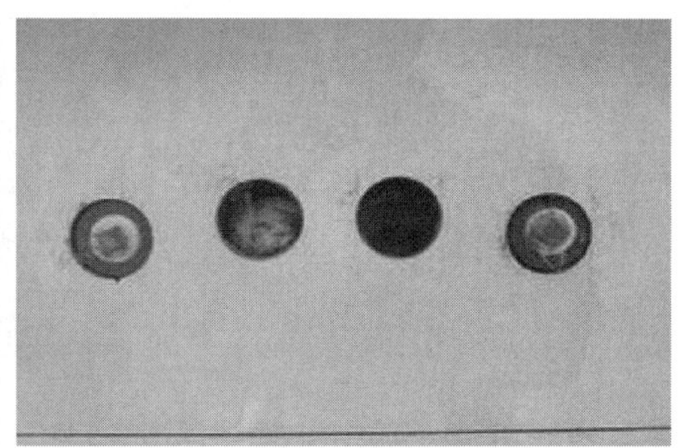

(b) 采用专用工具钻圆形孔洞

(c) 没有采用专用工具钻圆形孔洞

(d) 底盒不能留在上中间，需连在一起

图 10-15　石材/墙砖面开洞质量标准

(a) 铺贴平整、接缝顺直均匀无空鼓

(b) 铺贴平整、接缝顺直均匀无空鼓

(c) 窗台石与木构件窗收胶宽度超过5mm

(d) 木构件墙裙与墙纸之间严禁打胶

图 10-16　瓷砖/石材面打胶部位限定质量标准

(a) 按照建筑物各部位的具体作法和工程量，实地放样、弹线

(b) 平整度：用铝合金靠尺检查,允许偏差1mm以内

(c) 同一墙面不应有非整砖

(d) 墙面的阳角均需45°对角

图 10-17　马赛克面层整体观感及施工工艺质量标准

(a) 铺贴平整、接缝顺直均匀无空鼓

(b) 铺贴平整、接缝顺直均匀无空鼓

(c) 天棚吊顶阴阳角没有方正顺直，线条没有顺直

(d) 天棚吊顶U形表面露底、流坠、漏刷

图 10-18　涂装整体观感

③ 腻子阴阳角批嵌时采用靠尺＋阴阳角尺（长 60mm）找平，阳角腻子配合靠尺＋细砂纸打磨，防止崩角，阴阳角直线度控制在 2mm 以内。

④ 门贴脸、踢脚线、收纳柜等临近墙面腻子批嵌时采用靠尺找平，确保部品与墙离缝 1mm 以内。

⑤ 窗口内角腻子施工时必须在窗框上张贴美纹纸，并按阴阳角标准保证直线度。

⑥ 开关插座、灯口、箱体、管道口等周边腻子整齐，并在底涂施工前完成修补打磨，控制与墙离缝。

10.5.4　裱糊质量控制标准

(1) 壁纸整体观感（图 10-20）

① 壁纸密缝拼接，拼接应横平竖直，阴阳转角棱角分明，拼接花纹、图案吻合，不离缝，不搭接，边缘平直整齐，1.5m 正视各幅无明显拼缝。

② 粘贴牢固，表面平整干净，色泽一致，无气泡、裂缝、漏贴、补贴、皱折、翘边、斑污、死皱、色差、疙瘩、波纹起伏，斜视时应无胶痕。

③ 复合压花壁纸的无压痕，发泡壁纸的发泡层无损坏。

④ 与各种装饰线、设备线盒应交接严密。

⑤ 边缘平直整齐，不得有纸毛、飞刺。

(a) 铺贴平整、接缝顺直均匀无空鼓

(b) 铺贴平整、接缝顺直均匀无空鼓

(c) 用美纹纸对其木地板踢脚线进行贴边保护，避免涂料污染踢脚线

(d) 插座面板周边采用美纹纸粘贴保护，避免涂料污染面板

图 10-19 阴阳角施工及腻子打磨、成品保护

(a) 铺贴平整、接缝顺直均匀无空鼓

(b) 铺贴平整、接缝顺直均匀无空鼓

(c) 墙纸表面存在变色，基层没有干透

(d) 墙纸与插座盒存在皱折、波浪起伏，与线盒交接不严密

图 10-20 壁纸整体观感

(a) (b) (c) (d)

图 10-21 壁纸与门贴脸、踢脚线、衣柜调节板关系及打胶部位限定

(2) 壁纸与门贴脸、踢脚线、衣柜调节板关系及打胶部位限定(图 10-21)

① 壁纸应在地面铺装以及瓷砖/石材踢脚线完成后进行[图 10-21(a)]。

② 木质/PVC 质踢脚线、门贴脸、衣柜调节板安装后,基层修补完成后壁纸在进行施工[图 10-21(b)]。

③ 壁纸墙面与铝合金/塑钢门窗框、窗台石交接外露面可以打细胶,其余部位严禁打胶[图 10-21(c)]。

④ 采用中性硅胶,细胶外露宽度不超过 5mm[图 10-21(d)]。

10.5.5 软包墙面整体观感质量控制标准(图 10-22)

① 龙骨、衬板、边框安装牢固,黏结密实,无翘曲,拼缝、裁口整齐,花纹美观。

② 板条或木基层之间需要留缝 3～5mm,防止软包墙面翘曲变形。

③ 单块软包面料不应有接缝,四周绷压严密。

④ 软包工程表面平整、洁净,无凹凸不平及皱折,图案清晰,无色差、胶痕,整体协调美观。

⑤ 分缝均匀,拼缝整齐,边口压条顺直、平整,接缝吻合,不露基层。

⑥ 软包边框高宽误差不大于 2mm,对角线长度差不大于 3mm,裁口、线条接缝高低差不大于 1mm。

10.5.6 木构件质量控制标准

(1) 木饰墙面整体观感(图 10-23)

① 龙骨、衬板、边框安装牢固,黏结密实,无翘曲,拼缝、裁口整齐,色泽均匀,花纹美观无明显钉眼[图 10-23(a)];

(a) 单块软包面料不应有接缝，四周绷压严密

(b) 分缝均匀，拼缝整齐，边口压条顺直、平整

(c) 软包45°拼缝不整齐美观

(d) 软包与边框之间的宽度误差超过2mm

图 10-22　软包墙面整体观感质量控制标准

② 基层板严禁采用整版，板条或木基层之间需要留缝 3～5mm，防止木饰墙面变形。

③ 大面平整，阳角顺直，对纹自然，色泽协调［图 10-23（b）］。

④ 边口压条顺直、平整，接缝吻合［图 10-23（c）］。

⑤ 分缝均匀，拼缝整齐，开缝深浅均匀，接头处采用金属压条［图 10-23（d）］。

⑥ 镜面下部设置柔性垫、块，严禁与槽口直接接触。

⑦ 镜面需采用银镜，严禁采用汞镜。

（2）木饰墙面根部收口及门边框线条收口（图 10-24）

木饰墙面与石材/瓷砖地面交界处，严禁木饰面直接落地，底部应采用不锈钢条收边（宽度为 10～20mm）或采用踢脚线收口。

10.5.7　吊顶质量控制标准

（1）吊顶整体观感（图 10-25）

① 石膏板的接缝进行板缝防裂处理，双层石膏板之间接缝应错开，防止接缝开裂。

② 表面应洁净平整、色泽一致、边缘整齐、界面清晰，接缝、接口严密，板缝顺直，无错台错位，宽窄一致，无翘曲、裂缝、起皮、缺角、污垢及缺损，压条平直、宽窄一致。

③ 灯具、烟感器、喷淋头、风口箅子等设备，位置合理、美观，套割尺寸准确边缘整齐，与饰面板的交接应吻合、严密。

④ 吊顶平整度不大于 3mm，接缝直线度 不大于 3mm，接缝高低差不大于 1mm。

(a) (b)

(c) (d)

图 10-23　木饰墙面整体观感

(a) 严禁木饰面直接落地　(b) 底部应采用不锈钢条收边

(c) 木饰墙面下料错误，与石材踢脚线高度相差100mm

(d) 门套线安装完成后，与墙面的缝隙较宽，达5mm

图 10-24　木饰墙面根部收口及门边框线条收口

(a) 灯具、烟感器、喷淋头、风口篦子等设备，位置合理、美观

(b) 吊顶平整度下垂

(c) 吊顶色泽不一致

图 10-25　吊顶整体观感

(2) 石膏板及硅钙板吊顶质量标准（图 10-26）

① 石膏板的纵横接缝处相应受到各种应力的影响，应留设 3～5mm 板缝。

② 板缝处理可适当延迟。

③ 嵌缝材料包括接缝带（牛皮纸、的确良布、PVC 网格布）和嵌缝腻子。嵌缝腻子要有良好强度、黏结性，而且还要有一定的韧性和好的施工性能。

(3) 石膏角线质量标准（图 10-27）

① 选用优质石膏角线，严防石膏遇水受潮变质变色。

② 石膏角线平整、顺直，不得有弯形，裂痕、污痕等现象。

③ 阴角拼接：采用 90°成品阴角石膏线，严禁 45°拼接打磨。

④ 平面拼接：采用石膏腻子填满补平，1m 内无明显接缝。

⑤ 吊顶及石膏角线采用磷化螺丝或不锈钢螺丝等防锈制品固定，严禁采用射钉固定，防止泛锈。

10.5.8　木地板质量控制标准

(1) 木地板整体观感（图 10-28）

① 对于走廊、过道等部位，宜顺着行走的方向铺设；对于室内房间，优先参考顺光方向排放，接着参考以垂直于进门方向排放。

② 地板色泽均匀，表面洁净，无划痕、沾污、刨痕、刨茬、毛刺，排版无大小头。

③ 地板铺设牢固，无松动，行走时无异响，接头处不起拱，无冒灰。

(a) 刀把式封板

(b) 封板

(c) 螺钉处进行防锈处理，石膏板缝采用专用腻子+胶+防裂带处理

图 10-26　石膏板及硅钙板吊顶质量标准

(a) 石膏角线平整、顺直

(b) 阴角拼接采用90°成品阴角石膏线

(c) 石膏角线安装没有平整、顺直

(d) 普通厂家的石膏角线表面没有光洁度，轮廓不清晰，强不度高，立体感不强

图 10-27　石膏角线质量标准

(a) 地面铺贴平整、接缝顺直均匀无空鼓

(b) 木地板下方，采用铺垫宝(即：挤塑板)替代龙骨，墙四周仍采用木夹板

(c) 踢脚线预留的缝隙过小，导致拼接位置，已出现起拱问题

(d) 木地板下方，采用条铺形式的木夹板龙骨做成品保护(不建议采用)

图 10-28　木地板整体观感

④ 扣条顺直，无翘曲，光滑通顺，接缝严密，无透漏。

⑤ 踢脚线表面平整清洁，缝隙均匀，高度一致，无明显色差、划痕、碰伤，与基层结合牢固，无松动。

⑥ 地板铺装前，必须运输至铺装房间内开包放置 48h 以上，以便适应环境温度和湿度。

⑦ 材料进场时需进行色差控制，同批次色号小于 3 个，铺装前应先进行试铺，分色挑选，避免色差。

（2）木质/石材踢脚线与门贴脸平面碰接质量标准（图 10-29）

① 踢脚线与门贴脸平面碰接时，踢脚线的安装应低于门贴脸靠踢脚线侧的最小厚度 2mm 以上，保证踢脚线与门贴脸接缝收于阴角。

② 当踢脚线与封口线可能存在 90°碰接时，需要适当挪动门框，保证门贴脸距离侧墙不少于 2 倍踢脚线厚度，保证踢脚线转角后与封口线平接。

③ 踢脚线与塑钢/铝合金门窗框、收纳系统调节板采用 90°碰接。

④ 踢脚线与相邻物体接缝控制在 1mm 内。

10.5.9　强弱电、空调开关插座布置质量控制（图 10-30）

并排面板安装无间隙，开关灵活，插座左零右相，底盒暗埋要求居中原则。检验方式：目测、仪器测试。

10.5.10　玻璃类质量控制标准

（1）玻璃隔墙安装及细节质量控制

① 必须使用安全玻璃。

② 安装前必须衬硅胶垫。

(a) 地面铺贴平整、接缝顺直均匀无空鼓

(b) 地面铺贴平整、接缝顺直均匀无空鼓

(c) 地面铺贴不平整、接缝不顺直不均匀有空鼓

图 10-29　木质/石材踢脚线与门贴脸平面碰接质量标准

(a) 布置合理

(b) 布置不合理

图 10-30　强弱电、空调开关插座布置质量控制

③ 安装牢固。

④ 玻璃隔墙表面应色泽一致。

⑤ 玻璃隔墙接缝应横平竖直，玻璃无裂痕、缺损和划痕。

⑥ 玻璃对接处倒角≥3mm（直角度），勾缝打胶应密实平整、均匀顺直、深浅一致。

⑦ 垂直度≤2mm。检验方式：目测、手扳、尺量检查、合格证书、红外线。

图 10-31 是玻璃隔墙错误安装实例。

(a) (b) (c) (d) (e)

图 10-31　玻璃隔墙错误安装实例

（2）镜面玻璃安装及细节质量控制（图 10-32）

① 镜面材料的品种、规格、图案、颜色应符合设计要求。涂膜是否均匀、牢固，检查反射光是否有偏光现象。

② 安装牢固端正，边角处不得有尖毛刺，表面应洁净，不得有污迹。

③ 周边玻璃胶应均匀、美观、饱满。检验方式：目测。

10.5.11　地毯、塑胶地板安装及细节质量控制（图 10-33）

① 地毯垫不重叠且拼接缝用胶带粘贴牢固。

(a) (b) (c)
(d)

图 10-32 镜面玻璃安装及细节质量控制

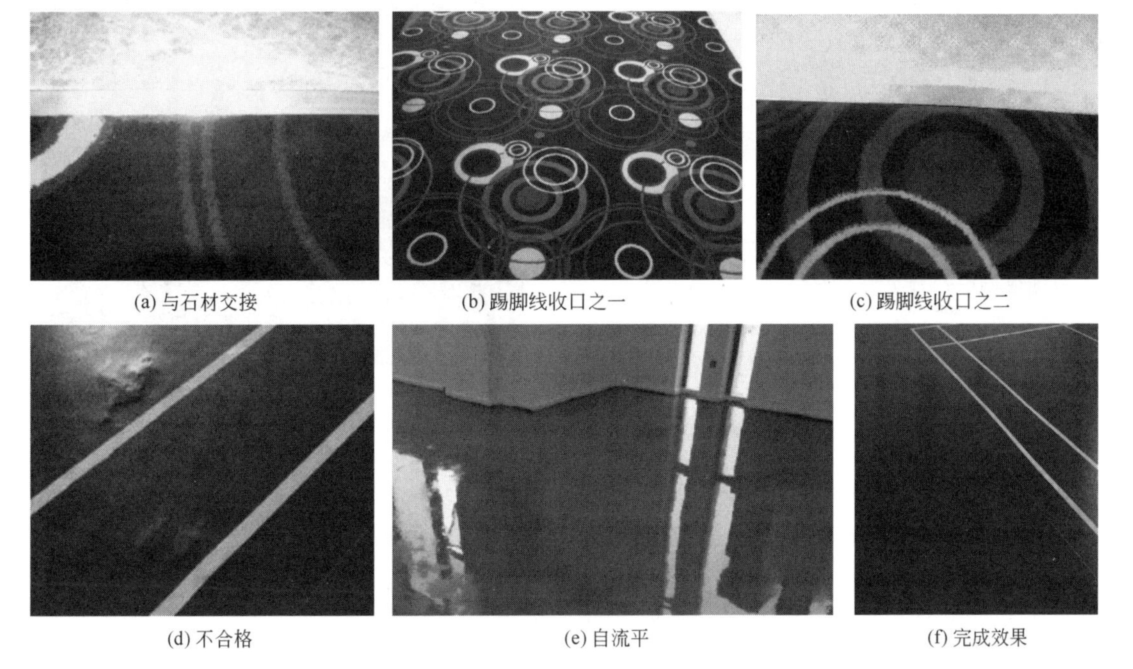
(a) 与石材交接 (b) 踢脚线收口之一 (c) 踢脚线收口之二
(d) 不合格 (e) 自流平 (f) 完成效果

图 10-33 地毯、塑料地板安装及细节质量控制

② 安装牢固、图案拼接完整、接缝整齐、不起翘，不起毛边、不起鼓、无褶皱，2m处看无明显接缝。检验方法：脚踩检查、目测。

③ 自流平无空鼓、起灰、脱层、裂痕等缺陷，自流平平整度＜2mm，不允许存在色差现象。

④ 面层无起泡、无起鼓、无褶皱、无起翘、拼接缝大小一致、画线明确。检验方式：2m靠尺检查、检测锤、目测开关灵活、插座左零右相。检验方式：目测、仪器测试。

10.5.12 轻钢龙骨隔墙质量控制（图10-34）

天地龙骨必须采用膨胀螺栓固定，竖龙骨应交叉安装，穿心龙骨必须贯穿竖龙骨。安装高度超过3米的隔墙，必须安装加强主龙骨并内嵌密实隔声棉，确保不下坠。门窗洞口、管线、线盒边必须安装加强龙骨，龙骨垂直度误差应＜2mm，螺钉间距：沿边≤150mm，中间≤180mm，离板边缘10～15mm；螺帽应陷入板面1～1.5mm且不破坏石膏板的纸面，板与板的缝隙应控制在3～5mm，槽盒位置正确、套割吻合，边沿整齐，平整度、方正度≤2mm，板面高低差≤1mm，检验方式：目测、尺量、2m靠尺、仪器测试。

(a) 内嵌隔声板

(b) 龙骨安装

(c) 加强龙骨

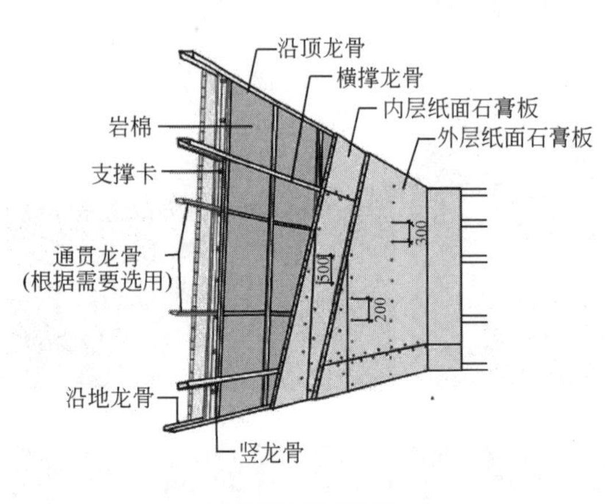

(d) 轻钢龙骨隔墙构造

(e) 隔墙观感

图10-34 轻钢龙骨隔墙质量控制

10.5.13 金属板安装及细节质量控制（图10-35）

① 金属板表面需无凹凸、变形、划痕。

② 金属板须采用咬口式安装方式，杜绝采用平缝对接方式，叉角严密无缝隙。

③ 拼接处焊点置于隐蔽处。金属板表面平整度＜1.5mm，接缝直线度＜1mm，拼接高低差＜0.3mm。

④ 杜绝表面刨磨、收边条的安装方式宜采用胶粘方式。

检验方式：目测。

图 10-35 金属板安装及细节质量控制

10.5.14 楼梯扶手安装及细节质量控制（图 10-36）

① 玻璃扶手厚度必须使用＞12mm。
② 木扶手必须在工厂喷漆后再安装，严禁现场喷漆。
③ 楼梯预埋件放样（如楼梯宽度不够扶手外装必须考虑受力问题）。
④ 焊接处必须满焊，敲除焊渣及防锈处理。
⑤ 玻璃边角应采用安全角处理、接缝严密，且大小一致。
⑥ 表面平整、转角平顺、无崩角、无色差。
⑦ 铁艺加工花纹顺直。
检验方式：目测。

10.5.15 强电配电箱、配线质量控制（图 10-37）

① 内配线整齐、无绞接现象。
② 导线连接紧密、不伤芯线、不断股。
③ 箱内开并关动作灵。
④ 箱内元件齐全、安装牢固。
⑤ 箱体外观检查应无损伤及变形，色泽一致。
检验方式：目测、仪器测试。

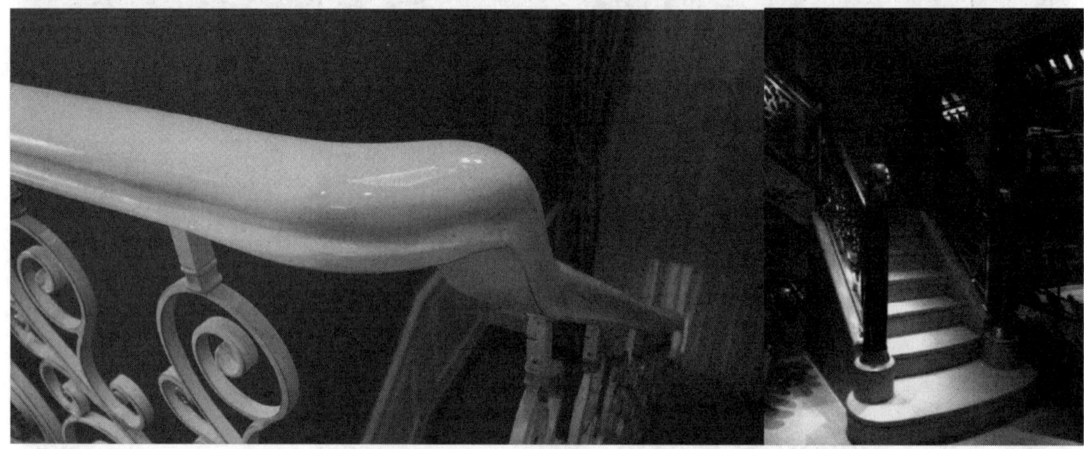

图 10-36　楼梯扶手安装及细节完成后效果

图 10-37　强电配电箱、配线质量控制

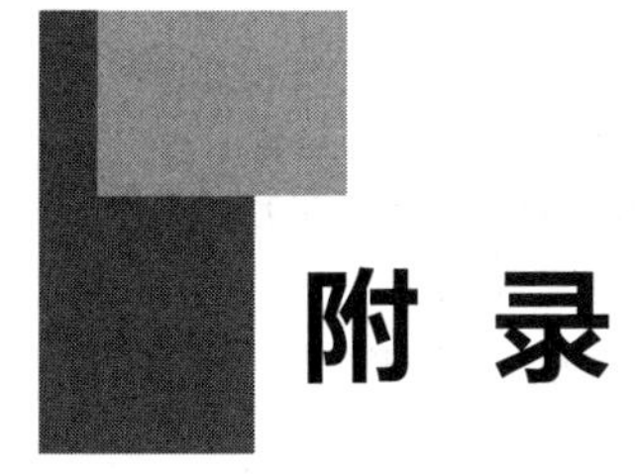

附 录

附录一　住宅室内装饰装修管理办法

中华人民共和国建设部令第110号，自2002年5月1日起施行。

第一章　总则

第一条　为加强住宅室内装饰装修管理，保证装饰装修工程质量和安全，维护公共安全和公众利益，根据有关法律、法规，制定本办法。

第二条　在城市从事住宅室内装饰装修活动，实施对住宅室内装饰装修活动的监督管理，应当遵守本办法。

本办法所称住宅室内装饰装修，是指住宅竣工验收合格后，业主或者住宅使用人（以下简称装修人）对住宅室内进行装饰装修的建筑活动。

第三条　住宅室内装饰装修应当保证工程质量和安全，符合工程建设强制性标准。

第四条　国务院建设行政主管部门负责全国住宅室内装饰装修活动的管理工作。

省、自治区人民政府建设行政主管部门负责本行政区域内的住宅室内装饰装修活动的管理工作。

直辖市、市、县人民政府房地产行政主管部门负责本行政区域内的住宅室内装饰装修活动的管理工作。

第二章　一般规定

第五条　住宅室内装饰装修活动，禁止下列行为：

（一）未经原设计单位或者具有相应资质等级的设计单位提出设计方案，变动建筑主体和承重结构；

（二）将没有防水要求的房间或者阳台改为卫生间、厨房间；

（三）扩大承重墙上原有的门窗尺寸，拆除连接阳台的砖、混凝土墙体；

（四）损坏房屋原有节能设施，降低节能效果；

（五）其他影响建筑结构和使用安全的行为。

本办法所称建筑主体，是指建筑实体的结构构造，包括屋盖、楼盖、梁、柱、支撑、墙体、连接接点和基础等。

本办法所称承重结构，是指直接将本身自重与各种外加作用力系统地传递给基础地基的主要结构构件和其连接接点，包括承重墙体、立杆、柱、框架柱、支墩、楼板、梁、屋架、悬索等。

第六条　装修人从事住宅室内装饰装修活动，未经批准，不得有下列行为：

（一）搭建建筑物、构筑物；

（二）改变住宅外立面，在非承重外墙上开门、窗；

（三）拆改供暖管道和设施；

（四）拆改燃气管道和设施。

本条所列第（一）项、第（二）项行为，应当经城市规划行政主管部门批准；第（三）项行为，应当经供暖管理单位批准；第（四）项行为应当经燃气管理单位批准。

第七条　住宅室内装饰装修超过设计标准或者规范增加楼面荷载的，应当经原设计单位或者具有相应资质等级的设计单位提出设计方案。

第八条　改动卫生间、厨房间防水层的，应当按照防水标准制订施工方案，并做闭水试验。

第九条　装修人经原设计单位或者具有相应资质等级的设计单位提出设计方案变动建筑主体和承重结构的，或者装修活动涉及本办法第六条、第七条、第八条内容的，必须委托具有相应资质的装饰装修企业承担。

第十条　装饰装修企业必须按照工程建设强制性标准和其他技术标准施工，不得偷工减料，确保装饰装修工程质量。

第十一条　装饰装修企业从事住宅室内装饰装修活动，应当遵守施工安全操作规程，按照规定采取必要的安全防护和消防措施，不得擅自动用明火和进行焊接作业，保证作业人员和周围住房及财产的安全。

第十二条　装修人和装饰装修企业从事住宅室内装饰装修活动，不得侵占公共空间，不得损害公共部位和设施。

第三章　开工申报与监督

第十三条　装修人在住宅室内装饰装修工程开工前，应当向物业管理企业或者房屋管理机构（以下简称物业管理单位）申报登记。

非业主的住宅使用人对住宅室内进行装饰装修，应当取得业主的书面同意。

第十四条　申报登记应当提交下列材料：

（一）房屋所有权证（或者证明其合法权益的有效凭证）；

（二）申请人身份证件；

（三）装饰装修方案；

（四）变动建筑主体或者承重结构的，需提交原设计单位或者具有相应资质等级的设计单位提出的设计方案；

（五）涉及本办法第六条行为的，需提交有关部门的批准文件，涉及本办法第七条、第八条行为的，需提交设计方案或者施工方案；

（六）委托装饰装修企业施工的，需提供该企业相关资质证书的复印件。

非业主的住宅使用人，还需提供业主同意装饰装修的书面证明。

第十五条　物业管理单位应当将住宅室内装饰装修工程的禁止行为和注意事项告知装修人和装修人委托的装饰装修企业。

装修人对住宅进行装饰装修前，应当告知邻里。

第十六条　装修人，或者装修人和装饰装修企业，应当与物业管理单位签订住宅室内装饰装修管理服务协议。

住宅室内装饰装修管理服务协议应当包括下列内容：

（一）装饰装修工程的实施内容；

（二）装饰装修工程的实施期限；

（三）允许施工的时间；

（四）废弃物的清运与处置；

（五）住宅外立面设施及防盗窗的安装要求；

（六）禁止行为和注意事项；

（七）管理服务费用；

（八）违约责任；

（九）其他需要约定的事项。

第十七条　物业管理单位应当按照住宅室内装饰装修管理服务协议实施管理，发现装修人或者装饰装修企业有本办法第五条行为的，或者未经有关部门批准实施本办法第六条所列行为的，或者有违反本办法第七条、第八条、第九条规定行为的，应当立即制止；已造成事实后果或者拒不改正的，应当及时报告有关部门依法处理。对装修人或者装饰装修企业违反住宅室内装饰装修管理服务协议的，追究违约责任。

第十八条　有关部门接到物业管理单位关于装修人或者装饰装修企业有违反本办法行为的报告后，应当及时到现场检查核实，依法处理。

第十九条　禁止物业管理单位向装修人指派装饰装修企业或者强行推销装饰装修材料。

第二十条　装修人不得拒绝和阻碍物业管理单位依据住宅室内装饰装修管理服务协议的约定，对住宅室内装饰装修活动的监督检查。

第二十一条　任何单位和个人对住宅室内装饰装修中出现的影响公众利益的质量事故、质量缺陷以及其他影响周围住户正常生活的行为，都有权检举、控告、投诉。

第四章　委托与承接

第二十二条　承接住宅室内装饰装修工程的装饰装修企业，必须经建设行政主管部门资质审查，取得相应的建筑业企业资质证书，并在其资质等级许可的范围内承揽工程。

第二十三条　装修人委托企业承接其装饰装修工程的，应当选择具有相应资质等级的装饰装修企业。

第二十四条　装修人与装饰装修企业应当签订住宅室内装饰装修书面合同，明确双方的权利和义务。

住宅室内装饰装修合同应当包括下列主要内容：

（一）委托人和被委托人的姓名或者单位名称、住所地址、联系电话；

（二）住宅室内装饰装修的房屋间数、建筑面积，装饰装修的项目、方式、规格、质量要求以及质量验收方式；

（三）装饰装修工程的开工、竣工时间；

（四）装饰装修工程保修的内容、期限；

（五）装饰装修工程价格，计价和支付方式、时间；

（六）合同变更和解除的条件；

（七）违约责任及解决纠纷的途径；

（八）合同的生效时间；

（九）双方认为需要明确的其他条款。

第二十五条　住宅室内装饰装修工程发生纠纷的，可以协商或者调解解决。不愿协商、调解或者协商、调解不成的，可以依法申请仲裁或者向人民法院起诉。

第五章　室内环境质量

第二十六条　装饰装修企业从事住宅室内装饰装修活动，应当严格遵守规定的装饰装修施工时间，降低施工噪声，减少环境污染。

第二十七条　住宅室内装饰装修过程中所形成的各种固体、可燃液体等废物，应当按照规定的位置、方式和时间堆放和清运。严禁违反规定将各种固体、可燃液体等废物堆放于住宅垃圾道、楼道或者其他地方。

第二十八条　住宅室内装饰装修工程使用的材料和设备必须符合国家标准，有质量检验合格证明和有中文标识的产品名称、规格、型号、生产厂厂名、厂址等。禁止使用国家明令淘汰的建筑装饰装修材料和设备。

第二十九条　装修人委托企业对住宅室内进行装饰装修的，装饰装修工程竣工后，空气质量应当符合国家有关标准。装修人可以委托有资格的检测单位对空气质量进行检测。检测不合格的，装饰装修企业应当返工，并由责任人承担相应损失。

第六章　竣工验收与保修

第三十条　住宅室内装饰装修工程竣工后，装修人应当按照工程设计合同约定和相应的质量标准进行验收。验收合格后，装饰装修企业应当出具住宅室内装饰装修质量保修书。

物业管理单位应当按照装饰装修管理服务协议进行现场检查，对违反法律、法规和装饰装修管理服务协议的，应当要求装修人和装饰装修企业纠正，并将检查记录存档。

第三十一条　住宅室内装饰装修工程竣工后，装饰装修企业负责采购装饰装修材料及设备的，应当向业主提交说明书、保修单和环保说明书。

第三十二条　在正常使用条件下，住宅室内装饰装修工程的最低保修期限为二年，有防水要求的厨房、卫生间和外墙面的防渗漏为五年。保修期自住宅室内装饰装修工程竣工验收合格之日起计算。

第七章　法律责任

第三十三条　因住宅室内装饰装修活动造成相邻住宅的管道堵塞、渗漏水、停水停电、物品毁坏等，装修人应当负责修复和赔偿；属于装饰装修企业责任的，装修人可以向装饰装修企业追偿。

装修人擅自拆改供暖、燃气管道和设施造成损失的，由装修人负责赔偿。

第三十四条　装修人因住宅室内装饰装修活动侵占公共空间，对公共部位和设施造成损害的，由城市房地产行政主管部门责令改正，造成损失的，依法承担赔偿责任。

第三十五条　装修人未申报登记进行住宅室内装饰装修活动的，由城市房地产行政主管部门责令改正，处5百元以上1千元以下的罚款。

第三十六条　装修人违反本办法规定，将住宅室内装饰装修工程委托给不具有相应资质等级企业的，由城市房地产行政主管部门责令改正，处5百元以上1千元以下的罚款。

第三十七条　装饰装修企业自行采购或者向装修人推荐使用不符合国家标准的装饰装修材料，造成空气污染超标的，由城市房地产行政主管部门责令改正，造成损失的依法承担赔偿责任。

第三十八条　住宅室内装饰装修活动有下列行为之一的，由城市房地产行政主管部门责令改正，并处罚款：

（一）将没有防水要求的房间或者阳台改为卫生间、厨房间的，或者拆除连接阳台的砖、混凝土墙体的，对装修人处5百元以上1千元以下的罚款，对装饰装修企业处1千元以上1万元以下的罚款；

（二）损坏房屋原有节能设施或者降低节能效果的，对装饰装修企业处1千元以上5千元以下的罚款；

（三）擅自拆改供暖、燃气管道和设施的，对装修人处5百元以上1千元以下的罚款；

（四）未经原设计单位或者具有相应资质等级的设计单位提出设计方案，擅自超过设计标准或者规范增加楼面荷载的，对装修人处5百元以上1千元以下的罚款，对装饰装修企业处1千元以上1万元以下的罚款。

第三十九条　未经城市规划行政主管部门批准，在住宅室内装饰装修活动中搭建建筑物、构筑物的，或者擅自改变住宅外立面、在非承重外墙上开门、窗的，由城市规划行政主管部门按照《城市规划法》及相关法规的规定处罚。

第四十条　装修人或者装饰装修企业违反《建设工程质量管理条例》的，由建设行政主管部门按照有关规定处罚。

第四十一条　装饰装修企业违反国家有关安全生产规定和安全生产技术规程，不按照规定采取必要的安全防护和消防措施，擅自动用明火作业和进行焊接作业的，或者对建筑安全事故隐患不采取措施予以消除的，由建设行政主管部门责令改正，并处1千元以上1万元以下的罚款；情节严重的，责令停业整顿，并处1万元以上3万元以下的罚款；造成重大安全事故的，降低资质等级或者吊销资质证书。

第四十二条　物业管理单位发现装修人或者装饰装修企业有违反本办法规定的行为不及时向有关部门报告的，由房地产行政主管部门给予警告，可处装饰装修管理服务协议约定的装饰装修管理服务费2至3倍的罚款。

第四十三条　有关部门的工作人员接到物业管理单位对装修人或者装饰装修企业违法行为的报告后，未及时处理，玩忽职守的，依法给予行政处分。

第八章　附　则

第四十四条　工程投资额在30万元以下或者建筑面积在300平方米以下，可以不申请办理施工许可证的非住宅装饰装修活动参照本办法执行。

第四十五条　住宅竣工验收合格前的装饰装修工程管理，按照《建设工程质量管理条例》执行。

第四十六条　省、自治区、直辖市人民政府建设行政主管部门可以依据本办法，制定实施细则。

第四十七条　本办法由国务院建设行政主管部门负责解释。

第四十八条　本办法自2002年5月1日起施行。

附录二　绿色施工导则

第一章　总　则

1.1　我国尚处于经济快速发展阶段，作为大量消耗资源、影响环境的建筑业，应全面实施绿色施工，承担起可持续发展的社会责任。

1.2　本导则用于指导建筑工程的绿色施工，并可供其他建设工程的绿色施工参考。

1.3　绿色施工是指工程建设中，在保证质量、安全等基本要求的前提下，通过科学管理和技术进步，最大限度地节约资源与减少对环境负面影响的施工活动，实现四节一环保(节能、节地、节水、节材和环境保护)。

1.4　绿色施工应符合国家的法律、法规及相关的标准规范，实现经济效益、社会效益和环境效益的统一。

1.5　实施绿色施工，应依据因地制宜的原则，贯彻执行国家、行业和地方相关的技术经济政策。

1.6　运用ISO 14000和ISO 18000管理体系，将绿色施工有关内容分解到管理体系目标中去，使绿色施工规范化、标准化。

1.7　鼓励各地区开展绿色施工的政策与技术研究，发展绿色施工的新技术、新设备、新材料与新工艺，推行应用示范工程。

第二章　绿色施工原则

2.1　绿色施工是建筑全寿命周期中的一个重要阶段。实施绿色施工，应进行总体方案优化。在规划、设计阶段，应充分考虑绿色施工的总体要求，为绿色施工提供基础条件。

2.2　实施绿色施工，应对施工策划、材料采购、现场施工、工程验收等各阶段进行控制，加强对整个施工过程的管理和监督。

第三章　绿色施工总体框架

绿色施工总体框架由施工管理、环境保护、节材与材料资源利用、节水与水资源利用、节能与能源利用、节地与施工用地保护六个方面组成（图1）。这六个方面涵盖了绿色施工的基本指标，同时包含了施工策划、材料采购、现场施工、工程验收等各阶段的指标的子集。

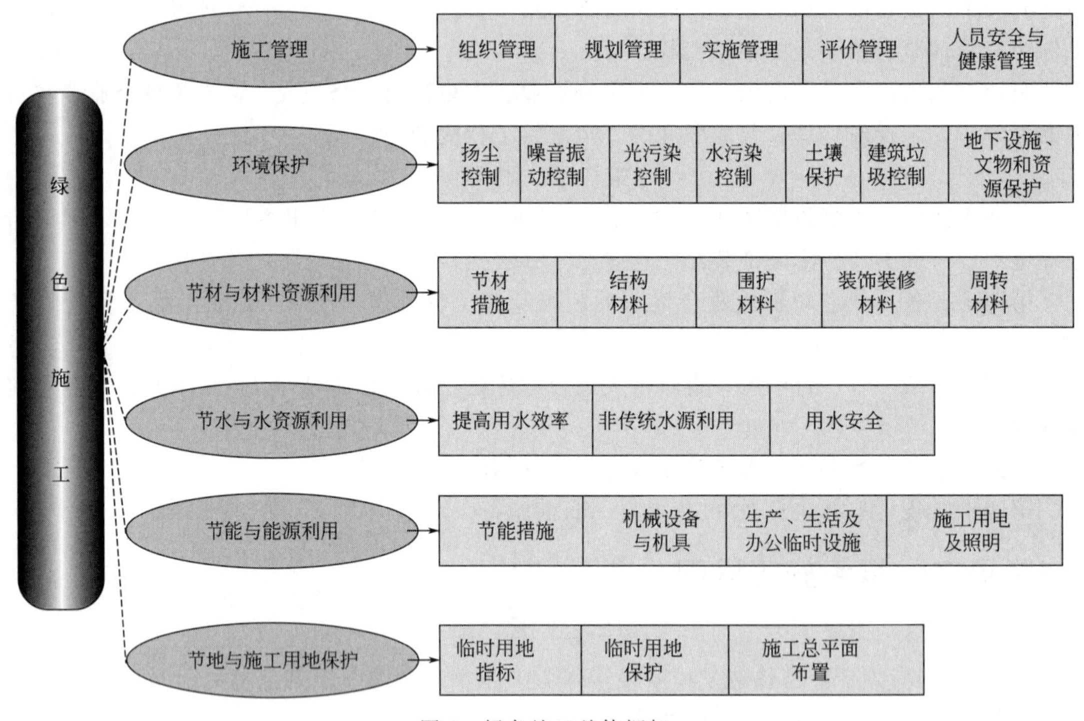

图1　绿色施工总体框架

第四章　绿色施工要点

4.1　绿色施工管理主要包括组织管理、规划管理、实施管理、评价管理和人员安全与健康管理五个方面。

4.1.1　组织管理

1. 建立绿色施工管理体系，并制定相应的管理制度与目标。

2. 项目经理为绿色施工第一责任人，负责绿色施工的组织实施及目标实现，并指定绿色施工管理人员和监督人员。

4.1.2 规划管理

1. 编制绿色施工方案。该方案应在施工组织设计中独立成章，并按有关规定进行审批。

2. 绿色施工方案应包括以下内容：

(1) 环境保护措施，制定环境管理计划及应急救援预案，采取有效措施，降低环境负荷，保护地下设施和文物等资源。

(2) 节材措施，在保证工程安全与质量的前提下，制定节材措施。如进行施工方案的节材优化，建筑垃圾减量化，尽量利用可循环材料等。

(3) 节水措施，根据工程所在地的水资源状况，制定节水措施。

(4) 节能措施，进行施工节能策划，确定目标，制定节能措施。

(5) 节地与施工用地保护措施，制定临时用地指标、施工总平面布置规划及临时用地节地措施等。

4.1.3 实施管理

1. 绿色施工应对整个施工过程实施动态管理，加强对施工策划、施工准备、材料采购、现场施工、工程验收等各阶段的管理和监督。

2. 应结合工程项目的特点，有针对性地对绿色施工作相应的宣传，通过宣传营造绿色施工的氛围。

3. 定期对职工进行绿色施工知识培训，增强职工绿色施工意识。

4.1.4 评价管理

1. 对照本导则的指标体系，结合工程特点，对绿色施工的效果及采用的新技术、新设备、新材料与新工艺，进行自评估。

2. 成立专家评估小组，对绿色施工方案、实施过程至项目竣工，进行综合评估。

4.1.5 人员安全与健康管理

1. 制订施工防尘、防毒、防辐射等职业危害的措施，保障施工人员的长期职业健康。

2. 合理布置施工场地，保护生活及办公区不受施工活动的有害影响。施工现场建立卫生急救、保健防疫制度，在安全事故和疾病疫情出现时提供及时救助。

3. 提供卫生、健康的工作与生活环境，加强对施工人员的住宿、膳食、饮用水等生活与环境卫生等管理，明显改善施工人员的生活条件。

4.2 环境保护技术要点

4.2.1 扬尘控制

1. 运送土方、垃圾、设备及建筑材料等，不污损场外道路。运输容易散落、飞扬、流漏的物料的车辆，必须采取措施封闭严密，保证车辆清洁。施工现场出口应设置洗车槽。

2. 土方作业阶段，采取洒水、覆盖等措施，达到作业区目测扬尘高度小于1.5m，不扩散到场区外。

3. 结构施工、安装装饰装修阶段，作业区目测扬尘高度小于0.5m。对易产生扬尘的堆放材料应采取覆盖措施；对粉末状材料应封闭存放；场区内可能引起扬尘的材料及建筑垃圾搬运应有降尘措施，如覆盖、洒水等；浇筑混凝土前清理灰尘和垃圾时尽量使用吸尘器，避免使用吹风器等易产生扬尘的设备；机械剔凿作业时可用局部遮挡、掩盖、水淋等防护措施；高层或多层建筑清理垃圾应搭设封闭性临时专用道或采用容器吊运。

4. 施工现场非作业区达到目测无扬尘的要求。对现场易飞扬物质采取有效措施，如洒水、地面硬化、围挡、密网覆盖、封闭等，防止扬尘产生。

5. 构筑物机械拆除前，做好扬尘控制计划。可采取清理积尘、拆除体洒水、设置隔挡等措施。

6. 构筑物爆破拆除前，做好扬尘控制计划。可采用清理积尘、淋湿地面、预湿墙体、屋面敷水袋、楼面蓄水、建筑外设高压喷雾状水系统、搭设防尘排栅和直升机投水弹等综合降尘。选择风力小的天气进行爆破作业。

7. 在场界四周隔挡高度位置测得的大气总悬浮颗粒物（TSP）月平均浓度与城市背景值的差值不大于0.08mg/m^3。

4.2.2 噪声与振动控制

1. 现场噪声排放不得超过国家标准《建筑施工场界噪声限值》（GB 12523—90）的规定。

2. 在施工场界对噪声进行实时监测与控制。监测方法执行国家标准《建筑施工场界噪声测量方法》（GB 12524—90）。

3. 使用低噪声、低振动的机具，采取隔声与隔振措施，避免或减少施工噪声和振动。

4.2.3 光污染控制

1. 尽量避免或减少施工过程中的光污染。夜间室外照明灯加设灯罩，透光方向集中在施工范围。

2. 电焊作业采取遮挡措施，避免电焊弧光外泄。

4.2.4 水污染控制

1. 施工现场污水排放应达到国家标准《污水综合排放标准》（GB 8978—1996）的要求。

2. 在施工现场应针对不同的污水，设置相应的处理设施，如沉淀池、隔油池、化粪池等。

3. 污水排放应委托有资质的单位进行废水水质检测，提供相应的污水检测报告。

4. 保护地下水环境。采用隔水性能好的边坡支护技术。在缺水地区或地下水位持续下降的地区，基坑降水尽可能少地抽取地下水；当基坑开挖抽水量大于50万立方米时，应进行地下水回灌，并避免地下水被污染。

5. 对于化学品等有毒材料、油料的储存地，应有严格的隔水层设计，做好渗漏液收集和处理。

4.2.5 土壤保护

1. 保护地表环境，防止土壤侵蚀、流失。因施工造成的裸土，及时覆盖砂石或种植速生草种，以减少土壤侵蚀；因施工造成容易发生地表径流土壤流失的情况，应采取设置地表排水系统、稳定斜坡、植被覆盖等措施，减少土壤流失。

2. 沉淀池、隔油池、化粪池等不发生堵塞、渗漏、溢出等现象。及时清掏各类池内沉淀物，并委托有资质的单位清运。

3. 对于有毒有害废弃物如电池、墨盒、油漆、涂料等应回收后交有资质的单位处理，不能作为建筑垃圾外运，避免污染土壤和地下水。

4. 施工后应恢复施工活动破坏的植被（一般指临时占地内）。与当地园林、环保部门或当地植物研究机构进行合作，在先前开发地区种植当地或其他合适的植物，以恢复剩余空地地貌或科学绿化，补救施工活动中人为破坏植被和地貌造成的土壤侵蚀。

4.2.6　建筑垃圾控制

1. 制定建筑垃圾减量化计划，如住宅建筑，每万平方米的建筑垃圾不宜超过400吨。

2. 加强建筑垃圾的回收再利用，力争建筑垃圾的再利用和回收率达到30%，建筑物拆除产生的废弃物的再利用和回收率大于40%。对于碎石类、土石方类建筑垃圾，可采用地基填埋、铺路等方式提高再利用率，力争再利用率大于50%。

3. 施工现场生活区设置封闭式垃圾容器，施工场地生活垃圾实行袋装化，及时清运。对建筑垃圾进行分类，并收集到现场封闭式垃圾站，集中运出。

4.2.7　地下设施、文物和资源保护

1. 施工前应调查清楚地下各种设施，做好保护计划，保证施工场地周边的各类管道、管线、建筑物、构筑物的安全运行。

2. 施工过程中一旦发现文物，立即停止施工，保护现场并通报文物部门并协助做好工作。

3. 避让、保护施工场区及周边的古树名木。

4. 逐步开展统计分析施工项目的CO_2排放量，以及各种不同植被和树种的CO_2固定量的工作。

4.3　节材与材料资源利用技术要点

4.3.1　节材措施

1. 图纸会审时，应审核节材与材料资源利用的相关内容，达到材料损耗率比定额损耗率降低30%。

2. 根据施工进度、库存情况等合理安排材料的采购、进场时间和批次，减少库存。

3. 现场材料堆放有序。储存环境适宜，措施得当。保管制度健全，责任落实。

4. 材料运输工具适宜，装卸方法得当，防止损坏和遗洒。根据现场平面布置情况就近卸载，避免和减少二次搬运。

5. 采取技术和管理措施提高模板、脚手架等的周转次数。

6. 优化安装工程的预留、预埋、管线路径等方案。

7. 应就地取材，施工现场500km以内生产的建筑材料用量占建筑材料总重量的70%以上。

4.3.2　结构材料

1. 推广使用预拌混凝土和商品砂浆。准确计算采购数量、供应频率、施工速度等，在施工过程中动态控制。结构工程使用散装水泥。

2. 推广使用高强钢筋和高性能混凝土，减少资源消耗。

3. 推广钢筋专业化加工和配送。

4. 优化钢筋配料和钢构件下料方案。钢筋及钢结构制作前应对下料单及样品进行复核，无误后方可批量下料。

5. 优化钢结构制作和安装方法。大型钢结构宜采用工厂制作，现场拼装；宜采用分段吊装、整体提升、滑移、顶升等安装方法，减少方案的措施用材量。

6. 采取数字化技术，对大体积混凝土、大跨度结构等专项施工方案进行优化。

4.3.3　围护材料

1. 门窗、屋面、外墙等围护结构选用耐候性及耐久性良好的材料，施工确保密封性、防水性和保温隔热性。

2. 门窗采用密封性、保温隔热性能、隔音性能良好的型材和玻璃等材料。

3. 屋面材料、外墙材料具有良好的防水性能和保温隔热性能。

4. 当屋面或墙体等部位采用基层加设保温隔热系统的方式施工时，应选择高效节能、耐久性好的保温隔热材料，以减小保温隔热层的厚度及材料用量。

5. 屋面或墙体等部位的保温隔热系统采用专用的配套材料，以加强各层次之间的粘结或连接强度，确保系统的安全性和耐久性。

6. 根据建筑物的实际特点，优选屋面或外墙的保温隔热材料系统和施工方式，例如保温板粘贴、保温板干挂、聚氨酯硬泡喷涂、保温浆料涂抹等，以保证保温隔热效果，并减少材料浪费。

7. 加强保温隔热系统与围护结构的节点处理，尽量降低热桥效应。针对建筑物的不同部位保温隔热特点，选用不同的保温隔热材料及系统，以做到经济适用。

4.3.4　装饰装修材料

1. 贴面类材料在施工前，应进行总体排版策划，减少非整块材的数量。

2. 采用非木质的新材料或人造板材代替木质板材。

3. 防水卷材、壁纸、油漆及各类涂料基层必须符合要求，避免起皮、脱落。各类油漆及黏结剂应随用随开启，不用时及时封闭。

4. 幕墙及各类预留预埋应与结构施工同步。

5. 木制品及木装饰用料、玻璃等各类板材等宜在工厂采购或定制。

6. 采用自粘类片材，减少现场液态黏结剂的使用量。

4.3.5　周转材料

1. 应选用耐用、维护与拆卸方便的周转材料和机具。

2. 优先选用制作、安装、拆除一体化的专业队伍进行模板工程施工。

3. 模板应以节约自然资源为原则，推广使用定型钢模、钢框竹模、竹胶板。

4. 施工前应对模板工程的方案进行优化。多层、高层建筑使用可重复利用的模板体系，模板支撑宜采用工具式支撑。

5. 优化高层建筑的外脚手架方案，采用整体提升、分段悬挑等方案。

6. 推广采用外墙保温板替代混凝土施工模板的技术。

7. 现场办公和生活用房采用周转式活动房。现场围挡应最大限度地利用已有围墙，或采用装配式可重复使用围挡封闭。力争工地临房、临时围挡材料的可重复使用率达到70%。

4.4　节水与水资源利用的技术要点

4.4.1　提高用水效率

1. 施工中采用先进的节水施工工艺。

2. 施工现场喷洒路面、绿化浇灌不宜使用市政自来水。现场搅拌用水、养护用水应采取有效的节水措施，严禁无措施浇水养护混凝土。

3. 施工现场供水管网应根据用水量设计布置，管径合理、管路简捷，采取有效措施减少管网和用水器具的漏损。

4. 现场机具、设备、车辆冲洗用水必须设立循环用水装置。施工现场办公区、生活区的生活用水采用节水系统和节水器具，提高节水器具配置比率。项目临时用水应使用节水型产品，安装计量装置，采取针对性的节水措施。

5. 施工现场建立可再利用水的收集处理系统，使水资源得到梯级循环利用。

6. 施工现场分别对生活用水与工程用水确定用水定额指标，并分别计量管理。

7. 大型工程的不同单项工程、不同标段、不同分包生活区，凡具备条件的应分别计量用水量。在签订不同标段分包或劳务合同时，将节水定额指标纳入合同条款，进行计量考核。

8. 对混凝土搅拌站点等用水集中的区域和工艺点进行专项计量考核。施工现场建立雨水、中水或可再利用水的搜集利用系统。

4.4.2　非传统水源利用

1. 优先采用中水搅拌、中水养护，有条件的地区和工程应收集雨水养护。

2. 处于基坑降水阶段的工地，宜优先采用地下水作为混凝土搅拌用水、养护用水、冲洗用水和部分生活用水。

3. 现场机具、设备、车辆冲洗、喷洒路面、绿化浇灌等用水，优先采用非传统水源，尽量不使用市政自来水。

4. 大型施工现场，尤其是雨量充沛地区的大型施工现场建立雨水收集利用系统，充分收集自然降水用于施工和生活中适宜的部位。

5. 力争施工中非传统水源和循环水的再利用量大于30%。

4.4.3　用水安全

在非传统水源和现场循环再利用水的使用过程中，应制定有效的水质检测与卫生保障措施，确保避免对人体健康、工程质量以及周围环境产生不良影响。

4.5　节能与能源利用的技术要点

4.5.1　节能措施

1. 制订合理施工能耗指标，提高施工能源利用率。

2. 优先使用国家、行业推荐的节能、高效、环保的施工设备和机具，如选用变频技术的节能施工设备等。

3. 施工现场分别设定生产、生活、办公和施工设备的用电控制指标，定期进行计量、核算、对比分析，并有预防与纠正措施。

4. 在施工组织设计中，合理安排施工顺序、工作面，以减少作业区域的机具数量，相邻作业区充分利用共有的机具资源。安排施工工艺时，应优先考虑耗用电能的或其他能耗较少的施工工艺。避免设备额定功率远大于使用功率或超负荷使用设备的现象。

5. 根据当地气候和自然资源条件，充分利用太阳能、地热等可再生能源。

4.5.2　机械设备与机具

1. 建立施工机械设备管理制度，开展用电、用油计量，完善设备档案，及时做好维修保养工作，使机械设备保持低耗、高效的状态。

2. 选择功率与负载相匹配的施工机械设备，避免大功率施工机械设备低负载长时间运行。机电安装可采用节电型机械设备，如逆变式电焊机和能耗低、效率高的手持电动工具等，以利节电。机械设备宜使用节能型油料添加剂，在可能的情况下，考虑回收利用，节约油量。

3. 合理安排工序，提高各种机械的使用率和满载率，降低各种设备的单位耗能。

4.5.3　生产、生活及办公临时设施

1. 利用场地自然条件，合理设计生产、生活及办公临时设施的体形、朝向、间距和窗墙面积比，使其获得良好的日照、通风和采光。南方地区可根据需要在其外墙窗设遮阳设施。

2. 临时设施宜采用节能材料，墙体、屋面使用隔热性能好的材料，减少夏天空调、冬天取暖设备的使用时间及耗能量。

3. 合理配置采暖、空调、风扇数量，规定使用时间，实行分段分时使用，节约用电。

4.5.4 施工用电及照明

1. 临时用电优先选用节能电线和节能灯具，临电线路合理设计、布置，临电设备宜采用自动控制装置。采用声控、光控等节能照明灯具。

2. 照明设计以满足最低照度为原则，照度不应超过最低照度的20%。

4.6 节地与施工用地保护的技术要点

4.6.1 临时用地指标

1. 根据施工规模及现场条件等因素合理确定临时设施，如临时加工厂、现场作业棚及材料堆场、办公生活设施等的占地指标。临时设施的占地面积应按用地指标所需的最低面积设计。

2. 要求平面布置合理、紧凑，在满足环境、职业健康与安全及文明施工要求的前提下尽可能减少废弃地和死角，临时设施占地面积有效利用率大于90%。

4.6.2 临时用地保护

1. 应对深基坑施工方案进行优化，减少土方开挖和回填量，最大限度地减少对土地的扰动，保护周边自然生态环境。

2. 红线外临时占地应尽量使用荒地、废地，少占用农田和耕地。工程完工后，及时对红线外占地恢复原地形、地貌，使施工活动对周边环境的影响降至最低。

3. 利用和保护施工用地范围内原有绿色植被。对于施工周期较长的现场，可按建筑永久绿化的要求，安排场地新建绿化。

4.6.3 施工总平面布置

1. 施工总平面布置应做到科学、合理，充分利用原有建筑物、构筑物、道路、管线为施工服务。

2. 施工现场搅拌站、仓库、加工厂、作业棚、材料堆场等布置应尽量靠近已有交通线路或即将修建的正式或临时交通线路，缩短运输距离。

3. 临时办公和生活用房应采用经济、美观、占地面积小、对周边地貌环境影响较小，且适合于施工平面布置动态调整的多层轻钢活动板房、钢骨架水泥活动板房等标准化装配式结构。生活区与生产区应分开布置，并设置标准的分隔设施。

4. 施工现场围墙可采用连续封闭的轻钢结构预制装配式活动围挡，减少建筑垃圾，保护土地。

5. 施工现场道路按照永久道路和临时道路相结合的原则布置。施工现场内形成环形通路，减少道路占用土地。

6. 临时设施布置应注意远近结合（本期工程与下期工程），努力减少和避免大量临时建筑拆迁和场地搬迁。

第五章 发展绿色施工的新技术、新设备、新材料与新工艺

5.1 施工方案应建立推广、限制、淘汰公布制度和管理办法。发展适合绿色施工的资源利用与环境保护技术，对落后的施工方案进行限制或淘汰，鼓励绿色施工技术的发展，推动绿色施工技术的创新。

5.2　大力发展现场监测技术、低噪声的施工技术、现场环境参数检测技术、自密实混凝土施工技术、清水混凝土施工技术、建筑固体废弃物再生产品在墙体材料中的应用技术、新型模板及脚手架技术的研究与应用。

5.3　加强信息技术应用，如绿色施工的虚拟现实技术、三维建筑模型的工程量自动统计、绿色施工组织设计数据库建立与应用系统、数字化工地、基于电子商务的建筑工程材料、设备与物流管理系统等。通过应用信息技术，进行精密规划、设计、精心建造和优化集成，实现与提高绿色施工的各项指标。

第六章　绿色施工的应用示范工程

我国绿色施工尚处于起步阶段，应通过试点和示范工程，总结经验，引导绿色施工的健康发展。各地应根据具体情况，制订有针对性的考核指标和统计制度，制订引导施工企业实施绿色施工的激励政策，促进绿色施工的发展。

参考文献

[1] 骆中钊，张仪彬，陈桂波．家居装饰施工．北京：化学工业出版社，2006.
[2] 李书田．室内装修实用技术100题．北京：北京工业大学出版社，2000.
[3] 房志勇．家庭居室装修装饰常用材料．北京：金盾出版社，2000.
[4] 吴燕，许顺生．家庭装饰自我监理手册，南京：江苏科学出版社，2002.
[5] 吴燕．家庭装饰材料选购指南．南京：江苏科学出版社，2004.
[6] 朱维益．装饰工程百问．北京：中国建筑工业出版社，2000.
[7] 黄白．建筑装饰实用手册．北京：中国建筑工业出版社，1996.
[8] 钱宜伦．建筑装饰实用手册．北京：中国建筑工业出版社，1999.